H-Ⅱロケット用液体酸素ポンプ

左側のインデューサ付き2段遠心ポンプが
右側の単段タービンにより駆動される。
(回転数20000rpm)
(写真提供:航空宇宙技術研究所角田支所)

インターナルポンプ

(原子炉内蔵型再循環ポンプ)
改良型BWR(沸騰水型原子炉)の原子炉圧力容器下部に直接挿入して
炉水を循環させるポンプで、電気出力135万キロワット級の原子炉では
10台取付けられる。
インターナルポンプは原子炉圧力容器の底部に設置された羽根車を
炉外のモータ(軸封部の無いウェットモータ)で駆動するもので、
軸受およびモータ冷却系統も炉外に設置される。
インターナルポンプの採用により従来の外部再循環ループが不要と
なり原子炉の安全性・信頼性の向上に寄与している。
(写真提供:東芝)

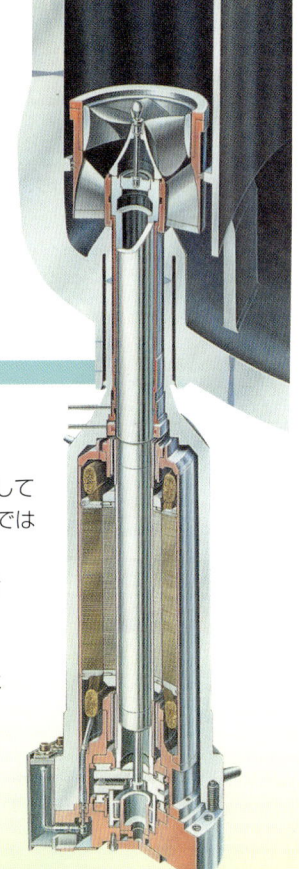

トンネル換気用軸流ファン

トンネル内部での運転者の視環境改善と
火災時の避難路確保のための排煙に使用される。
2段軸流ファン
風量：25m³/s
吐出風速：35m/s
電動機出力：30kW
（写真提供：日立製作所）

大形空力実車風洞設備用軸流送風機

（日産自動車株式会社納入）
世界最大級の空力実車風洞設備で、
写真の大形軸流送風機・（直径8m）
により、空力性能、風切音試験など
多目的試験を行う。
（写真提供：荏原製作所）

フランシス水車のランナー

有効落差：229m
出力：23.8MW
回転数：600min^{-1}
中間羽根つきランナー
（2002年開発された最新技術）

ペルトン水車ランナー

有効落差：545m
出力：95.8MW
回転数：360min^{-1}
（黒部第4発電所で45年間も良好に運転）
（写真提供：関西電力）

多段遠心圧縮機
（蒸気タービン、圧縮機のトレイン）
分解ガス用
回転数：6500 rpm
流量：43300 m³/h
動力：6600 kW
（写真提供：三菱重工業）

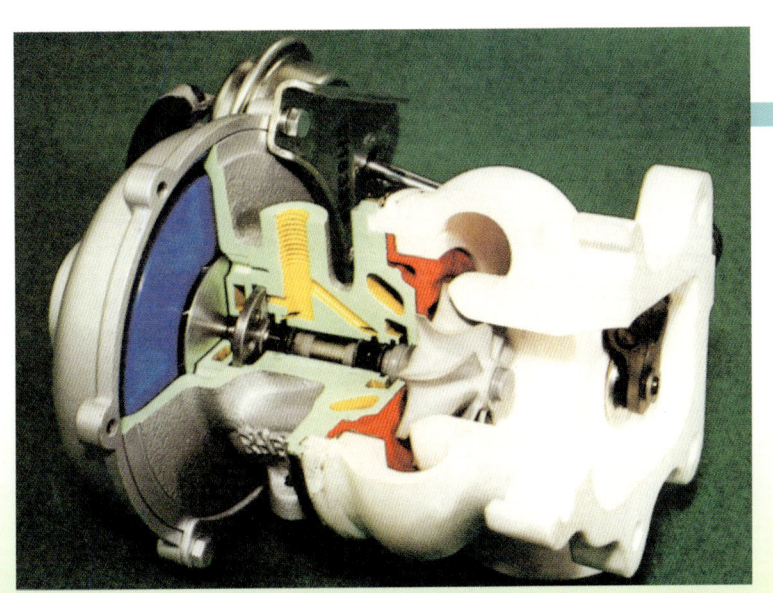

セラミックターボチャージャ
最近自動車用エンジンに多用されている小型ターボチャージャの一部々品をセラミック化したプロトタイプの断面カット。
（写真提供：石川島播磨重工業）

洋上風車

商業洋上風力プラントの開発は、デンマーク南部の町Vindebyの沖合いに450kW機11台が設置された1991年に始まる。
その後北欧を中心に次第に発展している。
写真はデンマークコペンハーゲン近海のMiddelgrunden洋上風力プラント（2MW機20台）である。
（写真提供：九州大学　松宮　輝 氏）

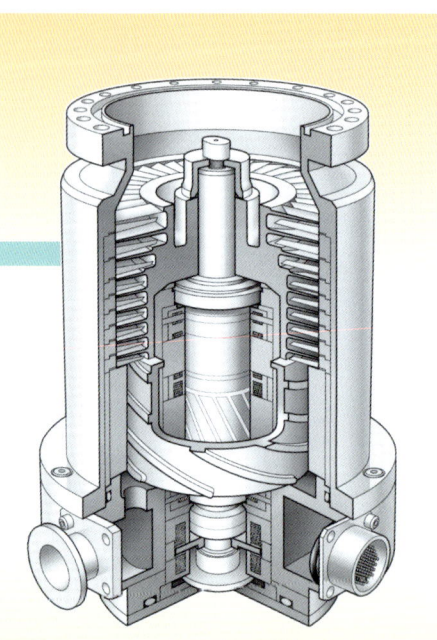

複合分子ポンプ

ターボ分子ポンプの出口側（高圧側）にヘリカル状のねじ溝要素を組合わせた真空ポンプで、中真空から超高真空まで広い範囲に適用できる。
半導体のエッチング装置やCVD装置に装着され、磁気軸受を採用したものもある。
（写真提供：荏原製作所）

ターボ機械
──入門編──

新改訂版

改訂の序

　ターボ形流体機械の専門学会であるターボ機械協会が，創立15周年記念事業の一環として，ターボ機械の基礎編から応用編までをシリーズとして刊行してから15年が経過した。この間，ターボ機械シリーズは，大学・高専における教科書として，また技術者・研究者に対する専門技術書として広く使われてきた。この度，当協会が創立30周年を迎えるに当たり，各方面から本シリーズの改訂の要望が多く寄せられ，30周年記念事業の一環として，入門編から応用編までの全シリーズを総合的に見直すこととした。

　改訂に当たっての基本的方針は，本シリーズがすでにターボ機械および関連する機器の研究・開発，計画・設計・製作，運転・保守の分野で15年間に亘って使われてきた実績を重んじて，大幅改訂とはせず，最新の情報や役立つ情報を含めて内容に変化を持たせ，必要な個所の改定にとどめることとした。改訂版の執筆に当たっては，当時の執筆者の多くはすでに第一戦から引退しておられるため，新たに現在ターボ機械の分野で最も活躍しておられる方々にお願いすることとした。本シリーズが，ターボ機械を勉学しようとする学生や，ターボ機械の研究・開発，計画・設計・製作，あるいは運転，保守などに関係する技術者にとり，よき教科書として，よき技術書としてご利用頂けるものと確信している。

　さて，上記シリーズの基礎編である本書は，ターボ機械の入門書として，大学，高専の学生を中心として，また企業の若手技術者の教育にも使えるような内容を目指して，作動原理や機構を出来るだけ平易に解説するという初版の方針を守りながら，最新の情報も出来るだけ含むように心がけた。対象とする機種としては，初版で対象としたポンプ，送風機，圧縮機，水車，流体継手，トルクコンバータ，風車に，新たに最近話題になっている真空ポンプを付け加えた。多くの機種を対象としているが，作動原理が同一であり，構造も類似した点が多いので，統一的に説明し読者が容易に理解しうるようにした。また，協会で編集するので，いくつかの大学の先生方に，専門分野について執筆をお願いし，分担執筆による内容の重複や難易度の差異をなくすよう予め十分合議し，連絡を密にして執筆した。

　このほかとくに留意した点としては，

ⅰ) 煩雑な式はなるべく避け，記述も出来るだけ単純にし，物理的な意味を明確にするようにした。
ⅱ) 図を多く用い，なるべく見やすい形で掲載した。
ⅲ) 用語は文部科学省学術用語，JIS用語によっているが，機種が相異すると同一意味のものでも異なった用語が用いられている場合がある。本書では主としてポンプ用語を用いることとし，必要に応じてそれ以外の用語を用いてある。
ⅳ) 単位はSI単位系を用いた。

　終りに，本書分担執筆をお願いした編集委員会の幹事，世話役，委員の方々に対し，心からお礼を申し上げるとともに，出版に際して種々お世話頂いた日本工業出版株式会社の伊奈大禮氏をはじめとする皆様にも併せ感謝の意を表する。

2005年9月

「ターボ機械―入門編―」編集委員会
委員長　黒川　淳一

「ターボ機械―入門編―」改訂委員会

委員長	黒川　淳一	（横浜国立大学）	監修 および 第1章 執筆
幹　事	古川　明徳	（九　州　大　学）	第3章 執筆
世話役	岡村　共由	（横浜国立大学）	第4章 執筆
委　員	加藤　千幸	（東　京　大　学）	第2章 執筆
	古川　雅人	（九　州　大　学）	第5章 執筆
	金元　敏明	（九州工業大学）	第6章 執筆
	岡崎　勉	（日立ワーナーターボシステムズ㈱）	第7章，第8章 執筆
	長谷川　豊	（名古屋大学）	第9章 執筆
	太田　正廣	（首都大学東京）	第10章 執筆

「ターボ機械―入門編―」編集委員会

委員長	豊倉富太郎	（横浜国立大学）	監修
幹　事	小林　敏雄	（東　京　大　学）	第7章，第8章 執筆
世話役	赤池　志郎	（神奈川工科大学）	第2章（2.4,2.5），第6章 執筆
委　員	青木　克己	（東　海　大　学）	第4章，第9章 執筆
	黒川　淳一	（横浜国立大学）	第2章（2.1,2.2,2.3）執筆
	真下　俊雄	（明　治　大　学）	第5章 執筆
	水木　新平	（法　政　大　学）	第3章（3.1～3.3）執筆
	山根隆一郎	（東京工業大学）	第1章 執筆
	山本　勝弘	（早稲田大学）	第3章（3.4～3.6）執筆

ターボ機械
――入門編――

目次

ターボ機械一般

1. 流体のエネルギー利用とターボ機械
- 1.1 ターボ機械とは ――― 8
- 1.2 ターボ機械の分類 ――― 11
- 1.3 流体エネルギー・動力 ――― 14
- 1.4 流体と羽根車の間のエネルギー変換 ――― 17
- 1.5 変換されるエネルギーの成分 ――― 20
- 1.6 羽根車の形状と入口・出口の流れ ――― 23
- 1.7 損失と効率 ――― 25
- 1. 例題 ――― 27

2. ターボ機械の構成要素と内部流れ
- 2.1 おもな構成要素 ――― 33
- 2.2 遠心羽根車 ――― 35
- 2.3 軸流羽根車 ――― 42
- 2.4 斜流羽根車 ――― 52
- 2.5 固定流路 ――― 53
- 2.6 軸封装置 ――― 66
- 2. 例題 ――― 70

3. ターボ機械の性能と運転
- 3.1 相似則と比速度 ――― 74
- 3.2 特性曲線 ――― 83
- 3.3 運転 ――― 85
- 3.4 キャビテーション ――― 90
- 3.5 旋回失速とサージング ――― 98
- 3.6 水撃現象 ――― 104
- 3. 例題 ――― 109

代表的なターボ機械

4. ターボポンプ
- 4.1 ポンプの形式と性能 ――― 114
- 4.2 ポンプの構造と特徴 ――― 124
- 4.3 羽根車に働くスラスト ――― 129
- 4. 例題 ――― 133

5. ターボ送風機および圧縮機
- 5.1 ターボ送風機・圧縮機の形式と分類 ――― 135
- 5.2 理論圧力上昇および効率 ――― 138
- 5.3 遠心送風機および圧縮機 ――― 141
- 5.4 軸流送風機および圧縮機 ――― 149
- 5.5 斜流送風機 ――― 153
- 5.6 横流ファン ――― 154
- 5.7 プロペラファン ――― 155
- 5. 例題 ――― 157

代表的なターボ機械

6. 水車およびポンプ水車
- 6.1 水力発電所・揚水発電所 —— 159
- 6.2 水車の出力と性能曲線 —— 161
- 6.3 水車の形式と構造 —— 164
- 6.4 ポンプ水車の形式と構造 —— 172
- 6. 例題 —— 173

7. 流体継手とトルクコンバータ
- 7.1 流体継手の作用 —— 175
- 7.2 流体継手の性能 —— 176
- 7.3 流体継手の内部流れ —— 178
- 7.4 流体トルクコンバータ —— 179
- 7.5 トルクコンバータの種類と性能 —— 181
- 7.6 トルクコンバータ羽根列における流れと性能 —— 183

8. ターボチャージャ
- 8.1 過給の種類と歴史 —— 185
- 8.2 ターボチャージャの原理 —— 186
- 8.3 ターボチャージャの構造 —— 187
- 8.4 ターボチャージャの性能 —— 188
- 8.5 エンジンとターボチャージャのマッチング —— 193

9. 風車
- 9.1 風力エネルギーの利用 —— 195
- 9.2 風車の分類 —— 196
- 9.3 風車の理論 —— 197
- 9.4 風車の特性 —— 202
- 9.5 風車の種類と特徴 —— 205
- 9.6 風車における研究開発 —— 209
- 9. 例題 —— 210

10. ターボ真空ポンプ
- 10.1 真空工学の基礎 —— 211
- 10.2 ターボ分子ポンプ —— 215
- 10.3 ターボ形ドライ真空ポンプ —— 219

索引 —— 227

コラム
1. 「ターボ」の美しさ —— 32
2. 工学的センスは経験と日頃の意識から〔1〕—— 82
3. 工学的センスは経験と日頃の意識から〔2〕—— 89
4. ポンプの日本語 —— 123
5. 渦とポンプ —— 134
6. 初代ターボチャージャ —— 194

ターボ機械一般

1. 流体のエネルギー利用とターボ機械
1.1 ターボ機械とは［1］

　人類の誕生以来600万年の歴史の中で，農耕を中心とする定住生活が始まったのは僅か1万年前である。それ以来，人類のDNAはほとんど進化していないと言われるが，人類は次々と新しい文明を創造し驚異的に進化させた。人類が定住生活をはじめる上で最も重要な問題は水の確保であり，世界4大文明はいずれも大河の河口付近の肥沃な三角州に始まった。

　人口が増えるに従って，大量の飲料水と灌漑用水の確保が最大の問題となり，水道を建設し，下水道を整備し，大量の水を汲み上げる装置を考案した。図1.1は，紀元前1000年ごろから中国，ユーフラティス，ナイル地方で使われていた水車であり，初期には竹や木材で作られた(a)の下掛け水車が用いられたが，水路の構築とともに(b)の上掛け水車が使われるようになった。図1.2は，エジプト時代からあったポンプで，紀元前3世紀頃アルキメデスが改良したと伝えられるアルキメデスポンプである。斜めに設置された円筒の中にら旋状の板で作られた羽根車を軸の周りに回転させ，水を汲み上げる装置で，ほぼ同じ原理のポンプが今日でも下水処理場などで使われている。

　風の力を利用して動力をとり出す風車もその歴史は古く，フェニケア時代の帆船の三角帆が風車に発展したといわれる。

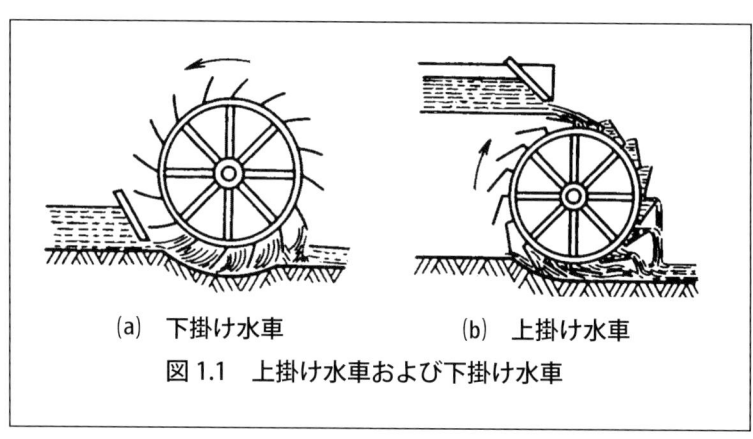

(a) 下掛け水車　　　(b) 上掛け水車
図1.1　上掛け水車および下掛け水車

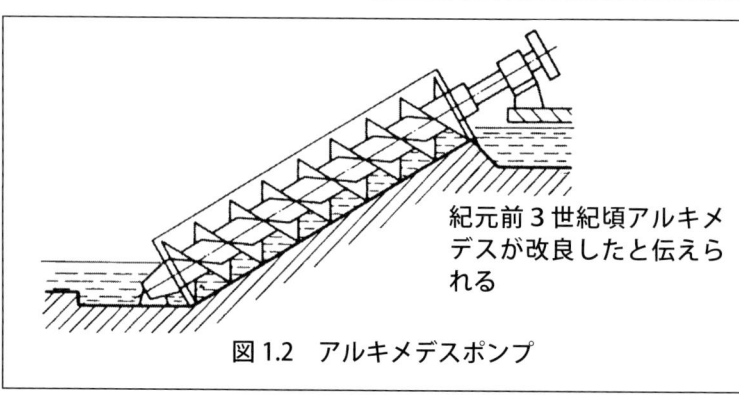

紀元前3世紀頃アルキメデスが改良したと伝えられる

図1.2　アルキメデスポンプ

1.1 ターボ機械とは［2］

　それ以来，人類は，水を汲み上げるポンプ，流れる水や空気から動力を取り出す水車，風車に様々な工夫を加えてきたが，今日の機械の原形となるような革新的技術が生まれたのは，ジェームスワットが蒸気機関を発明して以降である。今日我々が目にする様々な機械は，産業革命以後の200年の間に発展を遂げてきたものであり，例えば，鉱山の通気を目的として送風機が開発されたのは19世紀に入ってからである。

　今日の最先端技術の一つとして，我が国が誇る国産の大形ロケットH－IIのメインエンジン LE-7 がある。その心臓部は，液体水素ポンプと液体酸素ポンプ（口絵参照）であり，燃料である液体水素を酸化剤である液体酸素とともに燃焼室に送って2段燃焼させるために，超高圧ポンプが用いられる。液体水素ポンプは，1分間当たり40,000回転して液柱高さ22,000 m の高圧を作り出し，また液体酸素ポンプでは20,000回転して20,000 m まで昇圧している。

　このように，流体と機械の間でエネルギー変換をする機械を流体機械（fluid machinery）といい，作動原理によりターボ形（turbo-type）と容積形（positive displacement-type）に大別される。ターボ形は，例えばファンのように，回転する羽根車を介して連続的にエネルギーを変換する流体機械であり，一方容積形は，例えばピストンポンプのように，連続的に流れ込む流体を一定量毎に区切って独立した容器内に吸い込み，これを加圧あるいは減圧して容器から吐き出す流体機械である。

```
流体機械 ─┬─ ターボ形（ターボ機械）
          ├─ 容積形
          └─ 特殊形
```

　現在ターボ形が圧倒的に広い分野で使用されており，流体機械の中心的存在であるため，本書ではターボ形流体機械のみを対象とし，簡単にターボ機械（turbomachine）とよぶ。ターボ機械には，ポンプ，水車（ハイドロタービン），送風機・圧縮機，風車（ウインドタービン），ガスタービン，蒸気タービン，真空ポンプなどがあり，代表的なターボ機械が本書の口絵写真に示されている。

　作動原理がターボ形にも容積形にも属さないものは，特殊形とよばれる。特殊形には，渦流による昇圧を利用した再生ポンプ，摩擦力を利用した粘性ポンプ，噴流の引き込み作用を利用したジェットポンプや空気エゼクタ，気泡の浮力を利用した気泡ポンプ，水撃作用を利用した水撃ポンプなど，様々な原理を応用した流体機械が考案されている。水撃ポンプは特別な動力を用いずに揚水することが出来るので，動力が得られない高山などで用いられる。

1.1 ターボ機械とは [3]

　容積形流体機械は本書では取扱わないので，ここで簡単に触れておこう。容積形は高圧・小流量に適すので，主に油圧，空気圧の分野で広く使用されており，**図1.3**に示す様に往復式（reciprocating-type）と回転式（rotary-type）がある。往復式はシリンダ内を往復するピストンにより容積の増減を行うもので，吸込弁と吐出し弁が必要になる。回転式はロータの回転とともに押除け室が吸込側から吐出し側に移動して，流体を押し出す形式のものをいう。

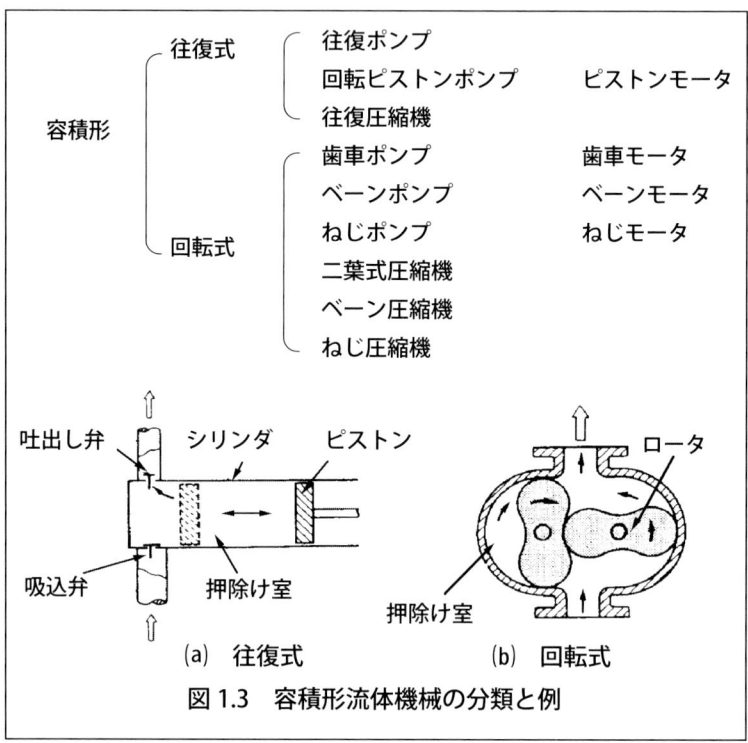

図1.3　容積形流体機械の分類と例

　大型のターボ機械は，ふだん私たちの目に触れる機会が少ないが，例えば水道用の給水ポンプが故障すると広い地域で断水を引き起こし，火力や原子力発電所の給水ポンプや蒸気タービンが故障すると広範囲に停電を引き起こし，産業活動が停止する。このように，ターボ機械は私たちの生活ばかりではなく社会基盤を形成する最も基本の機械である。

　ターボ機械の作動原理や基本的構造は，100年を超える研究開発の歴史により，ほぼ完成の域に達している。しかし，ターボ機械を組み込むプラントは，その性能や規模が時代とともに変化し，安全性・信頼性・コストに対する要求も時代とともに益々厳しくなっており，それに対応する技術革新が常に求め続けられている。例えば，回転速度が低い時には問題にならなかったターボ機械内部の異常流動現象が，高速化とともに顕在化して振動騒音を引き起こし，時には機械の破損につながることがあるため，絶えざる研究開発が求められている。

1.2　ターボ機械の分類 [1]

1.2.1　エネルギーの伝わる方向による分類

　ターボ機械は，機械と流体との間にエネルギーを変換する機械であり，エネルギーの伝達方向により，原動機と被動機に分類できる。

　原動機としてのターボ機械は，様々な機械を駆動する動力源として使われ，流体の持つエネルギーを利用して羽根車を回転させて動力をとり出す。用いる流体の種類により，水車（水），風車（空気），蒸気タービン（蒸気），ガスタービン（燃焼ガス）などがある。これに対し，被動機としてのターボ機械は，電動機やタービンなどによって駆動され，羽根車の回転を通して流体にエネルギーを与える。用いる流体の種類により，ポンプ（液体），送風機・圧縮機（気体），真空ポンプ（気体）などがある。

　原動機と被動機の相違は，流体の力学的エネルギーと機械的エネルギーの間の変換の方向が逆であることから，損失を考えなければ可逆的な関係にある。例えばポンプを逆転させれば水車になり，水車を逆転させればポンプになる。この関係を利用したものがポンプ水車であり，1つの羽根車でポンプと水車の両方の作用をさせることが出来る。

　原動機と被動機の作用をエネルギー変換の立場から見ると，「ターボ機械とは，流体のエネルギーと軸動力との連続的な変換器」と定義できる。したがって，**図 1.4** に示す様に，被動機と原動機を組み合わせると，流体の持つエネルギーを仲立ちとして，機械から別の機械に動力を伝達することができ，その例が流体継手やトルクコンバータである。また，流体から別な流体にターボ機械を仲立ちとしてエネルギーを伝達することもでき，その例がターボ過給器である。

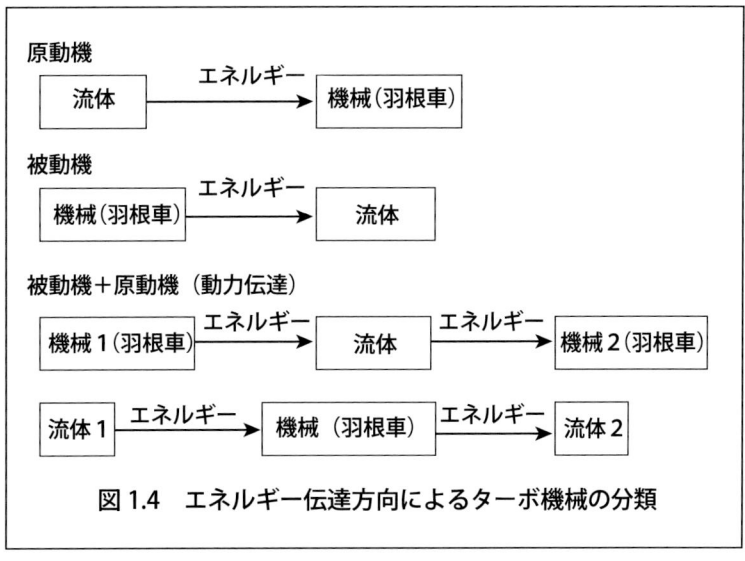

図 1.4　エネルギー伝達方向によるターボ機械の分類

1.2 ターボ機械の分類 [2]

1.2.2 扱う流体による分類

　ターボ機械は，取扱う流体の種類によって，水力機械，空気機械，蒸気機械に分類される。水力機械は，水や油などの液体を取扱うもので，ポンプおよび水車がある。空気やその他の様々なガスを扱うものは空気機械と呼ばれ，ファン，送風機，圧縮機，ガスタービン，エキスパンダ，真空ポンプなどがある。蒸気を扱うものは蒸気機械と呼ばれ，蒸気タービンがある。

　流体が液体か気体の違いは，圧縮性の違いとして機械の構造に反映されるが，原理的には同じであるので，統一的に理解すれば良い。気体は圧縮されれば体積が減少するため，高圧の圧縮機においては圧縮されるにしたがって流路面積を次第に小さくしていく。水は圧縮されても体積は殆ど変わらないから，高圧ポンプではこの様な配慮は不要である。圧力のあまり高くない送風機などでは，体積変化が小さいため圧縮性を考慮する必要はない。

　また，気体は圧縮されると温度が上昇し，温度が高い気体をさらに圧縮するのは効率が悪いため，途中で冷却をしなければならないことがある。液体の場合はこのようなことは不要である。

　液体の密度は気体の密度の 1,000 倍近い。流体が伝達する動力は密度に比例し，羽根車の周速度の 3 乗に比例する（3.1 参照）。もし，同じ大きさの羽根車をもつ水力機械と空気機械に同程度の仕事をさせるとすると，密度の大きな流体を扱う水力機械は低速回転となり，密度の小さな流体を扱う空気機械は高速回転となる。

水力機械：液体（密度，粘度が大　→　低速回転）
　　　（例）ポンプ，水車
空気機械：気体（密度，粘度が小　→　高速回転）
　　　　（ただし，低圧のものは低速回転）
　　　　（例）送風機，圧縮機，ガスタービン，風車，真空ポンプ
蒸気機械：蒸気（密度，粘度は気体に近い→　高速回転）
　　　（例）蒸気タービン

　なお，本書では，外部との熱の出入りがあるような機械や温度変化の大きな機械は取扱わない。気体の圧縮性に基づく内部発熱は，損失として流体温度を上昇させる事になる。

1.2 ターボ機械の分類 [3]

1.2.3 流れ方向による分類

ターボ機械は，流体が回転する羽根車（動翼）を通り抜けるときの流れ方向よって，遠心式（radial flow または centrifugal），斜流式（mixed flow または diagonal flow），軸流式（axial flow）に分けられ，特殊な形式として横流式（cross flow）がある。

各形式に対応する被動機および原動機の名称を図1.5に示し，図(a)〜(d)には，各形式の形状と，被動機を例にとり流れ方向（ポンプ流れ）を矢印で示している。原動機の流れ方向（タービン流れ）は反対になる。

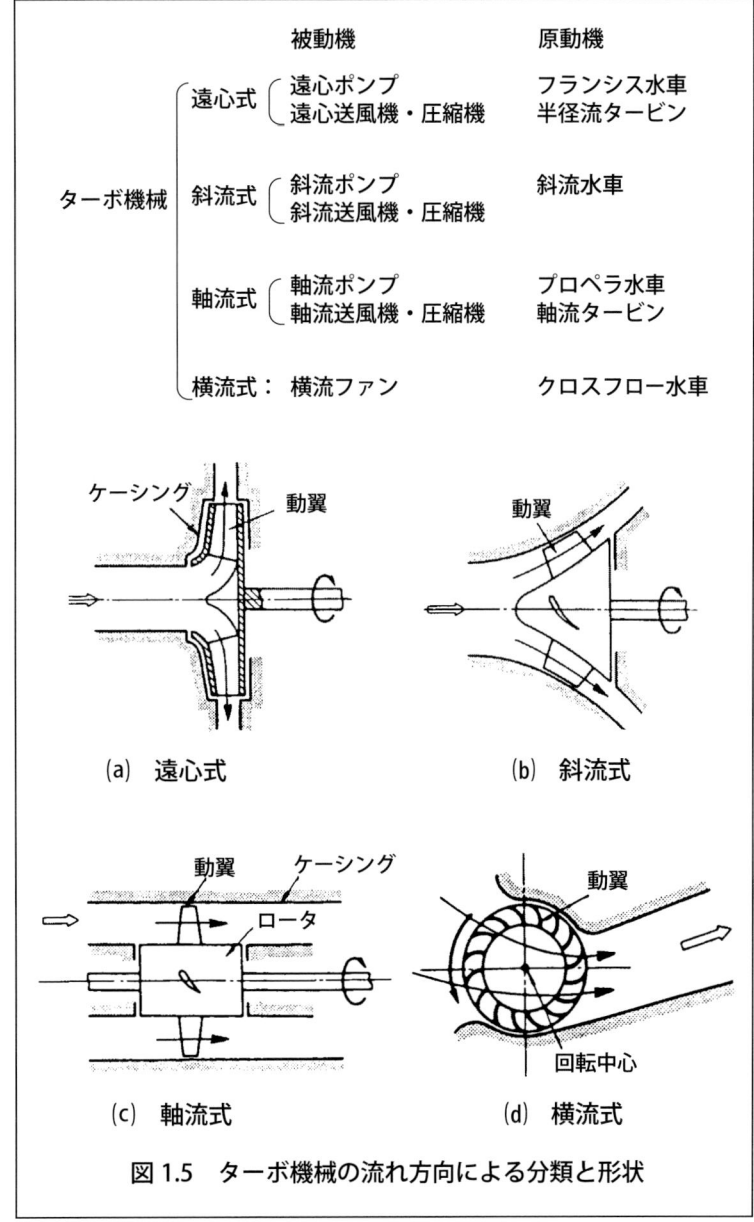

図 1.5 ターボ機械の流れ方向による分類と形状

1.3　流体エネルギー・動力[1]

1.3.1　流体のエネルギー

非圧縮性流体の定常な流れにおいて，外部との間に熱や仕事の出入りがなく，また損失が無視できるならば，流れにそってエネルギーの和は一定に保たれる。すなわち，

$$\frac{1}{2}v^2 + \frac{p}{\rho} + gz = E \quad (\text{一定}) \tag{1.1}$$

は，ベルヌーイの式として知られる。ここに，v [m/s] は流速，ρ [kg/m³] は密度，p [Pa=N/m²] は圧力，g [m/s²] は重力の加速度，z [m] は高さである。

エネルギーの単位は J（ジュール）で [J] = [Nm] = [kgm²/s²] であるが，上式の各項の単位は [m²/s²] = [J/(Js²/m²)] = [J/kg]，すなわち単位質量当たりの流体のエネルギーを表し，比エネルギー（specific energy）という。比エネルギー E に密度 ρ をかけた量は，単位体積当たりのエネルギーを表し，式（1.1）からわかる様に圧力と同じ次元となり，$\rho v^2/2$ を動圧，p を静圧，動圧と静圧の和を全圧という。

（注）流体が保有する比エネルギーには，運動エネルギー $v^2/2$，位置エネルギー gz および内部エネルギー e の三つの形がある。さらに流体は自らを媒体としてエネルギーを伝達する能力を持っており，この伝達エネルギーを単位質量あたりに割り振ったものが p/ρ である。また，内部エネルギー e は，$e = C_v T$（T：絶対温度，C_v：定容比熱）と表され，温度の形で保有するエネルギーであり，非圧縮性流体では一定になるので，式（1.1）から除かれている。なお，p/ρ および e は熱力学的な状態量であり，その和 $i = p/\rho + C_v T = C_p T$（$C_p$：定圧比熱）はエンタルピーと呼ばれる。

ターボ機械は流体と機械の間でエネルギーを変換する機械であるから，エネルギーの総和 E が一定であっては意味がなく，E の変化量 ΔE が問題である。図 1.6 に示すターボ機械の入口・出口に着目すると，流体がターボ機械を通る間に増加した比エネルギー ΔE は，式（1.1）より，

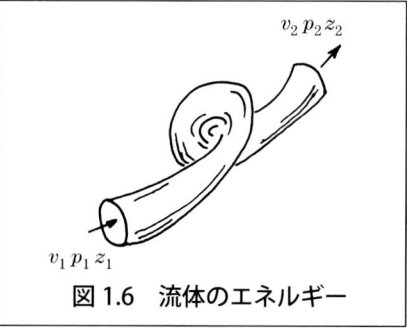

図 1.6　流体のエネルギー

$$\Delta E = E_2 - E_1 = \left(\frac{1}{2}v_2^2 - \frac{1}{2}v_1^2\right) + \left(\frac{p_2}{\rho} - \frac{p_1}{\rho}\right) + (gz_2 - gz_1) \tag{1.2}$$

ただし添字 1, 2 はそれぞれターボ機械の入口，出口を示す。

1.3 流体エネルギー・動力 [2]

すなわち，ΔE は，運動エネルギーの形で伝達されるものと，圧力の形で伝達されるものからなり，右辺第3項の位置エネルギーの変化は運動エネルギーや圧力の変化に比べて非常に小さいため，通常は省略される。上式の $\Delta E > 0$ はターボ機械から流体にエネルギーが伝達され，$\Delta E < 0$ は流体から機械にエネルギーが伝達されることを意味している。

1.3.2 動力とその単位

流体の比エネルギーの増加量 ΔE を重力の加速度 g で割ると，その単位は $[J/(kgm/s^2)] = [J/N] = [m]$ となり，エネルギーの増加量を流体の高さで表現することができて，直感的に理解し易い。そこで，これを $H \equiv \Delta E / g$ と書いて，全ヘッドと呼ぶ。H は，単位重量の流体のエネルギーの増加量を表し，次式で与えられる。

$$H \equiv \frac{\Delta E}{g} = \frac{v_2^2 - v_1^2}{2g} + \frac{p_2 - p_1}{\rho g} + (z_2 - z_1) \tag{1.3}$$

ターボ機械を流れる流体の体積流量を Q とすれば，単位時間に流れる質量流量は ρQ，これを重量で表すと $\rho g Q$ である。したがって，単位時間に流体と機械との間で変換されるエネルギー，すなわち動力 P は，

$$P = \rho Q \Delta E = \rho g Q H \tag{1.4}$$

で与えられる。動力 P は単位時間当りのエネルギーの変化量をあらわし，その単位は $[J/s] = [W]$（ワット）である。しかし，1W は値が小さすぎるため，ターボ機械ではこれを 10^3 倍した kW（キロワット）や 10^6 倍した MW（メガワット）がよく使われる。

式（1.4）の動力 P および全ヘッド H は慣習上，機種によって異なった表現がなされる。ポンプの場合には，P は液体がポンプから正味受け取る動力であり，水動力（water power）とよばれ，H は全揚程とよばれる。ポンプを運転するにはさらにいろいろな損失によって失われるエネルギーを加えねばならないので，これより大きな動力が必要である。一方，水車では P は水が潜在的に保有している動力を表し，水車入力と呼ばれ，H は有効落差と呼ばれる。実際に水車から得られる出力は種々の損失を除いたものであるのでこれより小さくなる。

送風機の場合は，気体が送風機から受け取る正味の動力は，空気動力と呼ばれ，全圧上昇 p_T を用いて，次式で計算される。

$$P = p_T Q \tag{1.5}$$

1．3　流体エネルギー・動力 [3]

1.3.3　圧縮性がある場合の取り扱い

高圧の送風機や圧縮機では，入口と出口の圧力比が $0.97<p_2/p_1<1.03$ であれば，流体の圧縮性は無視してよいが，この範囲を超えると気体の圧縮性を考慮する必要がある。

気体は圧縮されると温度が上昇し，とくに高圧でない限り，

$$p/\rho = RT \tag{1.6}$$

で近似できる。ここに，T [K] は絶対温度，R はガス定数であり空気では 287 [m^2/s^2K] である。上式は完全ガスの状態式とよばれる。

圧縮性流体では外部との間に熱の出入りがあると，内部エネルギーが変化し，残りは圧縮仕事となるので，ターボ機械の入口から出口までの間に流体が得た比エネルギー ΔE は，式（1.2）の代わりに

$$\Delta E = E_2 - E_1 = \left(\frac{1}{2}v_2^2 - \frac{1}{2}v_1^2\right) + \int_1^2 \frac{dp}{\rho} + (gz_2 - gz_1) \tag{1.7}$$

を用いなければならない。右辺第2項は，速度や高さなどの見かけの条件とは無関係に，流体の静的な状態変化を起こさせるために必要な仕事であり，静仕事という。静仕事は，気体の圧縮の仕方によりその大きさが異なり，以下の様になる。

(1)　等温変化（$\frac{p}{\rho}=const.$ 内部エネルギー一定）；$\int_1^2 \frac{dp}{\rho} = \frac{p_1}{\rho_1}ln\frac{p_1}{p_2}$

(2)　断熱変化（$\frac{p}{\rho^\kappa}=const.$）：$\int_1^2 \frac{dp}{\rho} = \frac{\kappa}{\kappa-1}\left(\frac{p_2}{\rho_2}-\frac{p_1}{\rho_1}\right)$

(3)　ポリトロープ変化（$\frac{p}{\rho^n}=const.$）：$\int_1^2 \frac{dp}{\rho} = \frac{n}{n-1}\left(\frac{p_2}{\rho_2}-\frac{p_1}{\rho_1}\right)$

上式において，κ は比熱比，n はポリトロープ指数である。ポリトロープ変化は，断熱が十分行われないときに見られる現象である。

1.4 流体と羽根車の間のエネルギー変換 [1]

1.4.1 羽根車の作用

扇風機は羽根が回転すると風が送られ（$\Delta E>0$），逆に風車は風がくると回転する（$\Delta E<0$）。これらの羽根車は流れにどのような作用を与えているのだろうか。

扇風機を例にとると，回転している羽根の上流（裏側）では流れは遅いのに，下流（表側）ではかなり速い。流れの連続性を考えると流線は**図 1.7**(a)のようになっているはずであり，羽根車の回転により流体は増速作用を受けることがわかる。この場合，流体が羽根車から受ける力は，羽根車を含む大きな検査空間を想定し，流れが検査空間を通過する間に受ける単位時間当たりの運動量の変化として求められる（運動量の法則）。すなわち，圧力一定（$p_1=p_2=p_a$）のもとで検査空間 ABCD の入口 AB から単位時間当たり $\rho Q v_1$ の運動量を持って流入した流体が，出口 CD では単位時間当り $\rho Q v_2$ の運動量を持って流出するから，検査空間内の流体が受ける流れ方向の力は，

$$F = \rho Q (v_2 - v_1) \tag{1.8}$$

で与えられる。この力は羽根の作用により生じる力である。

次に羽根車の外周に**図 1.7**(b)のような円筒ケーシングを取り付けた場合を考えよう。羽根車を出る流れは旋回速度を有するので，その運動エネルギーを圧力として有効に回復するために下流側に静翼が設置される。この場合，連続の条件から $v_1=v_2=v$ となり運動エネルギーは増加しないが，代りに流体は単位時間当り力×流速，すなわち Fv の動力をもらい受け，圧力が増大する（増圧作用）。流体が動翼および静翼を通過する間に受ける流れの方向の力は，流路の断面積を S とすれば，次のようになる。

$$F = S(p_2 - p_1) \tag{1.9}$$

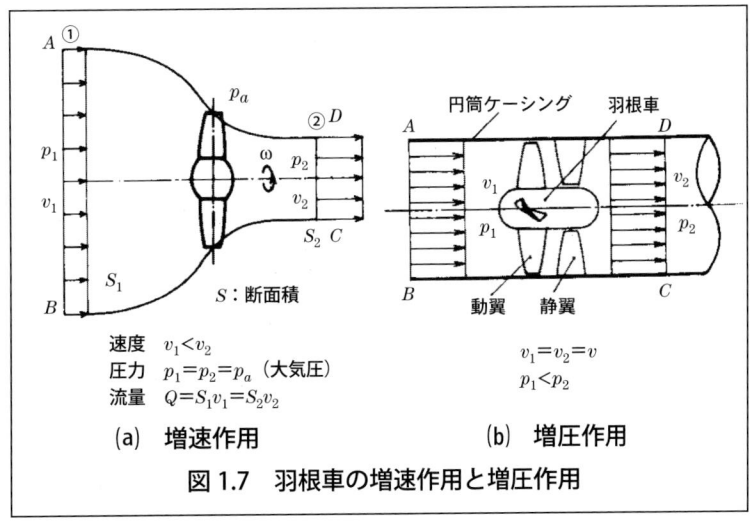

速度	$v_1 < v_2$
圧力	$p_1 = p_2 = p_a$（大気圧）
流量	$Q = S_1 v_1 = S_2 v_2$

(a) 増速作用　　(b) 増圧作用

$v_1 = v_2 = v$
$p_1 < p_2$

図 1.7　羽根車の増速作用と増圧作用

1.4 流体と羽根車の間のエネルギー変換 [2]

1.4.2 角運動量の法則とオイラーヘッド

前節では羽根車の回転が流体に増速あるいは増圧作用を与えることを学んだ。ではなぜ羽根車が回転すると増速あるいは増圧作用が発生するのだろうか。

これを理解するには，回転する羽根車により引き起こされる回転流れの基礎式，すなわち角運動量の法則を理解しなければならない。角運動量の法則は，「角運動量（運動量のモーメント）の時間変化はトルク（力のモーメント）に等しい」と表される。これを連続体である流体の定常流れに適用するには，流れの中に羽根車を含む検査面を想定して，検査面全体に亘ってこの法則を適用すればよく，「単位時間当たりに検査面に流入・流出する角運動量の差は検査面内の流体が受けるトルクに等しい」となる。

いま，幅 b の2枚の円板の間を旋回しながら半径方向外向きに向かう図1.8の軸対称な流れを考えよう。半径 r における速度 V は半径方向速度成分 v_m と周方向速度成分 v_u に分解でき，v_m に流路面積 $2\pi rb$ を乗じると流量 $Q=2\pi rbv_m$ になり，質量流量 ρQ は連続の条件からどの円周面でも一定に保たれる。

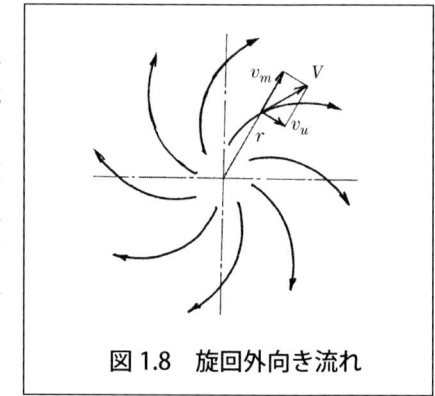

図1.8 旋回外向き流れ

一方，周方向速度 v_u に ρQ と r を乗じたものは，半径 r の円周面を単位時間当たりに通過する角運動量 $L=\rho Qrv_u$ を与える。

遠心羽根車は，図1.9(a)のような形をしている。流れは軸方向から左の吸込口に導かれ，円弧状の隣合う羽根に挟まれた流路の入口Aから流入し出口Bから流出する。これを吸込み口から見ると，(b)図のようになる。そこで，羽根入口円（半径 r_1），出口円（半径 r_2），そして2枚の円板状の側壁で囲まれた，羽根を含む円環状の検査面を想定し，角運動量の法則を適用しよう。

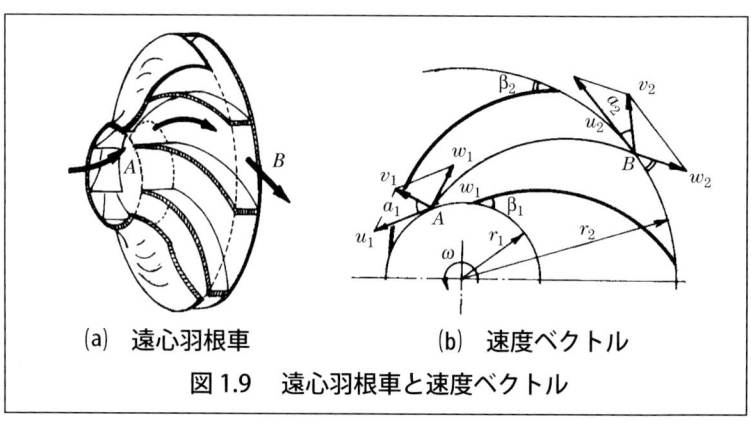

(a) 遠心羽根車　　　(b) 速度ベクトル

図1.9 遠心羽根車と速度ベクトル

1.4　流体と羽根車の間のエネルギー変換 [3]

　単位時間当たりに流体が羽根入口 A（添字 1 をつける）で検査面に持ち込む角運動量は $\rho Q r_1 v_{u1}$，出口 B（添字 2）から持ち出す角運動量は $\rho Q r_2 v_{u2}$ となるので，流体が羽根を通過する間の角運動量の増加量は単位時間当たり $\rho Q (r_2 v_{u2} - r_1 v_{u1})$ となる。これは，検査面内にある羽根により引き起されたものであり，羽根が供給するトルクを T に等しい，すなわち，

$$T = \rho Q (r_2 v_{u2} - r_1 v_{u1}) \tag{1.10}$$

が導かれる。一方，回転角速度を ω とすれば，単位時間当りに羽根のなす仕事（動力）は $P=T\omega$ で与えられ，損失を無視すれば，すべて流体エネルギーに変換されるので，式（1.4）より，

$$T\omega = \rho Q \Delta E = \rho g Q H \tag{1.11}$$

羽根車の周速度 $u = r\omega$ であるから，式（1.10），（1.11）から ΔE は

$$\Delta E = u_2 v_{u2} - u_1 v_{u1} \tag{1.12}$$

と表される。この式はターボ機械に対する理論式として初めてオイラー（1707～1783）によって導かれたもので，オイラーの法則と呼ばれる。この式が発表されて以後，羽根車の形について勘に頼った思いつき的な提案が排除され，現在のターボ機械につながる合理的な発展が始まった。
　オイラーの式を全ヘッド H で表示したものは理論ヘッドとよばれ，通常 H_{th} と書かれる。すなわち，理論ヘッドは，

$$H_{th} = \frac{1}{g}(u_2 v_{u2} - u_1 v_{u1}) \tag{1.13}$$

　なお，厚みのない羽根が無限枚数あるような場合を考えると，流体は羽根に沿った角度で流入・流出することになり，このときの全ヘッドを $H_{th\infty}$ と書き，オイラーヘッド（Euler's Head）あるいは羽根数無限の場合の理論ヘッドという。

1.5 変換されるエネルギーの成分 [1]

1.5.1 速度三角形

さて，前節の結果は，羽根車と流体の間のエネルギーの変換に関して必ずしも明快な説明を与えない。羽根車が回転すると，どのようにして増圧作用，増速作用が発生するのかが明確ではない。そこで，羽根車の入口および出口における流れをもう少し詳しく調べよう。

羽根入口および出口における流体の速度は，前出の**図1.9**(b)に示したようになる。回転する座標系から見た速度を相対速度といい，羽根入口，出口の相対速度ベクトル $\vec{w}_1, \vec{w}_2$ は，図示の流線（相対流線という）に沿った方向になる。相対速度ベクトル $\vec{w}_1, \vec{w}_2$ に羽根車の周速度ベクトル $\vec{u}_1, \vec{u}_2$ をそれぞれベクトル的に加え合わせると静止系からみた絶対速度ベクトル $\vec{v}_1, \vec{v}_2$ が求まる。これを**図1.10**のような三角形で表わしたものを速度三角形（velocity triangle）といい，羽根車流れを調べるときの基本となる。

速度三角形の描き方は，先ず始点を定め，始点から水平に羽根の周速度ベクトル $\vec{u}$ を描き，次に $\vec{u}$ の先端から流れ方向に相対速度ベクトル $\vec{w}$ を描き，最後に始点と相対速度ベクトルの先端を結び，これを絶対速度ベクトル $\vec{v}$ とする。$\vec{w}$ は羽根とともに回転する相対座標系からみた流体の速度の大きさと方向を，また $\vec{v}$ は静止座標系からからみた流体の速度の大きさと方向を表す。

羽根車の中心軸を含む平面をメリジアン面（子午面，**図1.12**参照）といい，子午面内の速度をメリジアン速度（遠心羽根車では半径方向，軸流羽根車では軸方向の速度になる）という。**図1.10**(a)(b)に示す様に，絶体速度ベクトル v の周方向成分が前出の v_u であり，メリジアン方向成分が v_m である。

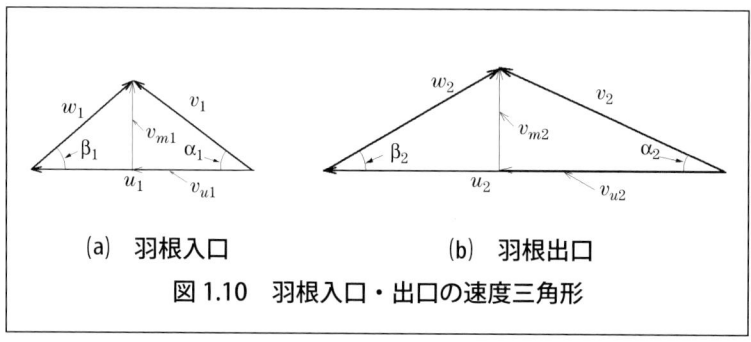

(a) 羽根入口　　　　　(b) 羽根出口

図1.10　羽根入口・出口の速度三角形

上図より $v_u = v\cos\alpha$ と表されるので，u, v, w を3辺とする三角形の辺の関係 $w^2 = u^2 + v^2 - 2uv\cos\alpha$ を用いると，式（1.13）の理論ヘッド H_{th} は以下のように書くことが出来る。

$$H_{th} = \frac{v_2^2 - v_1^2}{2g} + \frac{u_2^2 - u_1^2}{2g} + \frac{w_1^2 - w_2^2}{2g} \qquad (1.14)$$

1.5 変換されるエネルギーの成分 [2]

1.5.2 変換されるエネルギーの各成分

羽根車の理論ヘッドは式 (1.14) で与えられるが, この式の両辺に g を乗じることにより, 羽根車と流体の間で変換される比エネルギーは,

$$\Delta E = \frac{1}{2}\left\{\left(v_2^2 - v_1^2\right) + \left(u_2^2 - u_1^2\right) + \left(w_1^2 - w_2^2\right)\right\} \tag{1.15}$$

と表される。ΔE は本来, 式 (1.2) で定義されるように, 単位質量の流体の全エネルギーの増加量であり, 位置エネルギーは無視できるので,

$$\Delta E = \frac{1}{2}\left(v_2^2 - v_1^2\right) + \frac{p_2 - p_1}{\rho} \tag{1.16}$$

と書くことも出来る。ΔE に占める右辺第 2 項 $(p_2 - p_1)/\rho$ の割合を反動度という。式 (1.15) と (1.16) は等しいから, これより圧力上昇は

$$p_2 - p_1 = \frac{\rho}{2}\left(u_2^2 - u_1^2\right) + \frac{\rho}{2}\left(w_1^2 - w_2^2\right) \tag{1.17}$$

となる。すなわち, 周速度に基づく運動エネルギーの増加 $(u_2^2 - u_1^2)/2$ と相対速度に基づく運動エネルギーの減少 $(w_1^2 - w_2^2)/2$ が圧力上昇を引き起こすことがわかる。では, この 2 つの項はどのようにして圧力に変換されるのであろうか。

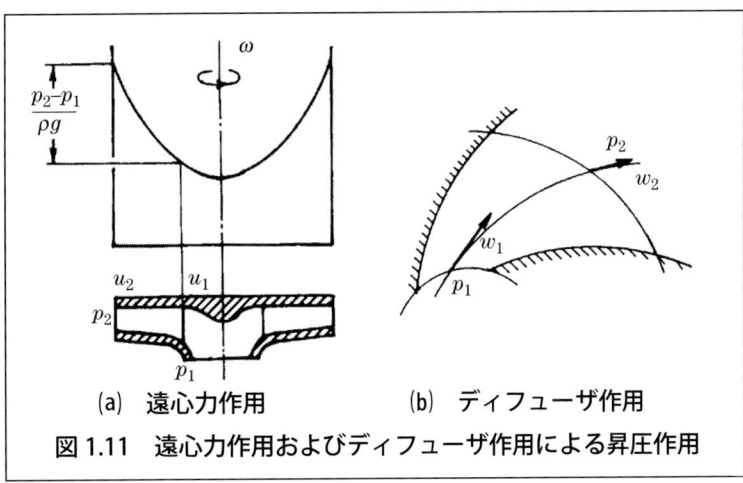

図 1.11 遠心力作用およびディフューザ作用による昇圧作用

そこで先ず, 図 1.11 (a) に示すように, 羽根車の入口・出口を閉じて流体を羽根車内に閉じ込め, 角速度 ω で回転させた場合を考えよう。流体は, 円筒容器とともに回転する流れと同様な流れとなり, 強制渦とよばれる。この場合, 流体には遠心力が作用し, 遠心力と釣合うように半径方向に圧力こう配 dp/dr ができるので, 半径方向の力の釣合いは,

$$\frac{dp}{dr} = \rho \frac{u^2}{r} \tag{1.18}$$

1.5 変換されるエネルギーの成分 [3]

で与えられ，周速 $u = r\omega$ であるから，式 (1.18) を半径 r_1 から r_2 まで積分すれば，圧力上昇は以下のようになる。

$$p_2 - p_1 = \frac{\rho}{2}\left(u_2^2 - u_1^2\right) \tag{1.19}$$

すなわち，式 (1.17) の右辺第 1 項は，**図 1.11 (a)** に示すように，羽根車の回転により外周側の圧力が上がる遠心力作用を表すことがわかる。

一方，式 (1.17) の右辺第 2 項は，**図 1.11 (b)** に示すように，流路の拡がりにより速度 w_1 から w_2 に減速され，運動エネルギーが圧力として有効に回復される作用，すなわちディフューザ作用を表すことがわかる。

以上をまとめると，被動機では，羽根車は流体に，絶体速度を増加させて運動エネルギーの伝達（増速作用）を行い，また周速度の差に基づく遠心力作用および相対流れのディフューザ作用を通して流体の圧力を増大させる（増圧作用）ことがわかる。これらはいずれも羽根の作用（翼作用）によるものである。

一方，原動機では，被動機とは逆に流体の動圧および静圧の変化が，翼作用を通して羽根車に動力を伝達することになる。

---

① $\dfrac{\rho}{2}\left(v_2^2 - v_1^2\right)$ ：運動エネルギーの変化（動圧変化）

② $\dfrac{\rho}{2}\left(u_2^2 - u_1^2\right)$ ：遠心力による圧力変化（静圧変化）

③ $\dfrac{\rho}{2}\left(w_1^2 - w_2^2\right)$ ：流路面積変化に伴う相対速度変化による
　　　　　　　　　　　　　圧力変化（静圧変化）

遠心羽根車は，入口と出口の半径差を大きく取れるので，②の遠心力作用が支配的であり，高い静圧を得ることができ，高圧・小流量に適している。軸流羽根車は，入口と出口の半径が等しいので遠心力作用は利用できず，③のディフューザ作用による圧力変化と①の運動エネルギーの変化しか利用できないので，低圧・大流量に適している。ディフューザ作用による圧力変化は比較的小さいため，滑らかな速度変化を達成する羽根間流路の設計が重要であり，羽根を翼形にする。斜流羽根車では両方の作用が共存してエネルギー変換が行われる。

なお，式 (1.17) は，以下の様に書くことも出来る。

$$\frac{p_1}{\rho g} + \frac{w_1^2}{2g} - \frac{u_1^2}{2g} = \frac{p_2}{\rho g} + \frac{w_2^2}{2g} - \frac{u_2^2}{2g}$$

この式は，相対流線にそって，相対速度に基づく速度ヘッドと圧力ヘッドの和から遠心力に基づく圧力ヘッド上昇を差し引いたものが一定に保たれることを示し，回転流路のベルヌーイの式とよばれる。軸流式 ($u_1 = u_2$) では，相対速度を用いたベルヌーイの式が成立することがわかる。

1.6 羽根車の形状と入口・出口の流れ [1]

1.6.1 有効なエネルギー変換を達成する羽根車の形状

流体が羽根車から伝達されるエネルギーは式(1.12)で表わされ，$\Delta E>0$ なら，エネルギーは羽根車から流体に伝達される被動機，逆に $\Delta E<0$ なら流体から羽根車に伝達される原動機になる。すなわち，

$$\Delta E = u_2 v_{u2} - u_1 v_{u1} = \omega(r_2 v_{u2} - r_1 v_{u1}) \qquad (1.12)'$$

$\Delta E>0$（被動機）：ポンプ　送風機・圧縮機
$\Delta E<0$（原動機）：水車　タービン

$\Delta E>0$（被動機）の場合には，$r_2 v_{u2} > r_1 v_{u1}$ となり，これを達成するために $r_2 \geq r_1$ とする。すなわち，羽根出口の半径 r_2 を入口半径 r_1 よりも大きくする（遠心式，斜流式）か，等しくする（軸流式）。r_2 を大きくすれば ΔE を大きくできるが，動力 $P=\rho Q \Delta E$ の制約から，流量 Q は余り大きくとれない（遠心式）。$r_2=r_1$ の場合には流量を大きく選定できる（軸流式）。

v_{u1} は，羽根入口における流体の周速度で，通常は $v_{u1}=0$（予旋回なし）で流入する。したがって，羽根出口の旋回速度 v_{u2} がエネルギー変換を担っていることになるが，v_{u2} に基づく運動エネルギーは羽根車を出ると摩擦により熱になってしまうので，これを圧力として有効に回収するために，下流側にディフューザ（案内羽根，静翼）を取りつける。

なお，遠心式，斜流式，軸流式に分けると，それぞれ別種の羽根車のように見えるが，実は図1.12に示すように形状が系統的に変わり，その境界は明確でない。状況に応じて最適の形状を選ぶことができる。

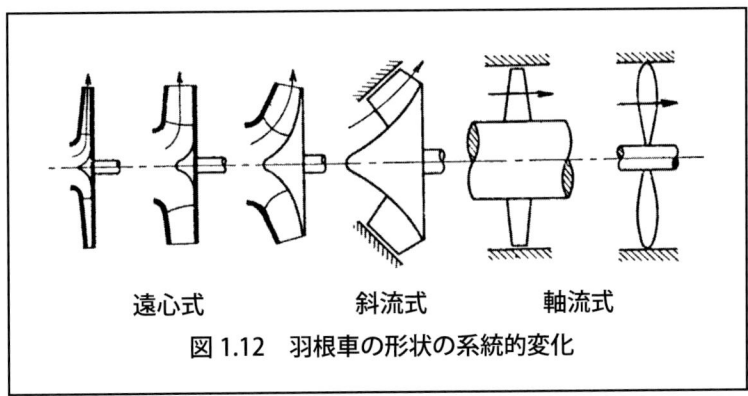

図1.12　羽根車の形状の系統的変化

$\Delta E<0$（原動機）の場合には，$r_2 v_{u2} < r_1 v_{u1}$ となり，これを達成するために，$r_2 \leq r_1$ とする。この場合，羽根車の入口で，高い圧力を大きな旋回速度 v_{u1} に変換して流入させるために，羽根車の上流に案内羽根（ノズル，ガイドベーン）をおく。

1.6 羽根車の形状と入口・出口流れ [2]

なお，$\Delta E>0$ あるいは $\Delta E<0$ の条件を実現するためには，前述の三つの方式しかない訳ではない。例えば，外向き流れの遠心水車もあり得，産業革命時代のフランスではこの形式の水車が大々的に使用された。したがってターボ機械の可能性は特別の形に限定されたものではなく，効率等をつきつめた末，現在の形に落ち着いたと考えるべきであろう。

1.6.2 羽根車入口・出口の流れ　遠心羽根車や斜流羽根車では，羽根車の入口・出口の流れは，図1.13のようになる。$\Delta E>0$ では外向き流れ（ポンプ流れ），$\Delta E<0$ では内向き流れ（タービン流れ）になり，相対座標系から見た相対流線，および絶対座標系から見た絶対流線も同時に示している。

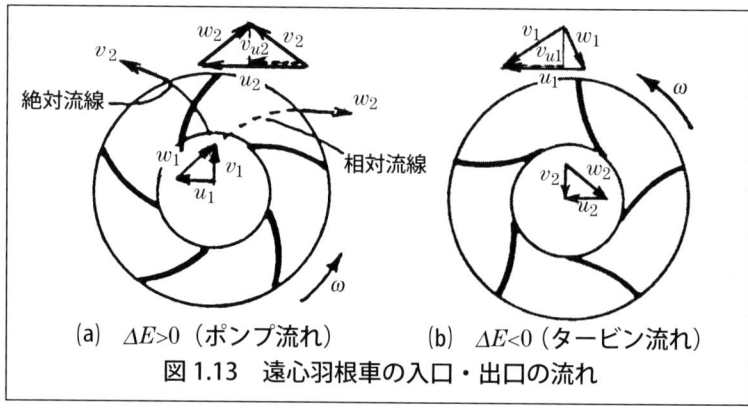

(a) $\Delta E>0$（ポンプ流れ）　　(b) $\Delta E<0$（タービン流れ）
図1.13　遠心羽根車の入口・出口の流れ

一方，軸流羽根車では，流れ面は円筒面になるので，円筒面で流れを展開すると，図1.14に示すように，直線上に無限にならんだ翼形（これを直線翼列という）を通る流れが得られる。$\Delta E>0$（ポンプ流れ）では旋回速度 $v_{u1}=0$ の流れが翼列に流入し，旋回速度 v_{u2} を持って流出する。これに対して，$\Delta E<0$（タービン流れ）では，案内羽根で大きな旋回速度 v_{u1} を与えられた流れが翼列に流入し，翼列の出口では旋回速度 v_{u2} を失って流出する。隣り合う翼によって作られる流路に着目すると，$\Delta E>0$ では流路が下流に向かって広がる（減速流れ），$\Delta E<0$ では下流に向かって狭まる（増速流れ）ように翼が配置される。

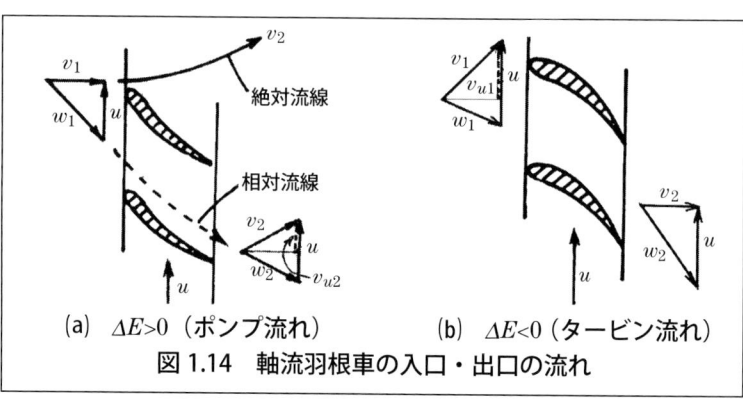

(a) $\Delta E>0$（ポンプ流れ）　　(b) $\Delta E<0$（タービン流れ）
図1.14　軸流羽根車の入口・出口の流れ

1.7 損失と効率 [1]

　実際の流れでは，羽根車と流体の間でエネルギーが変換される過程で，様々なエネルギー損失（energy loss）を生じる。変換された全エネルギーのうち，損失によって失われたエネルギーを除いたものが正味変換されたエネルギーであり，その全エネルギーに占める割合を効率（efficiency）という。

　被動機の場合について，駆動軸を通して羽根車に供給された動力が流体の力学的エネルギーに変換されるまでの流れを示したものが図1.15である。

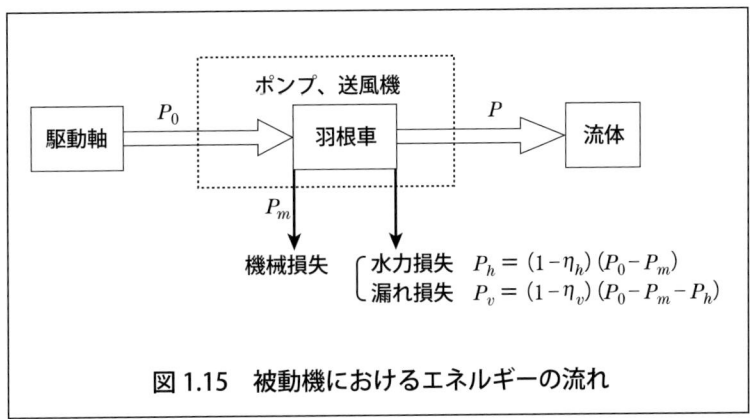

図1.15　被動機におけるエネルギーの流れ

　駆動軸から被動機に伝えられた入力 P_0 が羽根車に伝わるまでに，軸受の摩擦，シールにおける摩擦など機械的な動力損失を受け，これを機械摩擦損失という。さらに，羽根車に伝達された後も，羽根車の背面などのエネルギー変換に直接関係のない部分で，流体との摩擦によりトルクを消費して動力損失を生じ，円板摩擦損失とよばれる。これらは流体と羽根車とのエネルギー授受とは直接関係のない部分で生じる損失であり，2つの損失を合わせて機械損失 P_m とよび，これに伴う効率を機械効率 η_m という。

　次に，流体が被動機（羽根車および案内羽根，ディフューザ等）の中を流れる際，摩擦，二次流れ，はく離などの流体力学的損失を生じ，流体の全ヘッドは理論ヘッド H_{th} よりも損失ヘッド H_l だけ減少する。この全ヘッド低下に伴う動力損失を水力損失 P_h といい，これに関係する効率を水力効率 η_h という。最終的に流体に与えられる全ヘッド $H=H_{th}-H_l$ は実ヘッドとよばれる。

　さらに，羽根車を含む回転部とケーシングなどの静止部の間には隙間が存在し，ここを通って漏れが生じるため，せっかく羽根車で高圧にした流体が無駄に低圧部に漏れることになり，漏れ流量 q に伴う動力損失を漏れ損失 P_v といい，これに関係する効率を体積効率 η_v という。

　以上により被動機の3つの効率は，以下のように定義される。

1.7 損失と効率 [2]

$$\eta_m = \frac{P_0 - P_m}{P_0}, \quad \eta_h = \frac{H_{th} - H_l}{H_{th}} = \frac{H}{H_{th}}, \quad \eta_v = \frac{Q}{Q+q} \quad \text{(被動機)} \quad (1.20)$$

被動機の入力軸に加えられる動力 P_0 を軸動力という。軸動力の一部は先ず機械損失 P_m に費やされ，残りが羽根車に与えられ，流量 $(Q+q)$ の流体を理論ヘッド H_{th} まで昇圧するための動力になるが，さらに被動機内部で水力損失，漏れ損失に費やされ，最後に残った部分が実際の流体に与えられる水動力 $P=\rho g Q H$ となる。すなわち，

$$P_0 - P_m = \rho g(Q+q)H_{th}, \quad P = \rho g Q H \quad \text{(被動機)} \qquad (1.21)$$

水動力の軸動力に対する比 $\eta=P/P_0$ を全効率といい，以下のようになる。

$$\eta = \frac{P}{P_0} = \frac{P_0 - P_m}{P_0} \cdot \frac{P}{P_0 - P_m} = \frac{P_0 - P_m}{P_0} \cdot \frac{\rho g Q H}{\rho g(Q+q)H_{th}} = \eta_m \eta_v \eta_h \quad (1.22)$$

一方，原動機の場合は，エネルギーの流れが**図 1.15** の場合とは逆になり，単位時間に流量 Q の流体が全ヘッド H を持って羽根車に流入するので，入力は $P_0=\rho g Q H$ と表され，その一部が機械損失 P_m に費やされ，残りが羽根車に与えられる。しかし，流体が原動機の中を流れる間に水力損失 H_l を受けるので，羽根車に与えられる全ヘッドは $(H-H_l)$ に，また実際に羽根車を通過する流量も漏れ流量 q だけ減少して $(Q-q)$ になるので，各効率は以下のようになる。

$$\eta_m = \frac{P}{P+P_m}, \quad \eta_h = \frac{H-H_l}{H}, \quad \eta_v = \frac{Q-q}{Q} \quad \text{(原動機)} \quad (1.23)$$

また，羽根車の有効出力は $P=\rho g(Q-q)(H-H_l)-P_m$ となり，これが被動機の出力となる。したがって，全効率 $\eta=P/P_0$ は以下のようになる。

$$\begin{aligned}\eta &= \frac{P}{P_0} = \frac{P}{P+P_m} \cdot \frac{P+P_m}{P_0} \\ &= \frac{P}{P+P_m} \cdot \frac{\rho g(Q-q)(H-H_l)}{\rho g Q H} = \eta_m \eta_v \eta_h \end{aligned} \qquad (1.24)$$

高圧の送風機や圧縮機，あるいはタービンにおいてはさらに熱的な損失，すなわち熱伝導によって周囲へ逃げる熱エネルギーおよびそれにかかわる効率を考慮しなければならない。この場合，静仕事を求めるには，ターボ機械の内部で起こっている状態変化をたどって積分しなければならないが，それは実際上不可能である。そこで，状態変化の過程を仮定することが必要になり，全効率として，等温効率，断熱効率，あるいはポリトロープ効率等が用いられる（5.2節参照）。

1．例題【1】

[1.1] 原子力発電所の出力は1基当たり1,200MWである。この電力を，落差600mの揚水発電所で揚水して蓄えたい。ポンプ運転時1台あたりの流量を40m^3/sとし，ポンプ水車，電動機全体の効率を80％とするとポンプ水車を何台運転しなければならないか。

（解答）　ポンプ水車1台のポンプ運転時に必要な動力は式 (1.21)，(1.22) より $P_0 = P/\eta = \rho g Q H/\eta$ である。
$\eta = 0.80$, $\rho = 1 \times 10^3$kg/m^3, $g = 9.8$m/s^2, $Q = 40$m^3/s, $H = 600$m であるから
$$P_0 = (1 \times 10^3) \times 9.8 \times 40 \times 600/0.80 = 2.94 \times 10^8 W = 294MW$$
したがって，1,200MWを貯蔵できるポンプ水車の台数は，
$$1,200/294 = 4.08 \rightarrow 5 台$$
これらのポンプ水車を8時間ポンプ運転するとして揚水される水量は
$$40 \times (8 \times 60^2) \times 5 = 5.76 \times 10^6 m^3$$
約576万トンである。

[1.2] 風速7m/sの風が吹く地域に風車発電設備を設置して，前問の原子力発電所1基分の電力を得たい。羽根車直径30mのプロペラ式風車を使用するとして，何台の風車が必要か。ただし風車，発電機等全体の効率を40%とする。

（解答）　風車回転面に流入する風のエネルギー P_0 は
$$P_0 = (\rho v^3/2) \cdot (\pi d^2/4)$$
$\rho = 1.2$kg/m^3, $v = 7$m/s, $d = 30$m であるから
$$P_0 = (1/2) \times 1.2 \times 7^3 \times (\pi/4) \times 30^2 = 1.45 \times 10^5 W = 145kW$$
風車1台の出力 P は
$$P = \eta P_0 = 0.4 \times 145 = 58.0kW$$
したがって，必要な風車台数は
$$(1,200 \times 10^6)/(58.0 \times 10^3) = 2.07 \times 10^4 \rightarrow 20,690 台$$

[参考]
[太陽エネルギー]　太陽から地球に降り注ぐエネルギーは日本付近では1m^{2}あたり約1kWである（これは風速12m/sの風が持つエネルギーとほぼ同等である）。したがって上の発電所出力は損失をすべて無視すれば 1.20×10^6m^2 の面積（一辺約1,100mの正方形）が太陽から受けるエネルギーに相当する。
[太陽電池]　現在の太陽電池パネルの出力は1cm^{2}当り約15mWである。従って上の電力をこれで発電するには太陽電池の面積が
$$(1,200 \times 10^6)/(15 \times 10^{-3}) = 8.00 \times 10^{10} cm^2 = 8.00 km^2$$
すなわち，一辺約2.83kmの正方形が必要となる。

1．例題【2】

[1.3] 遠心羽根車の寸法が，外径 D_2=235mm，内径 D_1=110mm，羽根幅は入口で b_1=27mm，出口で b_2=10mm，出口羽根角度 β_2=22.5°であった。回転速度 3,000min^{-1} のとき流量は 3m^3/min である。羽根入口で流れは半径方向に流入するとし，すべての損失を無視して次の問に答えよ。

(1) 羽根車入口および出口における流れの絶対速度，相対速度，羽根車周速度を求め，速度三角形を描け。
(2) オイラーヘッドを求めよ。
(3) オイラーヘッドのうち遠心力の寄与は何％か。
(4) オイラーヘッドのうち静圧変化の寄与は何％か。

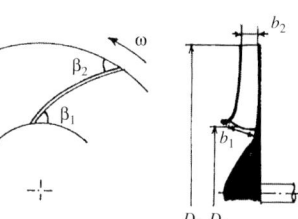

（解答）
(1) 入口において
　周速度：$u_1 = \pi D_1 n/60 = \pi \times 0.11 \times 3{,}000/60 = 17.3$m/s
　絶対速度：$v_1 = (Q/60)/(\pi D_1 b_1)$
　　　　　　　$= (3/60)/(\pi \times 0.11 \times 0.027) = 5.36$m/s
流入する流れは旋回していないため（v_{u1}=0），入口速度三角形は直角三角形となるから，**図1.10** より
　相対速度：$w_1 = \sqrt{v_1^2 + u_1^2} = \sqrt{5.4^2 + 17.3^2} = 18.1$m/s
　羽根角：$\beta = \tan^{-1}(v_1/u_1) = \tan^{-1}(5.36/17.3) = 17.2°$
出口において，
　周速：$u_2 = \pi D_2 n/60 = \pi \times 0.235 \times 3{,}000/60 = 36.9$m/s
　絶対速度の半径方向成分：
　　　$v_{m2} = (Q/60)/(\pi D_2 b_2) = (3/60)/(\pi \times 0.235 \times 0.010) = 6.77$m/s
　相対速度：$w_2 = v_{m2}/sin\beta_2 = 6.77/sin22.5° = 17.7$m/s
図1.10 の速度三角形より，絶対速度の周方向成分は
　　　$v_{u2} = u_2 - w_2 cos\beta_2 = 36.9 - 17.7 cos22.5° = 20.5$m/s
　絶対速度：$v_1 = \sqrt{v_{m2}^2 + v_{u2}^2} = \sqrt{6.8^2 + 20.5^2} = 21.6$m/s

これらの結果を用いて速度三角形を描けば次のようになる。

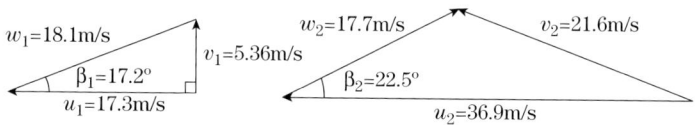

(2) オイラーヘッドは，式（1.13）より，
　$H_{th} = (u_2 v_{u2} - u_1 v_{u1})/g$
　　　$= (36.9 \times 20.5 - 0)/9.8 = 77.2$m

1．例題【3】

(3) 遠心力の寄与 H_u は，式（1.19）より
$H_u = (u_2^2 - u_1^2)/2g = (36.9^2 - 17.3^2)/19.6 = 54.2\text{m}$
したがってその比率は
$H_u/H_{th} = 54.2/77.2 = 0.702 \to 70.2\%$

(4) 相対速度の変化の寄与 H_w は，
$H_w = (w_1^2 - w_2^2)/2g = (18.1^2 - 17.7^2)/19.6 = 0.73\text{m}$
その比率は
$H_w/H_{th} = 0.73/77.2 = 0.009 \to 0.9\%$
したがって全体のエネルギーのうち静圧変化の寄与の比率は
$(H_u + H_w)/H_{th} = 70.2 + 0.9 = 71.1\%$

（補足）運動エネルギーの変化の寄与 H_v は
$H_v = (v_2^2 - v_1^2)/2g = (21.6^2 - 5.4^2)/19.6 = 22.3\text{m}$
その比率は
$H_v/H_{th} = 22.3/77.2 = 0.289 \to 28.9\%$
静圧変化の比率との和が 100% となることが確認される。

[1.4] 軸流ファンが 1,200min⁻¹ で回転している。羽根車平均半径 300mm の位置で空気（密度 1.2kg/m³）は軸方向に 33m/s の絶対速度で流入し，動翼による相対速度の転向角は 18° である。
（註：平均半径とは，最大半径と最小半径の2乗平均半径をいう）
(1) すべての損失を無視し，得られる全圧上昇を求めよ。
(2) このうち静圧上昇の割合はいくらか。

（解答）
(1) 羽根車平均半径 r=0.3m の位置において
　周速： $u = 2\pi nr/60$
　　　　$= 2\pi \times 1200 \times 0.3/60$
　　　　$= 37.7\text{m/s}$
入口において絶対速度 $v_1 = 33$m/s で流入する流れは旋回がない（$v_{u1}=0$）ため，入口速度三角形は直角三角形となり，
　流入角： $\beta_1 = \tan^{-1}(v_1/u) = \tan^{-1}(33.0/37.7) = 41.2°$
出口において
　流出角： $\beta_2 = \beta_1 + \theta = 41.2° + 18.0° = 59.2°$
　絶対速度の周方向成分：
　　　　$v_{u2} = u - v_1 \cot\beta_2 = 37.7 - 33.0\cot 59.2° = 18.0\text{m/s}$
したがって全圧上昇 p_T は
　　　　$p_T = \rho u(v_{u2} - v_{u1}) = 1.2 \times 37.7 \times (18.0 - 0) = 814\text{Pa}$

1. 例題【4】

(2) 入口における相対速度：
$$w_1 = \sqrt{v_1^2 + u^2} = \sqrt{33.0^2 + 37.7^2} = 50.1 \text{m/s}$$

出口における相対速度：$v_{m2}=v_1$ であるから，
$$w_2 = v_1/sin\beta_2 = 33.0/sin59.2° = 38.4 \text{m/s}$$
エネルギー伝達に遠心力の寄与はないから静圧上昇は相対速度の変化によるもの p_w のみであり，p_w は
$$p_w = \rho(w_1^2 - w_2^2)/2 = 1.2 \times (50.1^2 - 38.4^2)/2 = 621 \text{Pa}$$
したがって全圧上昇のうち静圧上昇の閉める割合は
$$p_w/p_T = 621/814 = 0.763 \rightarrow 76.3\%$$
速度三角形は次のようになる。

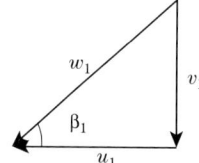 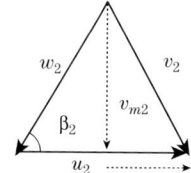

（補足） 出口絶対速度：$v_2 = \sqrt{v_{m2}^2 + v_{u2}^2} = \sqrt{v_1^2 + v_{u2}^2}$ より

運動エネルギーの変化：
$$p_u = \rho(v_2^2 - v_1^2)/2 = \rho v_{u2}^2/2 = 194 \text{Pa}$$
したがって全圧上昇に占める運動エネルギー変化の割合は
$$p_v/p_T = 194/814 = 0.238 \rightarrow 23.8\%$$
運動エネルギー変化の寄与と静圧上昇の寄与の和は
$$23.8 + 76.3 \approx 100\%$$

[1.5] 乗用車用ターボチャージャの回転速度が最高 $300{,}000 \text{min}^{-1}$，コンプレッサの外径 D_2 は30mmであった。簡単のためすべての損失および流体の圧縮性を無視し，入口で旋回なしに流入するとして，次の問いに答えよ。

(1) 羽根車入口平均直径 $D_1=10$mm，羽根高さ $b_1=6$mm，羽根角 $\beta_1=60°$ として流量を概算せよ。

(2) 出口羽根角 $\beta_2=40°$，出口羽根幅 $b_2=3$mm として圧力比（入口と出口の絶対圧の比）を概算せよ。ただし，入口条件は 20℃，大気圧（101kPa），この時の空気密度 1.2kg/m^3 をとする。

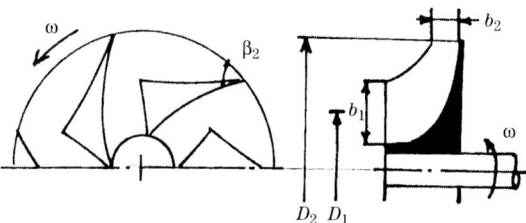

1．例題【5】

(解答)
(1) 入口において
　周速：$u_1 = \pi D_1 n/60 = \pi \times 0.010 \times 300{,}000/60 = 157\text{m/s}$
　流入時に旋回がないため速度三角形は直角三角形となり
　絶対速度：$v_1 = u_1 tan\beta_1 = 157 tan60° = 272\text{m/s}$
　流量：$Q = \pi D_1 b_1 v_1 = \pi \times 0.010 \times 0.006 \times 272 = 0.0513\text{m}^3\text{/s}$
　これは排気量 1,000cc のエンジンが 3,000min^{-1} で回転するときの空気流量に相当する。

(2) 出口において，
　周速：$u_2 = \pi D_2 n/60 = \pi \times 0.030 \times 300{,}000/60 = 471\text{m/s}$
　絶対速度の半径方向成分：
　　$v_{m2} = Q/\pi D_2 b_2 = 0.0513/(\pi \times 0.030 \times 0.003) = 181\text{m/s}$
　絶対速度の周方向成分：
　　$v_{u2} = u_2 - v_{m2} cot\beta_2 = 471 - 181 cot40° = 255\text{m/s}$
　入口で旋回がないため $v_{u1}=0$. したがって全圧上昇：
　　$p_T = \rho u_2 v_{u2} = 1.2 \times 471 \times 255 = 144\text{kPa}$
　これがすべて静圧に変換されると仮定すれば，出口圧力 p_2 は大気 p_a を加えて
　　$p_2 = p_a + p_T = 101 + 144 = 245\text{kPa}$
　したがって圧力比は
　　$p_2/p_1 = 245/101 = 2.43$
　なお，入口と出口の速度三角形は次のようになる。

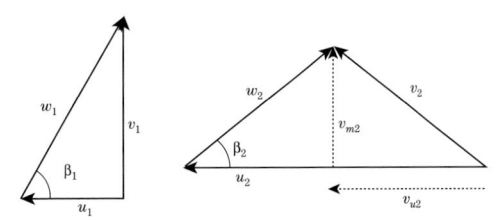

[1.6] 海底の岩盤を水ジェットで破砕するための超高圧ポンプがある。4段の遠心式で全揚程4,500m，吐出し量0.5m³/minである。水力効率75%，羽根車外径200mm，羽根車出口角20°，出口羽根幅10mmとして回転速度（min^{-1}）を推定せよ。

(解答)　一段当りの比エネルギーは
　　$\Delta E = gH/N\eta = 9.8 \times 4{,}500/(4 \times 0.75) = 14{,}700\text{J/kg}$
　一方，流入時の旋回を無視して，オイラーの式より
　　$\Delta E = u_2 v_{u2} = u_2(u_2 - Q cot\beta_2/(\pi D_2 b_2))$
　　　　　$= u_2(u_2 - (0.50/60) \times cot20°/(\pi \times 0.20 \times 0.010))$
　　　　　$= u_2(u_2 - 3.64)$
　上の2式より
　　$u_2^2 - 3.64 u_2 - 14{,}700 = 0$

1．例題【6】

> この2次方程式の正根のみを採用すれば
>
> $$u_2 = \left(3.64 + \sqrt{3.64^2 + 4 \times 14700}\right)/2 = 123\text{m/s}$$
>
> したがって回転速度は
>
> $$n = u_2 \times 60/(\pi D_2) = 123 \times 60/(\pi \times 0.20) = 1.17 \times 10^4 \text{min}^{-1}$$
>
> 通常のポンプの回転速度が1,500min^{-1}から，速くても3,000min^{-1}であることに比べれば，はるかに高速回転であることがわかる。

コラム

『ターボ』の美しさ

　本書の表紙にオーム貝の切断面の写真があるが，その輪郭線はほぼ正確に対数ら旋に一致する。対数ら旋は，曲線の中でもとりわけシンプルで優美な曲線であり，南海底に住む小動物にまでこのシンプルな数式が生きていることは，驚きであり，感動的でさえある。ら旋の内部には，写真に見られるように，多数の隔壁で仕切られた小部屋があり，各隔壁の中央にはエアー抜きの小孔が開いている。

　巻き貝として生活上必要な条件を考えてみると，移動に必要なコンパクトさ，成長に伴って拡大して行く居住環境，そして外敵から瞬時に身を隠しうる入口形状ということになろうか，その究極の形が対数ら旋になるのであろう。対数ら旋は，外向き旋回流れの流線であり，これが運動とは無関係な小動物の住み家に用いられていることは，まさに自然の妙であり，神の摂理というべきか。

　このオーム貝の英名turboがターボ機械の原義である。この曲線で構成される流路は様々な名前で呼ばれ，ポンプではボリュート，水車では渦巻きケーシング，そして空気機械ではスクロールという。いずれも同じ作用を持ち，類似の形状を持つのに，機器によって呼び名が違うのも奇妙であるが，それぞれが機械全体に占める重みが異なるので，呼び名が違うほうが却って良いのかも知れない。

　ポンプの設計法には，フライデラ流とステパノフ流という，2つの大きな流れがある。フライデラ流は理論展開を中心として実験データを併用した信頼性の高い設計法であり，ステパノフ流は，実用性を重んじ実験データに根差した説得力のある設計法である。ボリュートの形状においても，フライデラは旋回流れの理論的考察から対数らせんを採用し，ステパノフは円周角に比例して流路面積が増加する幾何らせんを採用している。しかし測定してみると，2つの内部流れの差異は比較的少ないので，その優劣はほとんどなく，それぞれヨーロッパスタイル，アメリカスタイルとして認められている。

　実際のボリュート（ポンプ）や渦巻ケーシング（水車）内の流れは，壁面摩擦に基づく二次流れが強い影響を及ぼすので，いずれのスタイルとも異なった最適形状が存在するようである。流量が設計点から外れると，大変厄介な問題が現われる。流量の低下と共にボリュートの流速は減少するのに，羽根車から出る流れは逆に周速度を増加させるため，ボリュートと羽根車のマッチングがひどく悪くなる。実際の流れは，巧妙にこの矛盾した要求に適合して，ボリュート流れは非軸対称になり出口に向かって減速し，大きな混合損失を発生する。

2. ターボ機械の構成要素と内部流れ
2.1 おもな構成要素 [1]

　ターボ機械の最も重要な構成要素である羽根車（impeller）の形状については、すでに 1.6 節で詳しく学んだので，ここではそれ以外の構成要素について説明しよう。

　羽根車の上流および下流には，羽根車に流れを導き，また羽根車から流出する流れを吐出し管路に導くために，図 2.1 に示すような種々の固定流路（stationary channel）が設けられる。

　羽根車の上流側に設けられる固定流路には，流れを均一にし，動翼になめらかに流入させるために用いられる静翼（入口案内翼，guide vane）や，流れが軸に垂直な方向から流入する場合に用いられる吸込みケーシング（図 2.1 (a)）などがある。

　一方，羽根車から出る流れは，大きな周方向速度成分をもつことが多く，そのままではこの運動エネルギーは，粘性のため熱になってしまう。これを圧力エネルギー*として有効に回復するために，羽根車の下流には広がり流路（ディフューザという，diffuser）が設置されることが多い。ディフューザには種々の形式があり，軸流羽根車に対しては図 2.1 (c)のような静翼（出口案内翼）が，遠心羽根車に対しては図 2.1 (a)のような羽根付きディフューザ，あるいは図 2.1 (b)のような渦巻き形のケーシング（ボリュートという，volute）と広がり管の組合せがおもに用いられる。羽根付きディフューザを出た流れは図示のような戻り流路（return

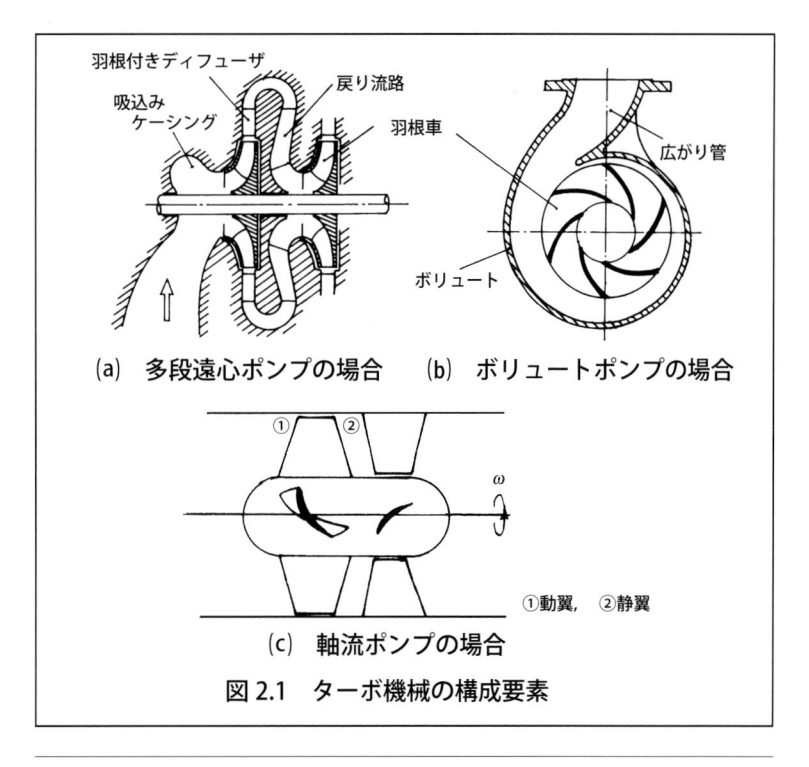

(a) 多段遠心ポンプの場合　　(b) ボリュートポンプの場合

(c) 軸流ポンプの場合

①動翼，②静翼

図 2.1　ターボ機械の構成要素

注*）　正確には圧力の押し込み仕事

2.1 おもな構成要素［2］

channel）を経て次の段に導かれるか，ボリュートにより集められる。

ターボ機械の構成要素を示す一例として，口絵の写真にある国産ロケット H-II のメインエンジン LE-7 に用いられている液体酸素ポンプの全体構造を図 2.2 に示す。図の左側には主ポンプとプリバーナポンプの2つの羽根車が背中合わせに配置され，右側の軸流タービンで駆動される構造である。主ポンプから吐き出された液体酸素（LOX）の一部は，プリバーナポンプでさらに昇圧されて予燃焼器に導かれ，液体水素（LH$_2$）と混合されて水素過多のガスとなり図のタービンを駆動する。したがって，酸素と水素が壁をはさんで隣り合って流れるため，漏れを抑える軸封（seal）装置が大変重要であり，2種類のシールが併用されている。また，軸受けの冷却やポンプ側の低温の作動流体（液体酸素，液体水素）とタービン側の高温の作動流体（燃焼ガス）との間の断熱も重要な課題である。

2つのポンプは遠心羽根車を持ち，その出口には羽根付きディフューザがとりつけられ，ボリュートへと導かれている。主羽根車の前方には，キャビテーション性能（3.4 節）を向上させるために，補助羽根車（インデューサとよばれる，inducer）および案内羽根が取り付けられ，主羽根車入口の圧力を上昇させている。また，タービンは軸流羽根車（タービンロータ）を持ち，吸込みケーシングを経て入口静翼で増速されたガスは動翼（羽根車）に流入してタービンを回し，さらに出口静翼で圧力回復を計っている。

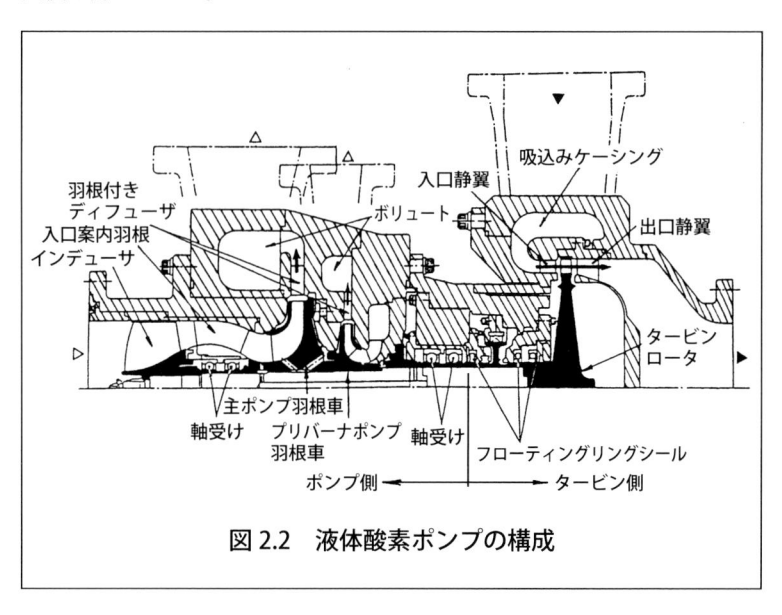

図 2.2 液体酸素ポンプの構成

ポンプや送風機，圧縮機のように流体にエネルギーを与える機械では，羽根車を出る流れの運動エネルギー（流速）が大きいので，羽根車の下流側の固定流路の設計が重要である。一方，水車やタービンのように流体からエネルギーを回収する機械では上流側の固定流路の設計が重要である（1.6.1 節参照）。

2.2 遠心羽根車 [1]

2.2.1 遠心羽根車の構造と内部流れ

遠心羽根車（centrifugal impeller）は，すでに図 1.9 に示したように数枚から十数枚のわん曲した羽根を両側から 2 枚の円板ではさんで，一方の円板に吸込口をつけた構造である。図 2.3 (a)に示すように，吸込口のない方を主板（または後面シュラウド，main shroud），他方を側板（前面シュラウド，front shroud）という。また側板のないものをオープン（開放形）羽根車，あるものをクローズド（密閉形）羽根車という。2 つの羽根車を背中合わせに重ねて，両側に吸込口を取付けた形式を両吸込形（図 2.3 (b)，double suction type）といい，流量は片吸込形（single suction type）のほぼ 2 倍になる。

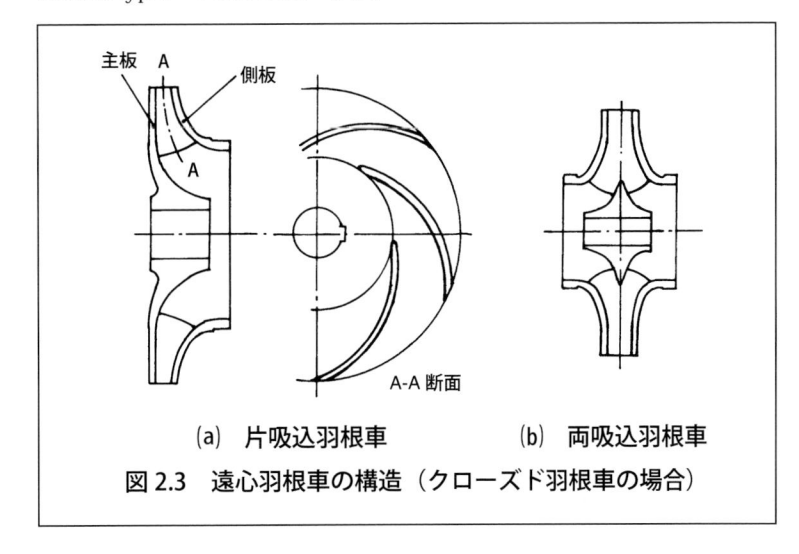

(a) 片吸込羽根車　　(b) 両吸込羽根車

図 2.3　遠心羽根車の構造（クローズド羽根車の場合）

遠心羽根車を流れる摩擦の無い流れを考えよう。羽根車の出入口をふさいで，流量 0 の状態で回転させると，羽根と羽根の間の流路には図 2.4 (a)に示すような循環流れが形成される。次に，羽根車の回転を止めて流体を流すと，図 2.4 (b)のような通り抜け流れが形成される。したがって遠心羽根車の流れは，これら 2 つの流れの和として図 2.4 (c)の様な流れとなり，羽根の両側に速度差が生じて，圧力面および負圧面が形成される。

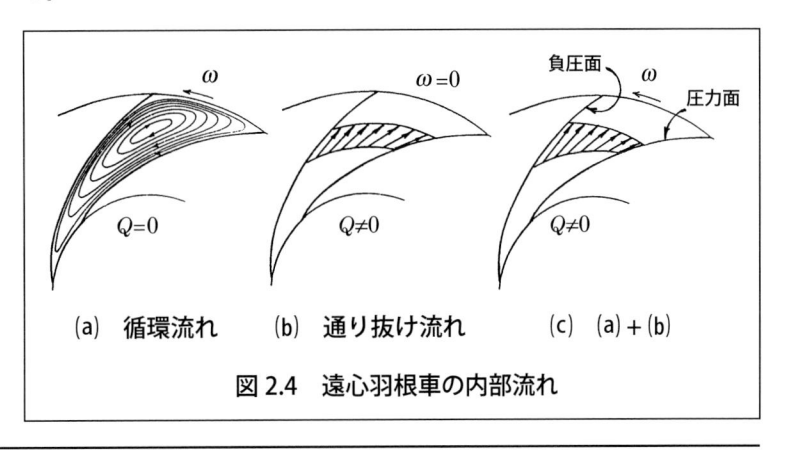

(a) 循環流れ　　(b) 通り抜け流れ　　(c) (a)＋(b)

図 2.4　遠心羽根車の内部流れ

2.2 遠心羽根車 [2]

　実際の流れには摩擦があるので，二次流れ（2.5.2 参照）が引き起こされ，羽根出口では高速領域が圧力面にかたよった複雑な速度分布となる。

　遠心羽根車内の圧力が，羽根に沿ってどのように上昇していくかを考えよう。圧力分布は，そこに働く力のバランスによって定まるので，回転している羽根車内の単位体積の流体部分に着目する。羽根車の回転によって周速度 $u=r\omega$ に基づく遠心力 $\rho u^2/r$ が半径方向に作用するが，そのほかにも図 2.5 に示すように，流路の曲がり（曲率半径 R）による遠心力 $\rho w^2/R$，および相対速度 w に直角な方向にコリオリ力* $2\rho\omega w$ が作用する。羽根車の回転による遠心力と釣り合うように半径方向に圧力が増大する（遠心力作用）ことは 1.5.2 節で学んだが，さらに流れと直角方向にも，流路の曲がりによる遠心力およびコリオリ力と釣合うように，圧力分布が生ずることになる。

　静止した翼列においては，迎え角（2.3 参照）をもった流れが当たると，翼の上下面に圧力差が生じ，流れと直角方向に揚力を発生する（翼作用）が，回転している遠心羽根車の場合には，さらに遠心力およびコリオリ力による圧力差が加わるので，羽根の両面には静止翼列の場合よりもはるかに大きな圧力差を生ずることになる。なお軸流羽根車ではコリオリ力は半径方向を向き，羽根両面の圧力差には寄与しない。

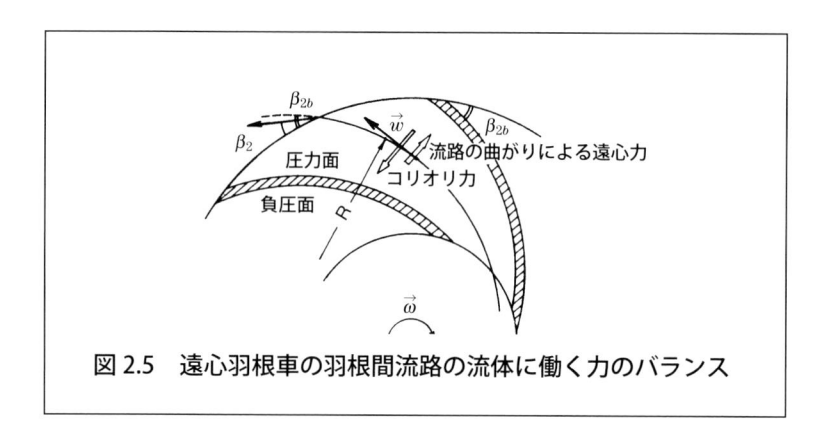

図 2.5　遠心羽根車の羽根間流路の流体に働く力のバランス

注*）コリオリ力について

　回転座標系上において，例えば半径を増す向きに運動する場合を考えよう。静止座標系から見れば半径方向に移動した場合でも，回転座標系上では座標系の回転のために，回転方向の後ろの位置に到達する。このように，回転座標系上で運動を考える場合，（遠心力以外に）回転軸と運動の向きに直交する向きの見かけ上の力を考慮する必要があり，これをコリオリ力という。

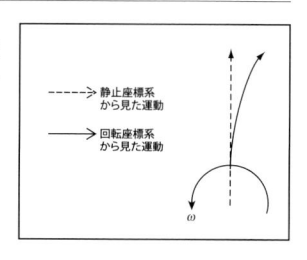

　一般に，回転角速度ベクトル $\vec{\omega}$ を持つ回転座標系上で運動する質量 m の物体には，
$$F_c = -2m\vec{\omega} \times \vec{w}$$
のコリオリ力が作用する。ここで，$\vec{w}$ は物体の相対速度ベクトルである。

2.2 遠心羽根車 [3]

2.2.2 すべりと理論揚程

式（1.13）のオイラーヘッドは，流れが羽根に沿って流出するという仮定のもとに導かれたものであり，この仮定は厚みのない羽根が無限枚数ついているような理想的な状態に対しては成り立つ。しかし，実際の羽根は厚みをもち，枚数も有限であるので，相対流れは羽根に沿った方向には流出しない。そのため，遠心羽根車の全ヘッドは式（1.13）で与えられるオイラーヘッドよりも低下する。そこで本節では，羽根枚数が有限の場合の理論ヘッド（理論揚程という，theoretical head）を導こう。

有限枚数の羽根の場合，羽根車の出口では羽根の圧力面と負圧面の圧力差が急になくなるので，圧力面から負圧面に向かう流れが引き起こされ，**図 2.5** に示すように，相対流れは羽根出口角度 β_{2b} より小さい角度 β_2 で流出することになる。このことは，羽根出口で流れに周方向の"すべり"（slip）が生じたと考えればよく，**図 2.6** に示す羽根出口の速度三角形において，羽根数無限の場合の流体の周方向速度成分を $v_{u2\infty}$，有限の場合を v_{u2}，そしてすべり速度 $(v_{u2\infty}-v_{u2})=ku_2$ と表わしたとき，k をすべり係数（slip factor）という。

$$H_{th} = (u_2 v_{u2} - u_1 v_{u1})/g \tag{2.1}$$

$$= \frac{u_2^2 - u_1^2}{2g} + \frac{w_1^2 - w_2^2}{2g} + \frac{v_2^2 - v_1^2}{2g} \tag{2.2}$$

ここに　$v_{u2}=(1-k)u_2-v_{m2}\cot\beta_{2b}$ \tag{2.3}

$k=(v_{u2\infty}-v_{u2})/u_2$：すべり係数

u_2, u_1：羽根入口・出口の周速度

w_2, w_1：羽根入口・出口のすべりを考慮した相対速度

v_2, v_1：羽根入口・出口のすべりを考慮した絶対速度

v_{m2}：羽根出口のメリディアン速度

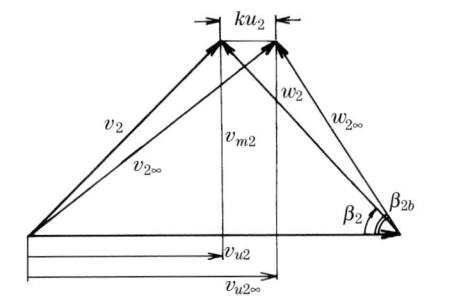

ku_2：すべり速度

（k は流量によらずほぼ一定）

β_{2b}：羽根出口角度
β_2：流出角度（$<\beta_{2b}$）
添字∞：羽根数無限を表わす

図 2.6　羽根数有限の場合の羽根出口の速度三角形

2.2　遠心羽根車 [4]

　すべり係数 k がわかれば，図 2.6 の速度三角形から v_{u2} が式（2.3）で求まる。したがって，このすべりを考慮した v_{u2} を用いれば，羽根数有限の場合の理論揚程 H_{th} は，式(1.13)と同じ形になる。理論揚程の式(2.1)において，羽根入口で流れに旋回（予旋回という，pre whirl）がなければ，$v_{u1}=0$ だから，$H_{th}=u_2 v_{u2}/g$ となる。一方，式（2.3）のメリディアン速度 v_{m2} は，羽根出口面積を $A_2=2\pi r_2 b_2$（b_2 は羽根出口幅）とすれば $v_{m2}=Q/A_2$ とかけるから，式（2.1）に代入すれば，H_{th} は

$$H_{th} = (1 - k)u_2^2/g - (u_2 \cot\beta_{2b}/gA_2)Q \tag{2.4}$$

　上式のすべり係数 k は流量によりほとんど変化しないので，H_{th} は Q に対して直線的に変化し，そのこう配は $-\cot\beta_{2b}$ に比例する。したがって，理論揚程－流量特性は図 2.7 のようになり，同一流量に対しては，羽根出口角度 β_{2b} が大きいほど理論揚程が大きくなり，駆動動力も大きくなる。

　ポンプでは，流量に対する揚程の変化が右上がりの曲線になると，振動や騒音が発生する不安定性能（3.5 節参照）を示すことが多いので，通常は $\beta_{2b}=20\sim 35°$ にとられる。送風機や圧縮機では，密度の小さい流体を扱うので，回転速度を高めかつ β_{2b} を大きくとる。効率を重視する場合には $\beta_{2b}=45°$ 付近にとるが，高回転速度の場合には強度上の理由で $\beta_{2b}=90°$ 付近に選ぶことが多い。また，低回転速度で高い圧力上昇をねらう多翼送風機では，$\beta_{2b} > 90°$ に選定される。

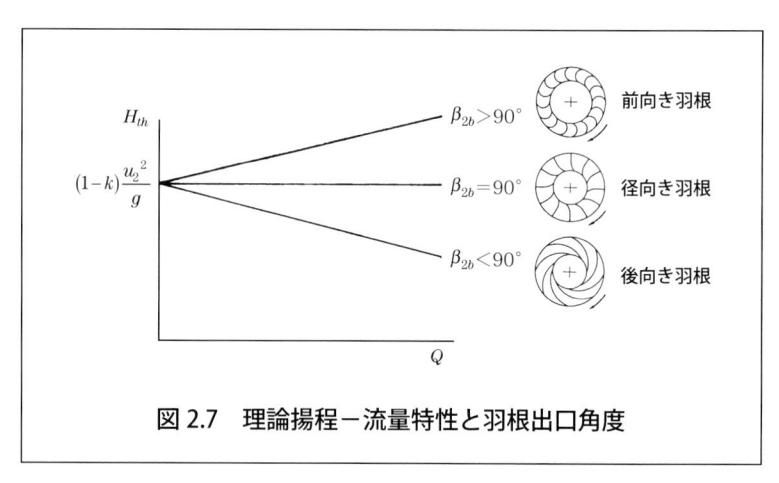

図 2.7　理論揚程－流量特性と羽根出口角度

　遠心羽根車のすべりは，本来羽根数が有限であることによる揚程の低下量を簡便に見積るための経験則であり，羽根数 z が多いほど小さくなる。遠心羽根車の設計上からは，すべり係数 k を正しく知ることが重要であり，数多くの理論的あるいは実験的な研究が積み重ねられてきた。その中でも，以下に示す Wiesner（ウイスナー）の式は使いやすく，±5% 程度の誤差ですべり係数が求められるので，広く用いられている。

2.2 遠心羽根車 [5]

$$r_1/r_2 < \varepsilon: k = \sqrt{\sin\beta_{2b}}/z^{0.7}$$
$$r_1/r_2 > \varepsilon: k = 1-\left(1-\sqrt{\sin\beta_{2b}}/z^{0.7}\right)\left\{1-\left(r_1/r_2-\varepsilon\right)^3/(1-\varepsilon)^3\right\} \quad (2.5)$$

ただし，$\varepsilon = 1/\exp(8.16\sin\beta_{2b}/z)$ である。

2.2.3 遠心羽根車の損失と全揚程　流体が羽根車を流れる間に，種々の損失（水力損失，hydraulic loss）が発生するので，実際の全ヘッドは，式（2.1）で与えられる理論揚程 H_{th} よりもさらに低下する。以下に，羽根車内の水力損失および実際の全ヘッド（全揚程という，total head）H について説明しよう。

羽根車の水力損失には，壁面の摩擦にもとづく摩擦損失（friction loss）h_f，羽根入口で流れが羽根に衝突して急減速することによる衝突損失（shock loss）h_s，そして羽根車内の減速（ポンプ）損失 h_d や不均一な流れが均一化するときの混合損失 h_m がある。設計点においては，遠心羽根車の衝突損失や混合損失は，摩擦損失および減速損失に比べて比較的小さいが，ボリュートを有する羽根車では非設計点においてボリュート流れと羽根出口流れのマッチングが悪いため，混合損失が大きくなる。全揚程 H は吐出口と吸込み口における全ヘッドの差で以下のように表わされる。

$$H = H_{th} - h_f - h_s - h_m - h_d \quad (2.6)$$

　　H　：全揚程
　　H_{th}：理論揚程
　　h_f　：羽根車流路の摩擦損失
　　h_d　：羽根車内の減速損失
　　h_s　：羽根入口の衝突損失
　　h_m　：羽根出口の混合損失

なお，ターボ機械の全揚程は，上式からさらに上流および下流側の固定流路の水力損失を差し引いたものとなる（2.5参照）。

遠心羽根車では，羽根角度 β_b，羽根幅 b，羽根長さ l，羽根枚数 z，羽根面の曲率そして表面粗さ e など，水力損失に影響を及ぼすパラメータが多いので，各水力損失を精度よく見積もることはむずかしい。そこで，ここでは羽根間流路を一次元の等価円管に置き換えて水力損失を計算する方法を示そう。

羽根入口および出口の水力半径（hydraulic radius）をそれぞれ m_1 および m_2 とすると，羽根間流路は平均水力半径が $m=(m_1+m_2)/2$ で長さ l，相対粗さ $e/4m$ の等価円管に置き換えることができる。したがって，羽根車の摩擦損失は，以下のように表わされる。

$$h_f = c\lambda(l/4m)w_m^2/2g \quad (2.7)$$

ここに $w_m = \sqrt{(w_1^2 + w_2^2)/2}$ ：羽根入口・出口の2乗平均相対速度

2.2 遠心羽根車 [6]

$\lambda = \lambda(Re,\ e/4m)$ ：管摩擦係数（Moody 線図から求まる）
$c = 2.8 \sim 3.2$ ：実験定数
$R_e = 4mw_m/v$ ：レイノルズ数

上記の実験定数 $c \fallingdotseq 3.0$ は，羽根車流路の摩擦損失 h_f ばかりでなく，減速損失 h_d および固定流路の摩擦損失も含めて，流量 Q の2乗に比例する損失の総和に対する修正係数と考えてよい。

また衝突損失 h_s は，図 2.8 に示すように，羽根入口の流れが羽根の方向と合致しないときに，相対速度の周方向成分が w_{u1}'（$=u_1$，予旋回のない場合）から w_{u1} に急減速することによって引き起こされ，衝突成分は $\Delta w_{u1}=w_{u1}'-w_{u1}$ で与えられる。したがって衝突損失は，以下のように表わされる。

$$h_s = \Delta w_{u1}^2/2g = (u_1 - v_{m1}\cot\beta_{1b})^2/2g \tag{2.8}$$

なお，$h_s=0$ となる流量 $Q=Q_s$ を無衝突流量といい，通常は設計流量に等しい。

上式の h_s は小流量および大流量では過大な損失ヘッドを与えるので，羽根入口の衝点損失ばかりではなく，羽根出口の混合損失 h_m も含めて，流量 $(Q-Q_s)$ の2乗に比例する損失の総和として扱ってよい。

したがって全揚程 H は，式 (2.7) および (2.8) を用いて，$H=H_{th}-h_f-h_s$ で見積ることができる。

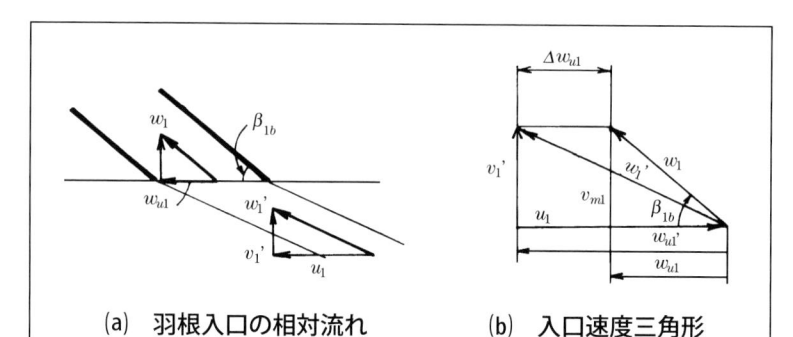

(a) 羽根入口の相対流れ　　(b) 入口速度三角形

$w'_1,\ w'_{u1}$：羽根に入る直前の相対速度およびその周方向成分
$w_1,\ w_{u1}$：羽根に入った直後の相対速度およびその周方向成分

図 2.8　羽根入口の衝突損失

式 (2.7) の w_m は流量 Q に比例し，また式 (2.8) の Δw_{u1} は $(Q-Q_s)$ に比例するので，h_f は Q^2 に，h_s は $(Q-Q_s)^2$ に比例した2次曲線になる。一方，理論揚程 H_{th} は Q に対して直線になるので，結局，式 (2.6) の全揚程 H は流量 Q に対して，図 2.9 のように変化し，この曲線を揚程曲線（head curve）という。

2.2　遠心羽根車 [7]

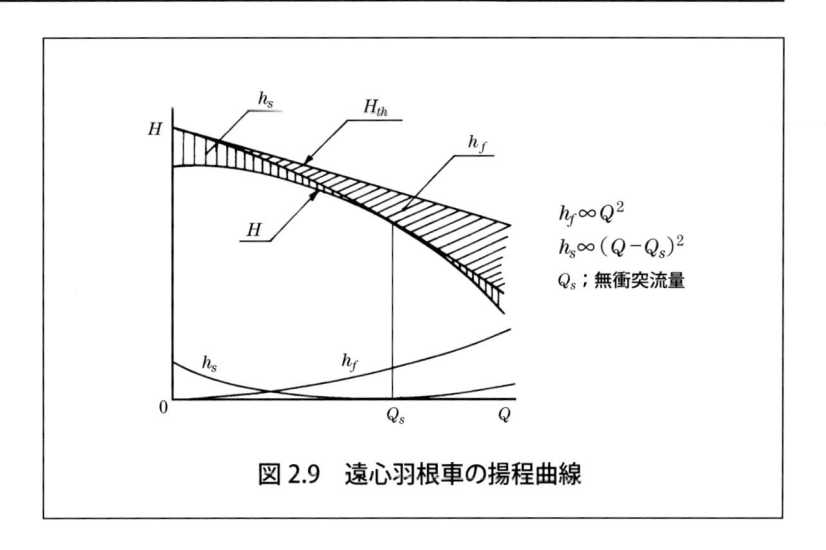

図 2.9　遠心羽根車の揚程曲線

$h_f \propto Q^2$
$h_s \propto (Q-Q_s)^2$
Q_s；無衝突流量

2.3　軸流羽根車 [1]

2.3.1　軸流羽根車の構造と内部流れ

軸流羽根車（axial flow impeller）は，図2.10に示すように，多数の動翼を円筒形またはそれに近い形状のロータの周りに取り付けたものであり，流れはこのプロペラ状の羽根車を通過する間に角運動量の授受を行う。流れ面が円筒面あるいはそれに近い形であり，羽根入口と出口の半径が等しいので，理論揚程は式（2.1），（2.2）において $u_1=u_2=u$ とおけば，以下のように簡単になる。

$$H_{th} = u(v_{u2}-v_{u1})/g = u(w_{u1}-w_{u2})/g \tag{2.9}$$

$$= (v_2^2 - v_1^2)/2g + (w_1^2 - w_2^2)/2g \tag{2.10}$$

絶対速度 v や相対速度 w を求めるには，図2.10(a)に二点鎖線で示すような円筒流れ面を図2.10(b)のような平面に展開して考えればよい。展開面上では翼が無限に配列していることになり，これを直線翼列（linear cascade）という。

図2.10　軸流羽根車の構成と翼列

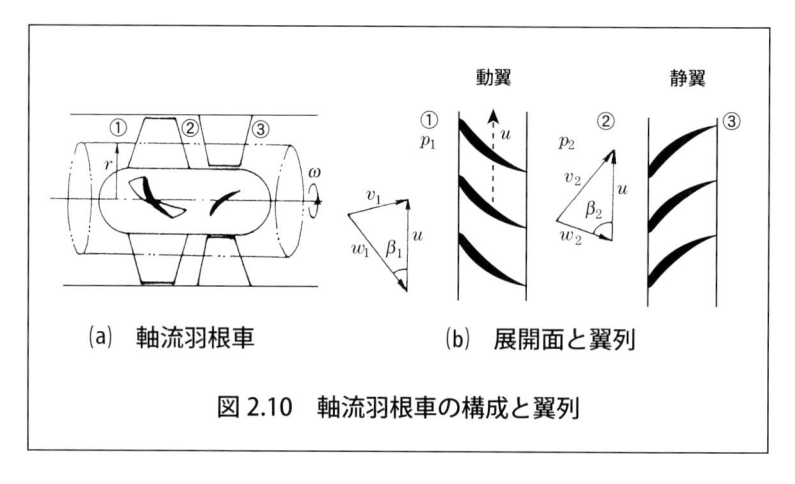

図2.10(b)の展開面における相対流れ（翼とともに回転する座標系から見た流れ）は，絶対速度 v と $-u$ をベクトル的に合成した相対速度 w の流れとなる。すなわち，相対流れ場で考えると，速度 w_1 で翼列に流入する流れが，翼列により転向されて速度 w_2 で流出することになる。もしこの間に損失がなければ，ベルヌーイの定理（式（1.1））が成立するから，圧力上昇は以下のようになる。

$$p_2 - p_1 = \rho(w_1^2 - w_2^2)/2 \tag{2.11}$$

2.3　軸流羽根車［2］

羽根車の周速度 $u=r\omega$ は半径に比例して増大するが，羽根に流入する流れの絶対速度 v_1 は半径方向にほぼ一様だから，角度 β_1 は半径とともに小さくなり，速度三角形を半径方向に積み重ねていくと，翼は半径方向にねじれた形となる。したがって，軸流羽根車の流れを理解するには，先ず翼列まわりの流れを理解し，次にこれを半径方向に積み重ねていくときのルールを理解しなければならない。

2.3.2　翼列を通る流れ

翼列の作用を理解するには，通常2つのアプローチがとられる。1つは，翼列を流路断面積変化の観点からとらえる方法で，流路を曲げることによる断面積変化を利用してディフューザ作用をおこさせようとする考え方である（流路理論）。もう1つの方法は，流れを転向させて増速・減速を行わせる力を，翼作用による力と関連づける考え方である（翼理論）。前者は翼列の作用を全体的に理解するのに適し，後者は様々な翼形に対してデータの蓄積が豊富でしかも法則性が得やすいという利点があるために，軸流羽根車の理論の主流になっている。

先ず，流路理論の立場に立って翼列の作用を調べよう。図2.11は，同一翼形を同一ピッチ t で，しかも転向角 θ も同一になるように並べ，翼列の食違いだけを変えた2つの翼列(a)と(b)の流れを比較したものである。翼列が流れの法線となす角度を λ とすると，（非圧縮性流れの場合）連続の条件から w_1 と w_2 の比は以下のようになる。

$$w_2/w_1 = cos\lambda/cos(\theta - \lambda) \tag{2.12}$$

したがって，$\lambda > \theta/2$ では，$w_1 > w_2$，また $\lambda < \theta/2$ では $w_1 < w_2$ である。前者は減速翼列とよばれ，式（2.11）より $p_1 < p_2$ すなわち圧力上昇が達成できる（ディフューザ作用）。一方後者は増速翼列と呼ばれ，$p_1 > p_2$，すなわち圧力ヘッドを速度ヘッドに変換する場合に用いられる（ノズル作用）。

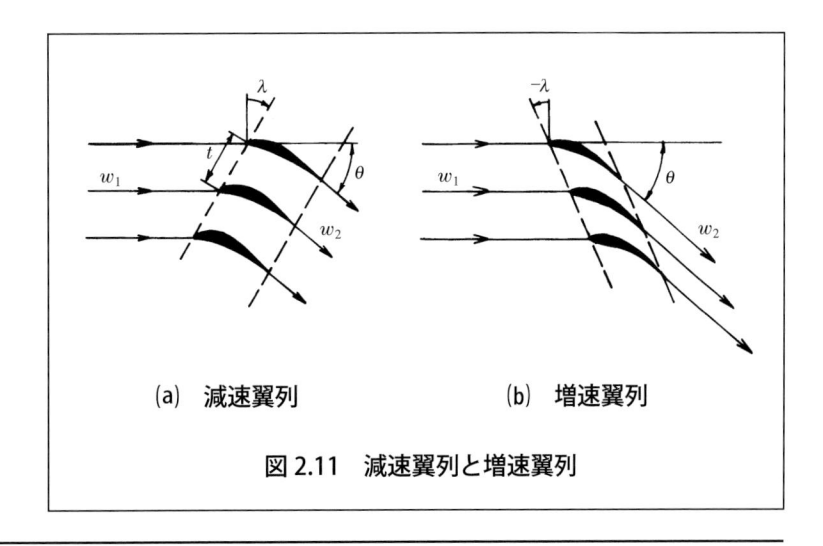

(a)　減速翼列　　　(b)　増速翼列

図2.11　減速翼列と増速翼列

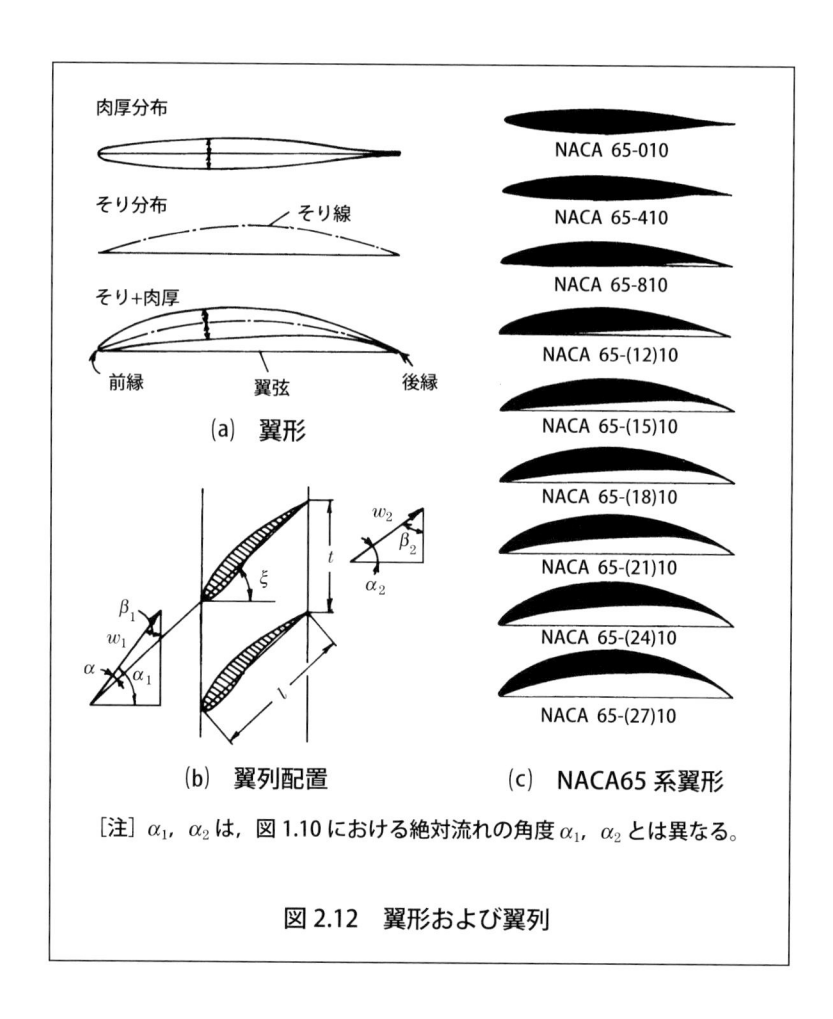

2.3 軸流羽根車 [3]

次に，第2の翼理論の立場で軸流羽根車の理論関係式を導こう。

翼形は図2.12(a)に示すように，そり線（camber line）と肉厚分布により決定され，前縁（leading edge）と後縁（trailing edge）を結ぶ線分を翼弦（chord），その長さを翼弦長（chord length）という。翼形の代表的なものとして，NASA（アメリカ航空宇宙局）の前身であるNACAが送風機用に開発したNACA65シリーズ翼形がよく知られており，その形状を図2.12(c)に示す。翼形の記号は（最大そり）+（最大肉厚）で表し，例えば65-1210は最大そりが翼弦長の12％で最大肉厚が10％の翼形である。なお，流入流れの翼弦方向に対する角度を迎え角（attack angle）といい，設計迎え角における揚力（後述）は最大そりに比例する。

このような翼形を図2.12(b)のように並べると翼列ができ，tをピッチ，ξを食違い角（stagger angle），そして流入角α_1と流出角α_2の差$\theta \equiv \alpha_1 - \alpha_2$を転向角（deflection angle）という。翼列の性能は，翼形状のほかに，主に弦節比（ソリディティ，solidity）$\sigma = l/t$（l：翼弦長），迎え角$\alpha = \alpha_1 - \xi$および食違い角ξによって支配される。

[注] α_1, α_2 は，図1.10における絶対流れの角度 α_1, α_2 とは異なる。

図2.12 翼形および翼列

2.3　軸流羽根車 [4]

まず，翼列を通る流れに損失がない場合の理論を導こう。翼列は，流れを転向させることによりその運動量を変化させ，流れから力 L を受ける。流線に沿って**図 2.13**(a)のような検査面 A B C D をとれば，検査面内の翼が受ける力は，検査面の流体が単位時間に受ける運動量変化による力の反力に等しい[*]。そこで，L の x, y 成分を (X, Y) とすれば，

$$X = -t(p_1 - p_2)$$
$$Y = -\rho t(w_{a2}w_{u2} - w_{a1}w_{u1}) \tag{2.13}$$

検査面に連続の法則を適用すると，$w_{a1}=w_{a2}\equiv w_a$ と書ける。したがって，上式の圧力差は，式（2.11）から以下のように表わされる。

$$p_2 - p_1 = \rho(w_{u1}^2 - w_{u2}^2)/2 \tag{2.14}$$

式（2.13）および（2.14）より，X と Y の比は以下のようになる。

$$X/Y = (w_{u1} + w_{u2})/2w_a \equiv \cot\beta_\infty \tag{2.15}$$

上式を満足する β_∞ は，**図 2.13**(b)に示すように，$\vec{w}_1$ と $\vec{w}_2$ のベクトル平均 $\vec{w}_\infty=(\vec{w}_1+\vec{w}_2)/2$ のなす角度に等しくなり，X と Y の合力 $\vec{L}$ は $\vec{w}_\infty$ に垂直になる。この翼が受ける力 L を揚力（lift）といい，$C_L \equiv L/(\rho l w_\infty^2/2)$ と書いたとき，C_L を揚力係数（lift coefficient）という。

$L = \sqrt{X^2 + Y^2}$ だから，式（2.13），（2.14）より C_L は以下のようになる。

$$C_L\sigma = 2\Delta w_u/w_\infty \tag{2.16}$$

ただし，$\Delta w_u = w_{u1} - w_{u2}$ である。

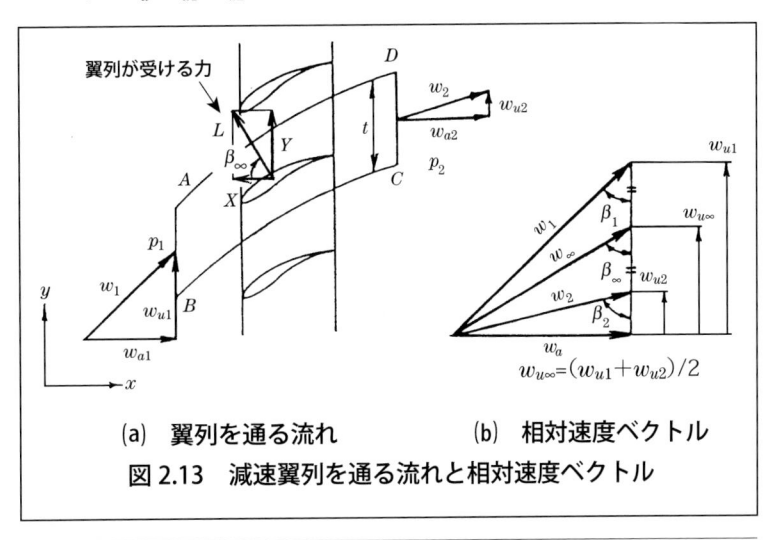

(a)　翼列を通る流れ　　　(b)　相対速度ベクトル
図 2.13　減速翼列を通る流れと相対速度ベクトル

注*）一般に相対座標系上で運動量の保存を考える場合，慣性力を考慮する必要があるが，軸流羽根車内の流れの場合，半径方向流れが生じなければ，慣性力（遠心力およびコリオリ力）の向きはいずれも半径方向となるので，x, y 断面内の運動量には影響を与えない。

2.3 軸流羽根車 [5]

以上に示した基本関係式は，翼列を通る流れに損失がないとして導かれたものである。しかし，実際の流れには摩擦があるため，翼に抗力（drag）が作用し損失を生じる。そのため翼に作用する力 $\vec{F}$ はベクトル平均速度 $\vec{w}_\infty$ に垂直にはならない。そこで図 2.14 に示すように，$\vec{F}$ を $\vec{w}_\infty$ に垂直な成分と平行な成分に分ければ，垂直成分 L が揚力，平行成分 D が抗力となる。合力 $\vec{F}$ の x, y 成分 (X, Y) は，運動量理論を適用して，

$$-t(p_1-p_1) = X = L\cos\beta_\infty - D\sin\beta_\infty$$

$$-\rho t w_a(w_{u2}-w_{u1}) = Y = L\sin\beta_\infty + D\cos\beta_\infty \tag{2.17}$$

次に，式（2.14）に，翼列内で生ずる損失ヘッド h_l を考慮すれば

$$p_2 - p_1 = \rho(w_{u1}^2 - w_{u2}^2)/2 - \rho g h_l$$

$$= \rho \Delta w_u w_{u\infty} - \rho g h_l \tag{2.18}$$

抗力 D は，式（2.17）の 2 つの式から L を消去して式（2.18）を代入し，$\tan\beta_\infty = w_a/w_{u\infty}$ の関係を用いれば，以下のように損失ヘッド h_l を用いて表すことができる。

$$D = \rho g h_l t \sin\beta_\infty = \rho g h_l t w_a/w_\infty$$

$$= \rho g Q h_l/w_\infty \tag{2.19}$$

ここに $Q = t w_a$ は 1 ピッチあたりの流量である。上式より，損失が 0 のとき抗力も 0 になること，そして単位時間当りの抗力仕事 $D w_\infty$ が $\rho g Q h_l$，すなわち損失動力に等しいことがわかる。

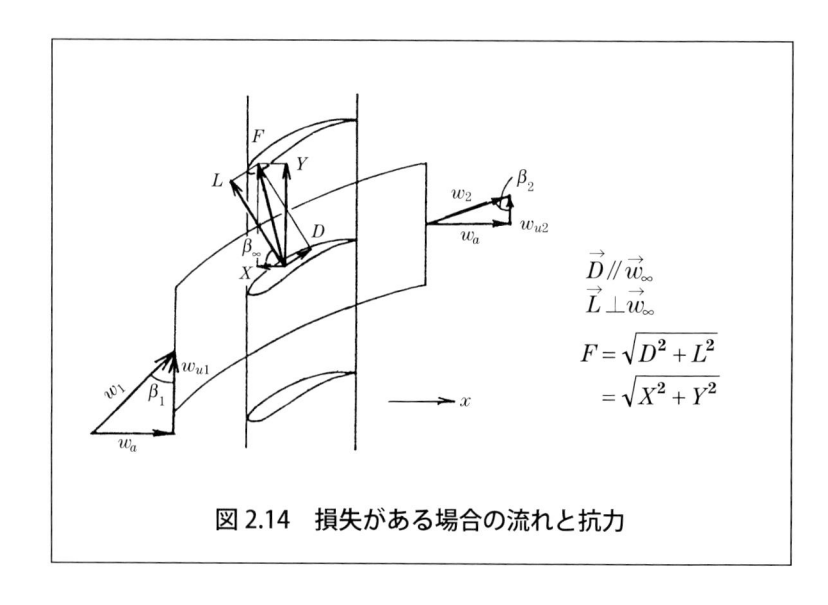

図 2.14 損失がある場合の流れと抗力

2.3　軸流羽根車 [6]

　抗力 D と揚力 L の比 $\varepsilon=D/L$ は抗揚比（drag-lift ratio）とよばれ，翼列性能を表わす重要な特性値である。式（2.17）の2式から D を消去して，式（2.18），（2.19）を用いれば，式（2.16）に対応する式は以下のようになる。

$$C_L\sigma = 2\Delta w_u/\{w_\infty(1 + \varepsilon\cot\beta_\infty)\} \tag{2.20}$$

　翼形の決定は，必要な理論揚程 H_{th} を達成しうる（C_L, σ, ε）の組合わせを選定することである。この理論揚程は，式（2.9）より $H_{th}=u\Delta w_u/g$ で与えられるから，結局，必要な速度変化 Δw_u を達成し得るような翼列パラメータの組合わせを，式（2.20）を満足すべく定めることになる。翼列のソリディティ σ を定めれば，（C_L, ε）は，後述する翼列データの中から式（2.20）を満足すべく定め，翼形が決定する。

　動翼の効率 η_i は，全揚程（$H_{th} - h_l$）の理論揚程 H_{th} に対する比として定義される。h_l は式（2.19）から，また H_{th} は式（2.20）から求められるので，

$$\begin{aligned}\eta_i &= 1 - h_l/H_{th} \\ &= 1 - \{C_L\sigma\varepsilon w_\infty^2/\sin\beta_\infty\}/\{C_l\sigma u w_\infty(1 + \varepsilon\cot\beta_\infty)\} \\ &= 1 - \varepsilon w_\infty/\{u\sin\beta_\infty(1 + \varepsilon\cot\beta_\infty)\}\end{aligned} \tag{2.21}$$

　なお，図 2.11(b)のような増速翼列の場合には，$w_1 < w_2$ であるから式（2.20）および（2.21）に対応する式は，以下のようになる。

$$\begin{aligned}C_L\sigma &= 2\Delta w_u/\{w_\infty(1 - \varepsilon\cot\beta_\infty)\} \\ \eta_i &= 1 - \varepsilon w_\infty/\{u\sin\beta_\infty(1 - \varepsilon\cot\beta_\infty)\}\end{aligned} \tag{2.22}$$

　ただし，この場合の Δw_u は $\Delta w_u = w_{u2} - w_{u1}$ である。

2.3 軸流羽根車 [7]

2.3.3 半径平衡とフローパターン

軸流羽根車の1つの円筒面上の流れにおいて，前節の力の釣合関係が成立する。しかし，半径方向に隣合う流れ面との間にも，圧力を介してお互いに力を及ぼし合うので，この力の釣合関係により各流れ面上の速度三角形は一定の拘束を受け，半径方向に規則的な変化をすることになる。このような一定の拘束を受ける流れ様式を，フローパターン（flow pattern）といい，その半径方向の変化を規定する力の関係を半径平衡という。

軸流羽根車の前後の流れは一般に旋回を持ち，その遠心力に応じて半径方向に圧力分布を生ずる。そこでここでは，絶対流れ（静止系から見た流れ）に着目しよう。軸流羽根車の入口・出口の半径 r の位置における周方向（旋回）速度成分が v_u であるから，単位体積の流体に作用する遠心力は $\rho v_u^2/r$ であり，これが半径方向の圧力のこう配 dp/dr と釣り合うから，

$$\frac{dp}{dr} = \rho \frac{v_u^2}{r} \tag{2.23}$$

一方，全ヘッド H は，通常半径方向に一定になるから，

$$H = \frac{v_u^2 + v_a^2}{2g} + \frac{p}{\rho g} = const. \tag{2.24}$$

上式を r で微分し，式（2.23）と組み合わせると，以下の式が得られる。

$$v_a \frac{dv_a}{dr} = -\frac{v_u}{r} \frac{d}{dr}(rv_u) \tag{2.25}$$

上式は軸流式のフローパターンを決定するもので，単純平衡方程式とよばれる。

羽根車の前後で，周方向速度成分 v_u が自由渦形の場合には，$rv_u = const.$ となるから，式（2.25）より軸方向速度 v_a が半径によらず一定となる。羽根車の前方で $const.$ の値を0に選べば，$v_{u1}=0$ となり，流れは旋回を持たずに羽根車に流入するので，羽根車の上流には案内翼が不要となる（前置動翼形）。この場合，動翼先端では羽根の周速度が著しく大きいので，相対速度 w_1 も著しく大きくなるため，翼のねじれもこれに合わせて大きくしなければならない。そのために，自由渦でない旋回の分布を与えて羽根の設計を行うことが多いが，この場合には軸流速度は羽根車の前後で変化することになる。

2.3　軸流羽根車 [8]

2.3.4　翼列データと内部流れ

翼形，ソリディティおよび食違い角が与えられると，翼列が定まる。翼列の性能は，転向角 $\theta=\beta_2-\beta_1$, 揚力係数 C_L, 抗力係数 $C_D=D/(\rho l w_\infty^2/2)$ (drag coefficient) および抗揚比 ε によって表わされ，これらが抑え角 α（図2.12参照）に対してどのように変化するかを示すものが翼列データである。

NACA では，そりおよび肉厚の異なる種々の翼形に対して，風洞実験を行って膨大なデータを公表しており，その一例を図2.15に示す。図2.15(a)には C_L, C_D, ε の逆数である揚抗比 $1/\varepsilon$ および θ の迎え角 α に対する変化が示されており，その中で迎え角の異なる3つの状態Ⓐ，Ⓑ，Ⓒに対する翼面上の圧力分布（P：全圧，p：静圧）および流れの様子がそれぞれ図(b)および(c)に示されている。迎え角がⒷの状態では，流れは羽根に滑らかに流入し，良好な圧力分布となっているが，迎え角が過小なⒶの状態では，揚力係数が小さくしかも圧力面（p）上で流れが失速（stall）するので，抗力係数が大きい。一方，迎え角が過大なⒸの状態では，逆に負圧面（s）上で大きな失速（stall）*がおきるため，抗力係数が急激に大

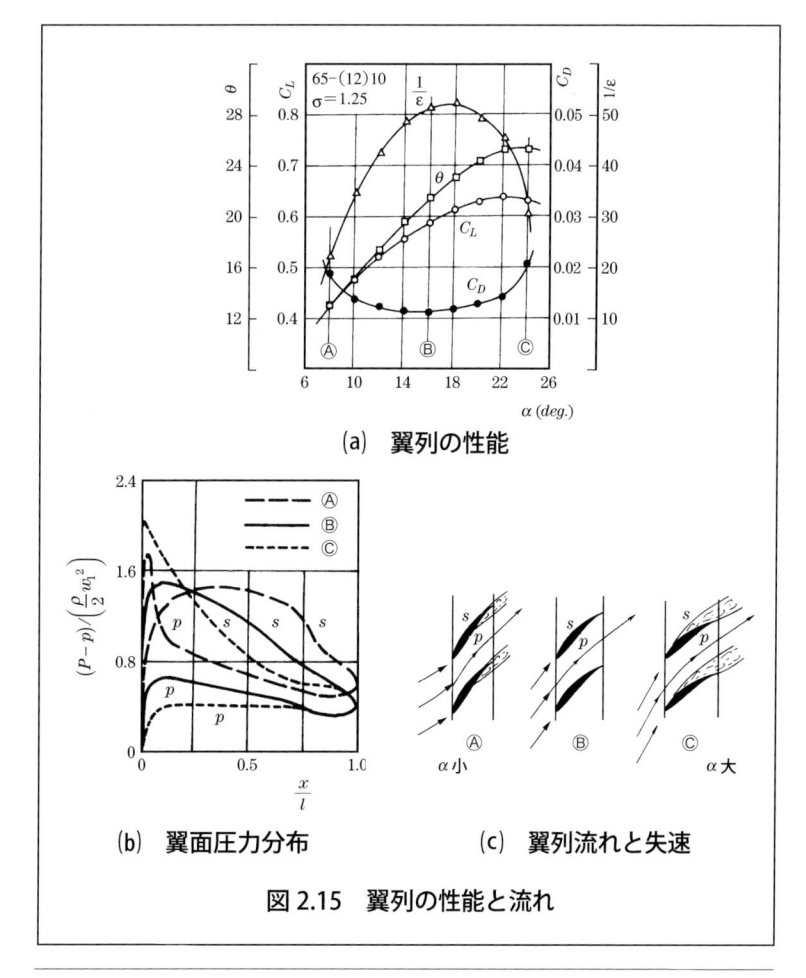

図2.15　翼列の性能と流れ
(a)　翼列の性能
(b)　翼面圧力分布
(c)　翼列流れと失速

注*）翼の前縁から流れ（境界層）が大きくはく離し，翼に作用する揚力が急激に減少することをいう。

2.3 軸流羽根車 [9]

きくなる。翼列の設計迎え角は，翼に沿う流れが滑らかで揚抗比が最大になる点付近に設定される。

以上に示したように，翼列の性能は失速が起こると著しく低下する。したがって，失速限界を知ることは翼列の設計上重要であり，2次元静止翼列の実験結果によれば，次式で定義される拡散係数（diffusion factor）が 0.6 を越えると翼が失速をおこすことが明らかにされている。

$$\mathscr{D} = (w_{max} - w_2)/w_{mean}$$
$$= 1 - w_2/w_1 + \Delta w_u/2\sigma w_1 \tag{2.26}$$

ここで、$w_{mean} = (w_1+w_2)/2$, $\Delta w_u = w_{u1}-w_{u2}$ である。

上式の拡散係数 $\mathscr{D}$ は翼面上で最高速度 w_{max} から出口速度 w_2 までの減速の度合いを表わすものであるが，その大きさは2次元翼列と実際の回転翼列ではかなり異なる。また，実際の軸流羽根車でも，動翼と静翼，あるいは動翼の先端部と付け根部で流れが著しく異なるため，$\mathscr{D}$ の値も異なる。その一例として，動翼および静翼の損失パラメータを拡散係数に対してプロットしたものを図 2.16 に示す。$\zeta = h_l/(w_\infty^2/2g)$ は損失係数である。動翼の根元付近中央部ならびに静翼では拡散係数が 0.6 になっても損失はあまり大きくならないが，動翼の先端付近では，図 2.16 (b) に示すような先端隙間の漏れや遠心力による低エネルギー流体の集積などのために，$\mathscr{D}$ の値が 0.4 以上になると損失が著しく大きくなることが分かる。

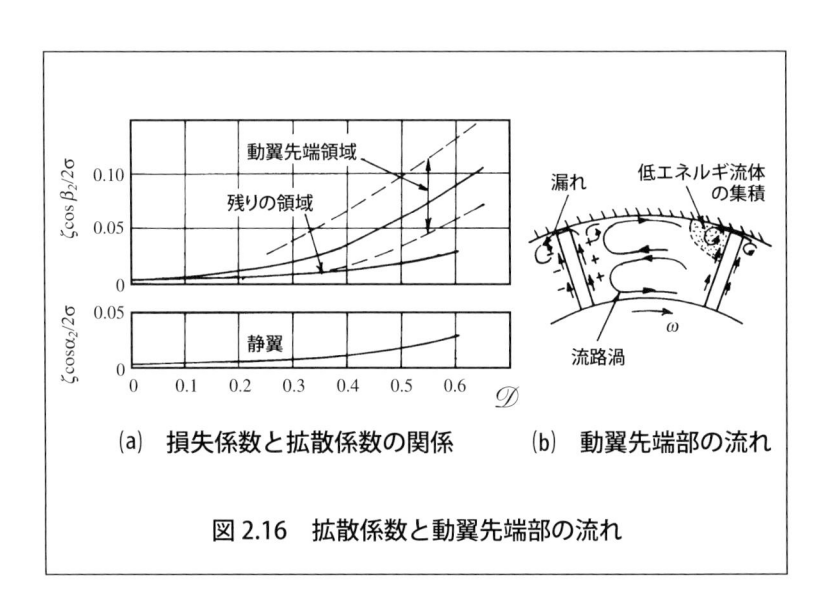

(a) 損失係数と拡散係数の関係　　(b) 動翼先端部の流れ

図 2.16　拡散係数と動翼先端部の流れ

2.3　軸流羽根車 [10]

　最後に，翼列の設計法を示そう．翼列の設計とは，流れの流入角 α_1 が与えられたとき必要な転向角 θ を達成するための翼列，すなわち翼形の最大そりと最大肉厚，そして翼列のソリディティ σ と食違い角 ξ を定めることである．このうち，最大そりは設計迎え角 α_D における揚力係数 C_{L0} に比例し，また最大肉厚は翼列の設計性能にほとんど影響を与えないので，結局 $(C_{L0}, \theta, \sigma, \xi, \alpha_D)$ を決定することになる．そのために NACA では，設計迎え角における翼列データを設計上便利な形にまとめたもの（カーペット線図という）を公表しており，その一例を図 2.17 に示す．翼列の設計手順は，先ず σ を仮定して図 2.17(a) から $(\alpha_1, \theta, \sigma)$ に対応する C_{L0} を読みとり，次に図 2.17(b) から (C_{L0}, σ) に対応する α_D を読みとればよい．なお，最初に仮定する σ の値は，翼の先端と根元の強度を考慮して選定すればよく，また σ の値が図 2.17(a) 上にないときは，図中の線分 ABCD のように (α_1, θ) の同一な点を結んだ線を引いて，内挿法により σ を読み取ればよい．なお，カーペット線図は外挿できないので注意を要する．

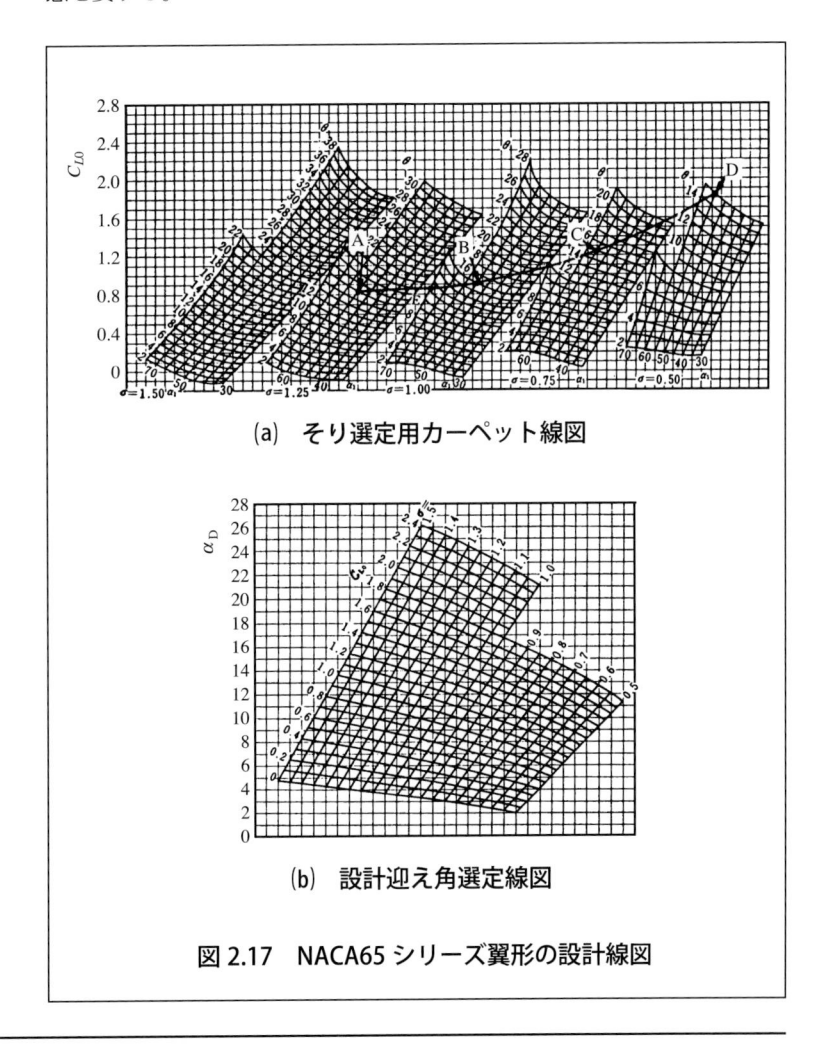

(a)　そり選定用カーペット線図

(b)　設計迎え角選定線図

図 2.17　NACA65 シリーズ翼形の設計線図

2.4 斜流羽根車

図2.18(a)に示すように子午面流れが回転軸に対して斜めに流出したり，流入したりする羽根車を斜流羽根車（mixed-flow impeller*）という。斜流羽根車は遠心力作用と翼列の転向作用の両方の作用を有し（1.6節参照），したがって，斜流羽根車を用いたターボ機械としての性能も遠心式と軸流式との中間的な特性を有する。一般に，斜流式ターボ機械は軸流式ターボ機械と違って締切り運転が可能であり，比較的小型で大流量と圧力が得られるので（ポンプや送風機の場合），ポンプ，送風機，圧縮機，水車用の羽根車として幅広く用いられている。斜流圧縮機羽根車を図2.18(b)に示す。ただし，比速度（3.1節参照）を上げた場合，図2.18(c)に示すように，斜流式ターボ機械は不安定特性（流量に対する圧力の右上がり特性，2.4節参照）を示しやすいので，この発生を防止するためにさまざまな工夫がなされている。

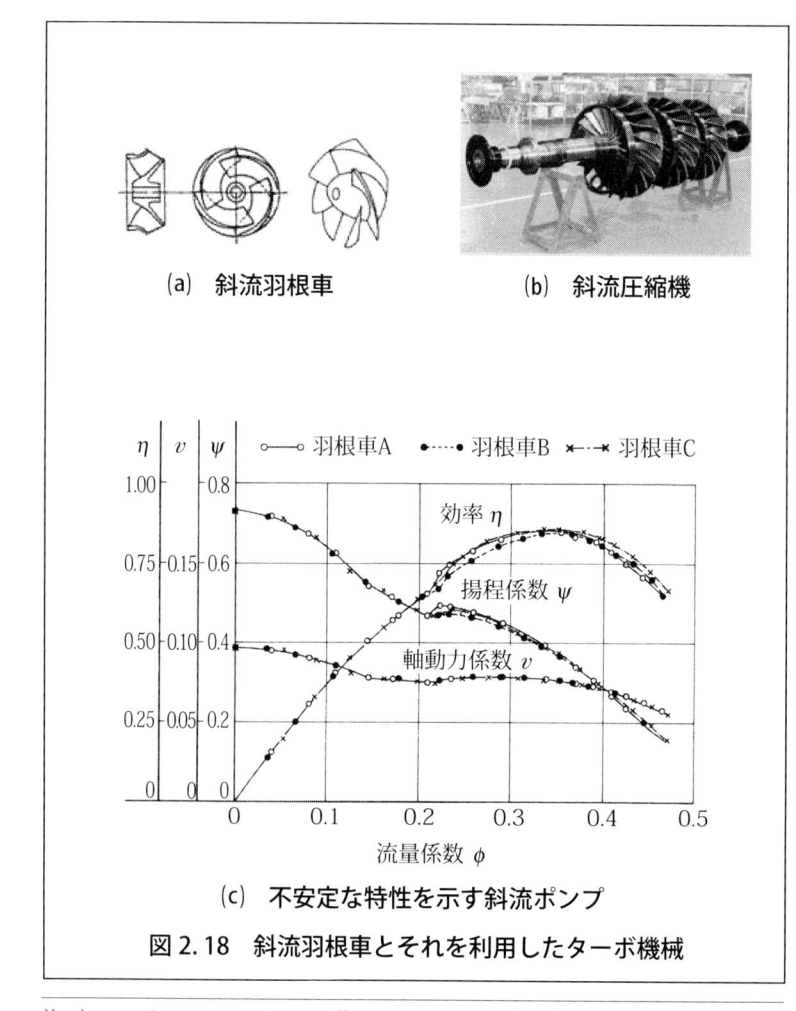

(a) 斜流羽根車　　(b) 斜流圧縮機

(c) 不安定な特性を示す斜流ポンプ

図 2.18　斜流羽根車とそれを利用したターボ機械

注*) cross-flow impeller という言葉もあるが，これは横流式羽根車のことをさし，斜流羽根車とは全く別のものなので注意を要する。

2.5 固定流路 [1]

2.5.1 ターボ機械の固定流路

すでに 2.1 節でおもな固定流路の説明をしたので、ここでは図 2.1 より複雑な多段遠心ポンプの構造例（図 2.19）とおもな固定流路の一覧表（表 2.1）だけを示す。

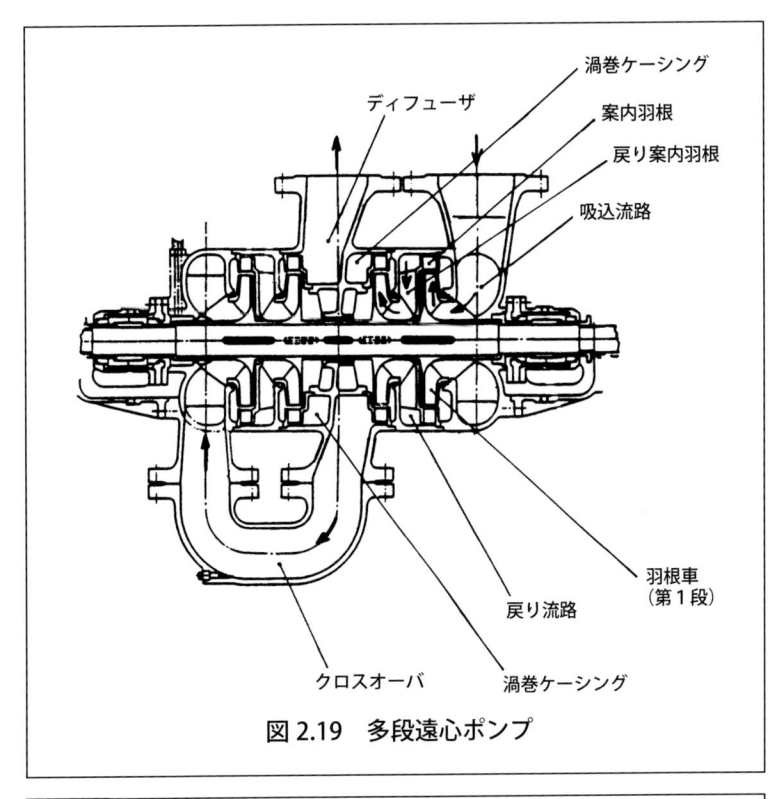

図 2.19 多段遠心ポンプ

表 2.1 おもな固定流路

流路名称	用途・形式	適用機種
渦巻ケーシング	羽根車の吐出し側にボリュートをもつ，渦巻形ケーシング	遠心ターボ機械
スクロール	同上	遠心ターボ機械
ディフューザ形ケーシング	羽根車の吐出し側に，案内羽根形状のディフューザをもつケーシング	遠心ターボ機械
ディフューザ	羽根車の吐出し側等で，速度ヘッドの一部を圧力ヘッドに変換する広がり流路	ターボ機械
羽根なしディフューザ	羽根車の吐出し側のリング状の板で構成するディフューザ	遠心ターボ機械
羽根付きディフューザ	羽根なしディフューザ内に円形翼列よりなる案内羽根を設けたもの	遠心ターボ機械
吸込流路	吸込口から羽根車入口に近づく流路の部分	ターボ機械
クロスオーバ	多段ポンプで，前段から後段に揚液を導く管状の流路の部分	多段遠心ポンプ
案内羽根	流体を望む方向に導くために設けられた羽根，またはディフューザとして設けられた羽根	ターボ機械
戻り流路	多段ターボ機械の中間段の流路で外周から羽根車入口に向かって内向きに流体を導く部分	多段遠心ターボ機械

2.5 固定流路 [2]

2.5.2 流路内の流れと損失

(1) 流れと損失

流路の役割をはたし,かつ効率よく流体を導くことのできる固定流路を設計することはターボ機械の性能向上にとって重要である。ターボ機械の固定流路内の流れは壁面に囲まれた内部流れであり,ほとんどの場合一様な流れは期待できず,増速,減速する流れ,また曲がる流れが組み合わされた複雑な流れである。

内部流れであるから,当然壁面による摩擦損失(friction loss)が生じる。流路の摩擦損失は式(2.7)と同様に次式より求められる。

$$h_f = \lambda \left(\frac{l}{4m} \right) \frac{v_m^2}{2g} \tag{2.27}$$

ここに,h_f:摩擦損失ヘッド
λ:管摩擦係数
l:流路の長さ
m:水力半径
v_m:流路の入口・出口における2乗平均速度

乱流の場合,管摩擦係数λはレイノルズ数と壁面の粗度の関数である。レイノルズ数は機械の設計仕様からある程度決まり,ほとんどの場合流れは乱流であるから,摩擦損失を軽減させるためには管摩擦係数を減少させればよい。したがって,流路壁面をできるだけ滑らかに仕上げることが必要である。

流路は一般には断面が一定でなく,図 2.20 のような断面積が狭まる,または広がる流路の組み合わせで固定流路が構成される。

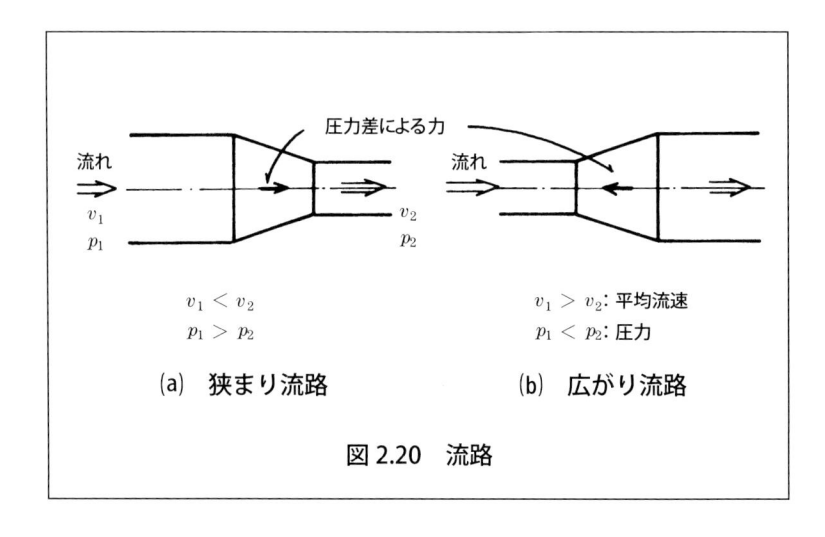

図 2.20 流路

2.5　固定流路［3］

　図2.20(a)の狭まり流路では，流路内で流れは増速する。このような増速流では流路に沿って圧力勾配が負になるので，流れは圧力差による力で流れ方向に押され壁面に沿って流れるので，狭まり流路では摩擦損失だけが主として問題となる。

　図2.20(b)の広がり流路（ディフューザ）では，流れは減速し，流路に沿って圧力が上昇する。この場合，壁面近傍の流れは，流れの運動エネルギーが壁面摩擦によって失われ，流路に沿った圧力上昇に打ち勝つことができないときに壁近くの流れが逆流する。いわゆる壁面境界層のはく離（flow separation）が生じる。この他にも流路の急速な拡大，曲がり等により流れは壁面からはがれる。このような流れ場では流体は渦巻き，流路の流れの損失が増大する。

　断面積が一定な流路であっても，曲がる流れでは流体粒子に働く遠心力とその方向の流れ場の圧力勾配による力のつり合いが破れ，壁面近くの流体は主流とは異なる方向に流れることがある。このような流れを二次流れ（secondary flow）といい，二次流れが発生するとそれによる損失が付加される。

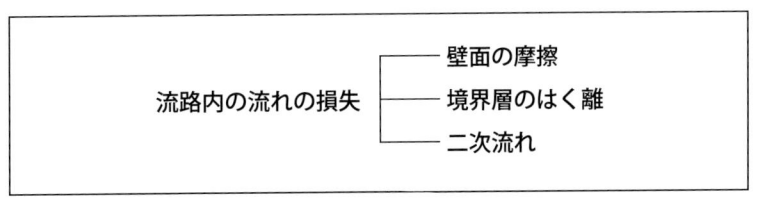

```
流路内の流れの損失 ─┬── 壁面の摩擦
                   ├── 境界層のはく離
                   └── 二次流れ
```

(2)　境界層と流れのはく離

　図2.21は広がり流路内の流れの速度分布を示したものである。流路内の流れは速度一様な主流部と壁面近くの速度勾配の大きい領域に分けることができる。速度一様な主流部の流れは粘性のない理想流体の流れとして取り扱うことができるが，壁面近くの速度勾配の大きい領域では，

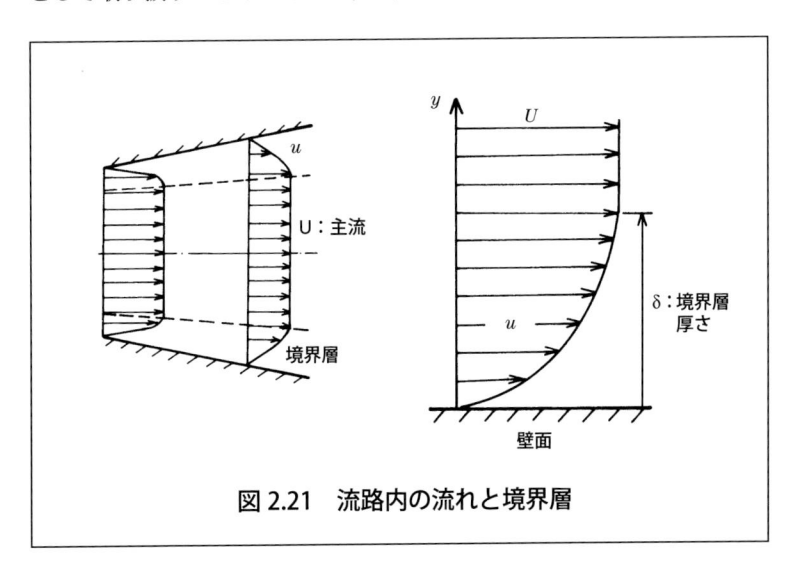

図2.21　流路内の流れと境界層

2.5　固定流路 [4]

たとえ流体の粘性が小さくてもその影響を無視できない。このような領域を境界層（boundary layer）という。境界層にも層流境界層と乱流境界層がある。

境界層の特性値として式（2.28）の排除厚さ（displacement thickness）と式（2.29）の運動量厚さ（momentum thickness）が用いられ，両者の間には式（2.30）の運動量積分方程式が成り立つ。

$$\delta_1 = \frac{1}{U}\int_0^\delta (U-u)dy \tag{2.28}$$

$$\delta_2 = \frac{1}{U^2}\int_0^\delta u(U-u)dy \tag{2.29}$$

$$U^2\frac{d\delta_2}{dx} + U\frac{dU}{dx}(2\delta_2+\delta_1) = \frac{\tau_{w0}}{\rho} \tag{2.30}$$

ここに，δ_1：排除厚さ
　　　　δ_2：運動量厚さ
　　　　δ　：境界層厚さ
　　　　U　：主流速度
　　　　u　：境界層内の速度
　　　　x　：流路に沿った距離
　　　　y　：壁面からの距離
　　　　τ_{w0}：壁面せん断応力
　　　　ρ　：密度

排除厚さ δ_1：壁面の存在で速度が減少したことによる流量の減少分が厚さ δ_1 の部分の主流の流量に等しいとおいたもの。すなわち，主流を考える場合，境界層の発達により排除厚さだけ流路幅が狭くなったことになる。したがって，この厚さを知ることにより壁面に沿う圧力分布，または広がり流路等の減速効果が評価できる。

運動量厚さ δ_2：境界層内の速度の減少によって失った運動量を，厚さ δ_2 の境界層外の主流の運動量に等しいとしたもので，運動量欠損量を示す。この値を知ることにより流路壁面に働く摩擦力が評価できる。

2.5 固定流路 [5]

図2.21のように壁面に形成される境界層は下流になるに従いその厚さを増し，場合によっては境界層内の流れのエネルギーが減少し流路に沿った逆の圧力勾配に打ち勝つことができず，流れが壁面からはがれ，境界層のはく離が生じる。乱流境界層の場合，境界層が発達し次式の形状係数（shape factor）H が 1.78〜2.3 に達するとはく離が生じる。

$$H = \frac{\delta_1}{\delta_2} \qquad (2.31)$$

なお，はく離を生じていない安定した層流境界層では $H \fallingdotseq 2.6$，乱流境界層では $H \fallingdotseq 1.4$ の値をとる。

(3) 二次流れ

ターボ機械の固定流路内の流れはほとんどが旋回成分をもつので，流路内に二次流れが発生する。

図2.22の羽根なしディフューザ内の流れのような旋回する流れを考える。旋回流では流路内の半径方向の圧力勾配は断面平均周方向速度成分（旋回成分）によって決まる。一方，壁面摩擦により壁面近くの流れの速度は平均速度以下になるので，そこの流体粒子に作用する主流に直角方向の遠心力は流路内の圧力差による力より小さくなり，壁面近くの流体は図2.22(a)のように旋回する主流の内側に押し出される。したがって，このように旋回する流れでは壁面近くの流れは主流の方向と一致しなくなり，壁面に沿う境界層は図2.22(b)のようなねじれ境界層（skewed boundary layer）となる。

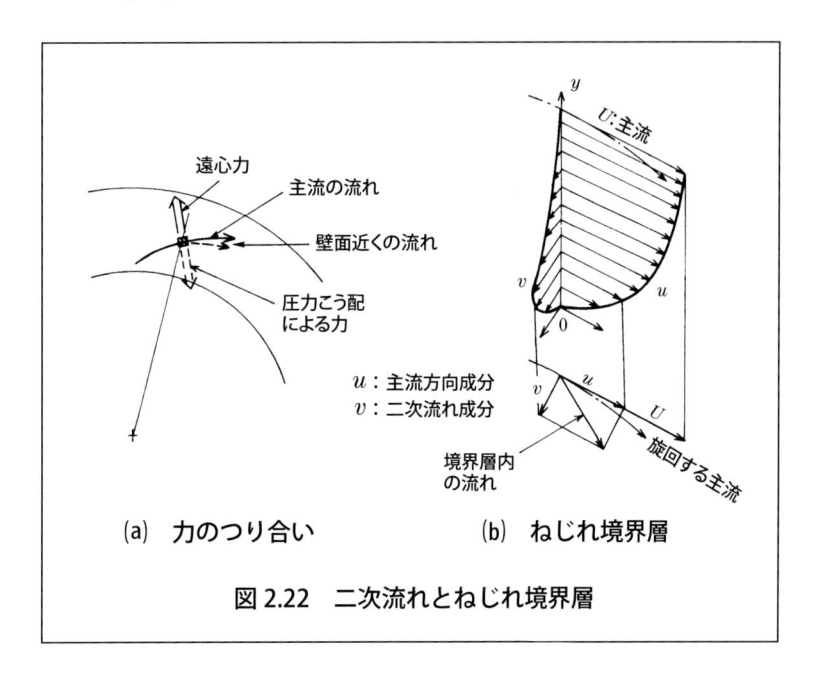

(a) 力のつり合い　　(b) ねじれ境界層

図2.22　二次流れとねじれ境界層

2.5 固定流路 [6]

　図2.23は戻り流路内の案内羽根流路内に発生した二次流れの例で，主流は翼面に沿って流れているので壁面に沿う流れの方向がこれとかなり異なっていることがわかる。

　羽根なしディフューザ，戻り流路等でとくに流れの旋回成分が大きい場合には，二次流れによって半径方向速度成分が大きな影響を受ける。また円形翼列よりなる案内羽根内等にも大きな二次流れが発生する。二次流れは流路内の流れの速度分布を変えるとともに，流路内の損失増大の原因となるので，流路の設計に際しては十分注意する必要がある。

図2.23　戻り案内羽根流路内の二次流れ

2.5.3　ディフューザ

(1) ディフューザ

　ディフューザは流体の流れの減速流路一般をいい，速度ヘッドの一部を圧力ヘッドに変換する広がり流路で，ターボ機械の固定流路の重要な構成要素である。ディフューザの基本形状を**図2.24**に示す。**図2.24**(a)，(b)の円錐，角錐ディフューザは円形，矩形管を広げたもので，**図2.24**(c)の羽根なしディフューザはリング状二円板間で減速流路が作られる。また，**図2.24**(d)は羽根付きディフューザであり，羽根の転向作用により一般に，羽根なしディフューザより高い圧力回復率（(3)項参照）が得られる。

(2) ディフューザ内の流れと損失

　図2.25に流路高さ（紙面と垂直方向の流路幅）を一定にして，側壁を広げて断面積を増大させている二次元ディフューザ内の流れの例を示す。広がり角は$\theta=10°$のもので，高さ方向の中央断面の速度分布である。入口近くの$X/W_1=2$の場合には壁面に発達している境界層は薄いが，流れが$X/W_1=4$，8と流路内に入るにしたがって壁面上の境界層が壁からはく離するようになる。このように広がり角を大きくすると壁面の境界層にははく離が生じ，流路内の流れは不安定になり，損失が増大してくる。さらに広がり角を大きくすると流れは壁面に沿うことなく，両壁面上に

2.5 固定流路 [7]

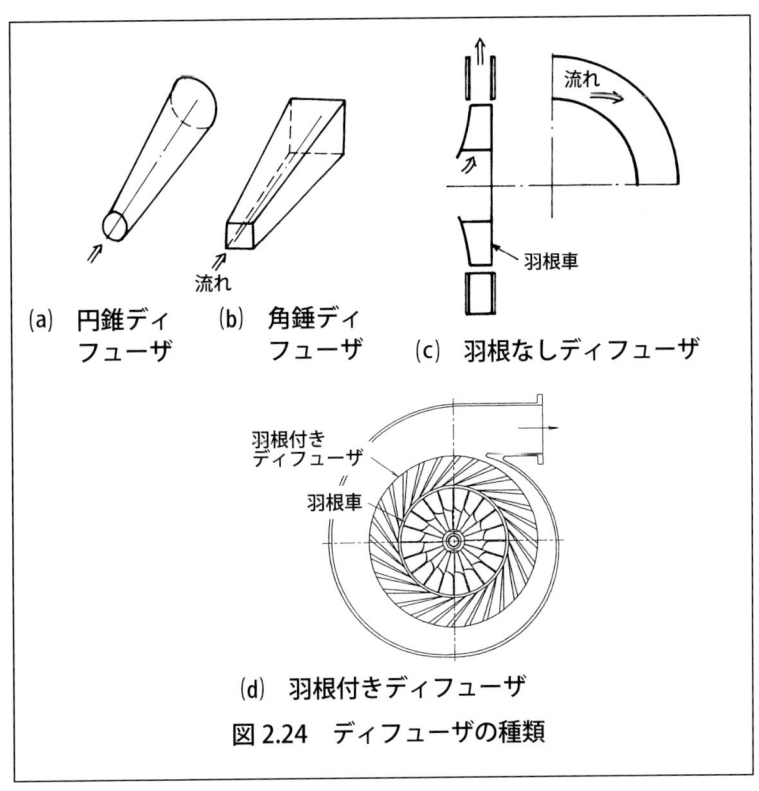

図 2.24 ディフューザの種類
(a) 円錐ディフューザ
(b) 角錐ディフューザ
(c) 羽根なしディフューザ
(d) 羽根付きディフューザ

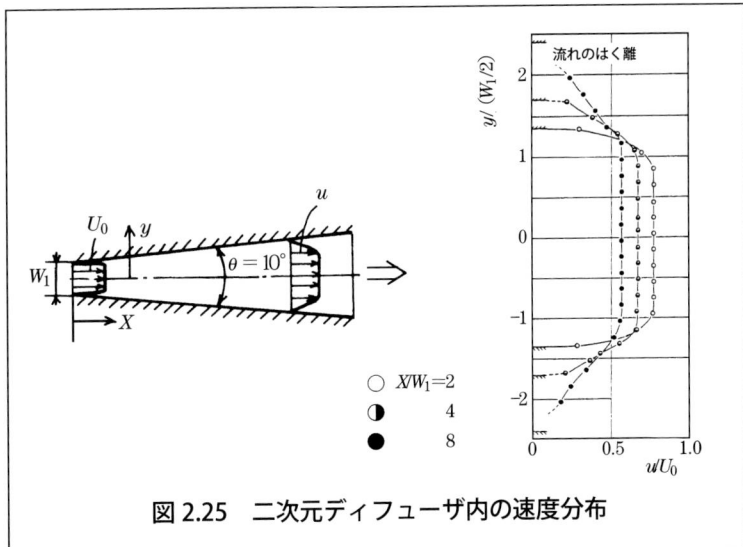

図 2.25 二次元ディフューザ内の速度分布

大規模なはく離領域が存在し，もはやディフューザとしての流れの減速が出来なくなる。

二次元ディフューザについて，流れの不安定領域を求めた Kline の実験結果を示したものが**図 2.26**であり，図から流れが不安定となる広がり角 θ とディフューザ長さ (X/W_1) との関係がわかる。A の領域は流れの

2.5 固定流路 [8]

はく離が生じない安定領域であるが，広がり角またはディフューザ長さを大きくすると，ディフューザ内にはく離が生じ，流れは不安定となる（領域 C）。

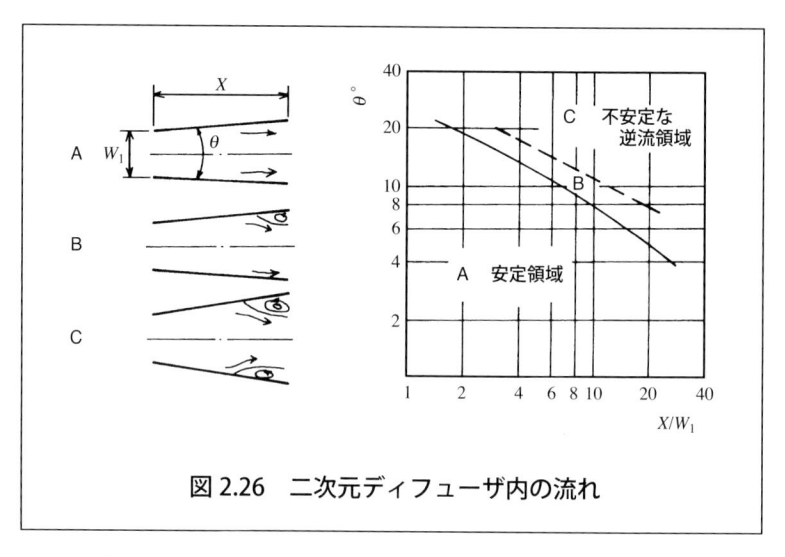

図 2.26 二次元ディフューザ内の流れ

円錐ディフューザ内の流れの損失係数 ζ を次式で定義する。

$$h_l = \zeta \frac{(v_1 - v_2)^2}{2g} \quad (2.32)$$

ここに，h_l ：損失ヘッド
　　　　ζ ：損失係数
　　　　v_1, v_2：ディフューザ入口，出口の断面平均流速

円錐ディフューザについての Gibson の実験結果によると，広がり角 θ によって損失係数は図 2.27 のように変わる。ζ の最小値は $\theta \fallingdotseq 5.5°$ で得られるが，広がり角をあまり小さくすると，所定の圧力上昇を得るためには，ディフューザを長くする必要がある。

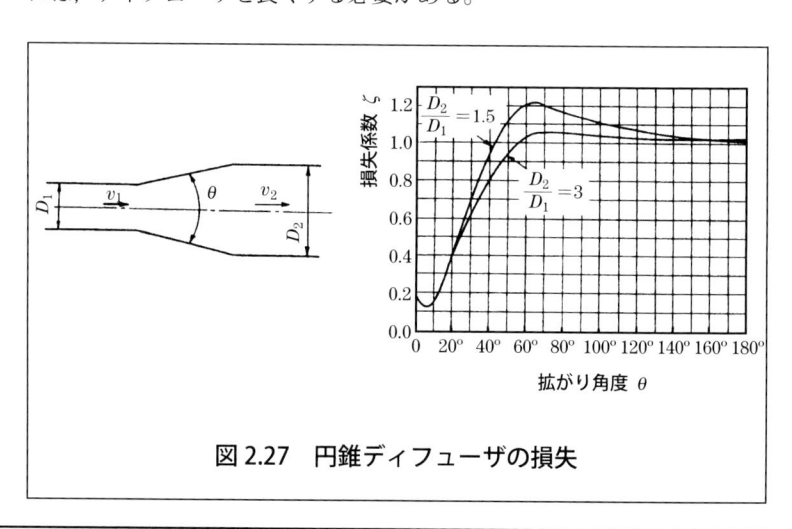

図 2.27 円錐ディフューザの損失

2.5 固定流路 [9]

(3) 圧力回復率

ディフューザの性能は次式の圧力回復率（pressure recovery coefficient）で評価される。

$$C_p = \frac{(p_2 - p_1)}{\rho \dfrac{v_1^2}{2}} \tag{2.33}$$

ここに，C_p ：圧力回復率
p_1, p_2：入口，出口の圧力（静圧）
v_1 ：ディフューザ入口の平均流速
ρ ：密度

図 2.28 に例として二次元ディフューザの圧力回復率の実験結果を示す。

図中の一点鎖線 A はディフューザ長さが一定で最大圧力回復率が得られる面積比 AR を求める線で，一点鎖線 B は面積比が与えられた場合，最大圧力回復率が得られる無次元ディフューザ長さである。

一般に二次元および円錐ディフューザでは，最大の圧力回復率を与える広がり角はディフューザの長さ X/W_1 で異なり，図 2.28 に示すように 7°～20°の範囲で変化し，C_p の値も変わってくる。なお，ディフューザの性能は流入する流れの壁面に沿う境界層の厚さにも左右されるので，広がり角を大きくした場合には，ディフューザ入口で境界層の吸込みなどを行い，その性能改善が計られることもある。

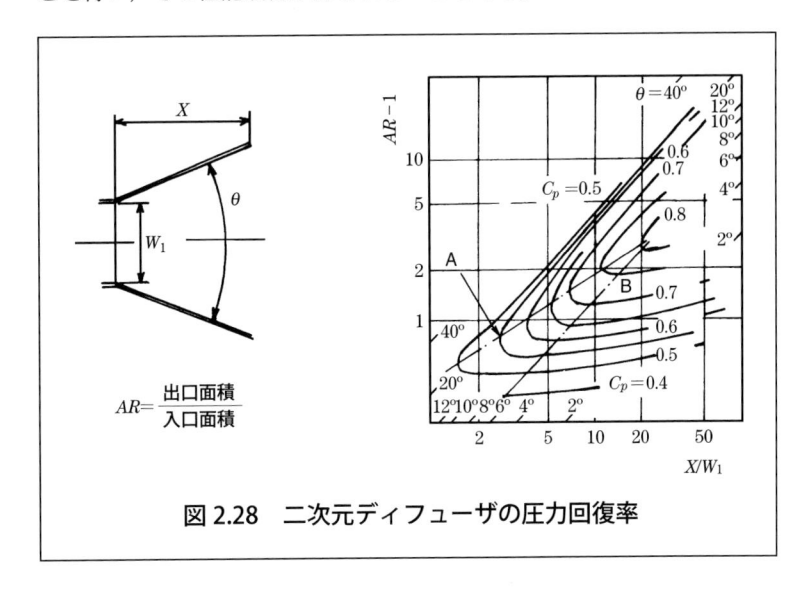

図 2.28 二次元ディフューザの圧力回復率

2.5　固定流路 [10]

2.5.4　案内羽根

　　ターボ機械内の流体をできるだけ少ない損失で望む方向に流れを導くために固定流路内に各種の案内羽根が設けられる。

　遠心ターボ機械では，案内羽根として円形翼列（circular cascade）がよく用いられる。円形翼列は**図 2.29** のように翼が円周上に等間隔に配列されているもので，羽根高さが一定の二次元円形翼列の場合，内側から外向きに流れる場合には流れは減速され，逆に外側から内向きに流れる場合には流れは増速される。

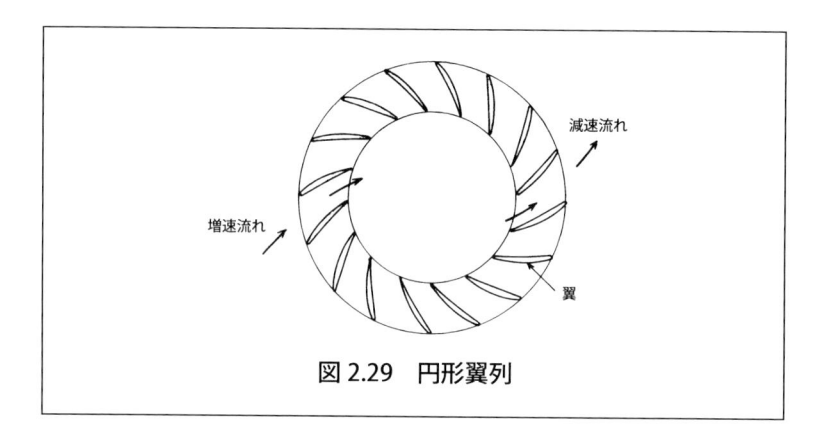

図 2.29　円形翼列

　図 2.30 に円形翼列の例として遠心送風機の羽根車のまわりに設けられる案内羽根の写真を示す。

図 2.30　遠心送風機の案内羽根

　ターボ機械の案内羽根の設計に関しては羽根車とのマッチングを図ることが重要である。例えば，遠心ポンプの羽根付きディフューザの入口角度は，羽根車からの絶対流れとマッチするように設計する。また，ラジアルタービンのノズルの出口角度は，羽根車に入る相対流れが羽根車の動翼に無衝突に流入するようにする。

　流れを増速させる必要のある水車のガイドベーンに用いられる円形翼列を通過する流れの方向は内向きであるが，ポンプ水車のガイドベーンのようにポンプ，水車運転時で円形翼列を通る流れの方向が変わるものもある。なお，これらのガイドベーンでは翼の取付け角を可変して水車，ポンプ水車の運転時の流量を調整する。

2.5 固定流路 [11]

円環状に羽根を設けて流れを導くものに**図 2.31**に示す斜流ポンプの羽根車出口側の案内羽根がある。これらも羽根車から出た強い旋回成分 v_{u2} をもつ流れを減速させながら軸方向に導くものである。この際，図に示したように旋回速度成分は減少し（$v_{u3}=0$），圧力の押し込み仕事に変換される（静圧回復）。

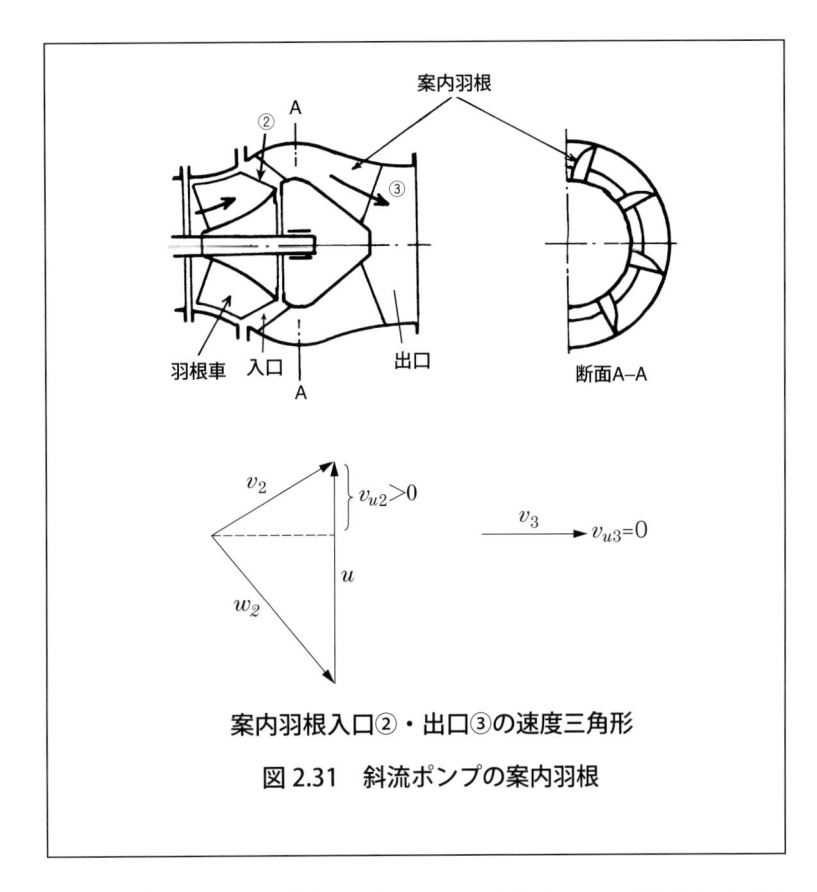

図 2.31 斜流ポンプの案内羽根

2.5.5 渦巻ケーシング

遠心羽根車の出口にボリュートを設け，羽根車からの流体を集めてポンプ吐出し部に流れを導くために，**図 2.1 (b)**のような渦巻ケーシングが設けられる。**図 2.1 (b)**のように羽根車のまわりに直接渦巻ケーシングを設ける場合と，ディフューザポンプ（**図 4.3 (b)**参照）のように羽根車の外周にディフューザ部を設け，その外側に渦巻ケーシングを設ける場合がある。

遠心羽根車を出る流れは，旋回速度 v_{uz} およびメリジアン速度 v_{m2} を持って流出する（図 1.8，1.9 参照）。この旋回外向き流れは，幅 b_3 の平行壁に入ると，流量 Q=const.，また壁面の摩擦を無視すれば角運動量 L=const. であるから

$$Q = 2\pi r_2 b_2 v_{m2} = 2\pi r b_3 v_m, \quad L = \rho Q r_2 v_{u2} = \rho Q r v_u \tag{2.34}$$

2.5　固定流路 [12]

ここに (v_u, v_m) は半径 r における流れの周方向速度およびメリジアン方向速度成分である。

したがって

$$v_m = r_2 b_2 v_{m2}/b_3 r, \quad v_u = r_2 v_{u2}/r \tag{2.35}$$

となり，流れが周方向となす角度を α とすると，

$$\tan \alpha = v_m/v_u = b_2 v_{m2}/b_3 v_{u2} = (b_2/b_3)\tan\alpha_2 = \text{const.} \tag{2.36}$$

したがって，遠心羽根車を流出した流れは，流れ角 α 一定の曲線，すなわち対数らせんとなる。

うず巻ケーシングの巻き角およびディフューザの羽根角度は，設計流量において上記の流れの角度に一致する様に設計される。うず巻ケーシングの形状を極座標 (r, θ) で表示すると，$r=r_3\exp(\theta\tan\alpha_\mathrm{D})$（$r_3$：基礎円半径，$\alpha_\mathrm{D}$：設計流量における流れ角）で与えられる。この場合，羽根車出口の流れは，設計流量で軸対称になり，圧力および速度は周方向に一様になる。しかし，部分流量では，ケーシング内の圧力が周方向に変化し，半径方向スラストが働く。この力を軽減させるために，二重渦巻ケーシングにすることもある（図 4.15 参照）。

流体からそのエネルギーを取り出す水車等にもランナのまわりに流れを導くために同様の形状の渦巻ケーシングが設けられる。この場合には流れの方向は逆になる。

2.5.6　戻り流路

戻り流路（return channel）は多段遠心ターボ機械の前段と後段の羽根車の中間に設けられる流路で，前段羽根車から後段羽根車の入口に向かって内向きに流体を導く部分をいう。

図 2.32 に戻り流路の構造例を示す。前段羽根車①から出た流れは案内羽根②を通過し，外周から戻り流路③に入る。戻り流路内には戻り案内羽根④が設けられている。戻り案内羽根を出た流れはほぼ半径方向（90°）を向いており，次段羽根車に旋回の無い流れを流入させるようになっている。戻り案内羽根がないと，ディフューザ出口で残っていた周方向（旋回）速度成分 v_u は，半径方向内向きに流れる際に角運動量保存の関係（$rv_u \fallingdotseq$ 一定）に従い大きくなり，後段の羽根車入口で大きな周方向速度成分（予旋回速度 v_{u1}）を持ってしまい，後段の羽根車で仕事（オイラーヘッド：$(u_2 v_{u2} - u_1 v_{u1})/g$）を低下させてしまう。ただし，羽根車入口の流れの一様性を向上させて水力効率を高めるために，戻り案内羽根出口流れに，あえて周方向速度成分を残すように多段ポンプを設計する場合もある。

2.5　固定流路［13］

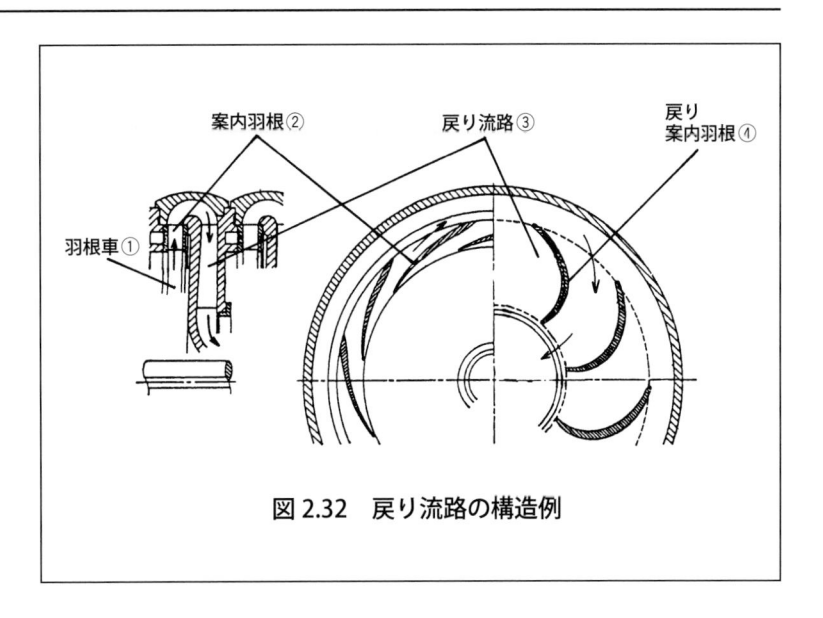

図 2.32　戻り流路の構造例

2.6　軸封装置［1］

　　ターボ機械内の流体の外部への漏れ，また内部が負圧の場合に外気の吸い込みを防止するために，主軸がケーシングを貫通する箇所に軸封（seal）装置が設けられる。
　　ターボ機械の軸封装置としては目的に応じてグランドパッキン（gland packing），ラビリンス（labyrinth），メカニカルシール（mechanical seal）が用いられる。

　(1)　グランドパッキン
　　ポンプ等の軸封装置としてグランドパッキンが用いられる。グランドパッキンは木綿の紐にグリースや黒鉛を浸みこませたもので，主軸まわりに図 2.33 のように数個並べて，パッキン押さえで押しつけて漏れ止めする。グランドパッキンでは完全なシールをすることは困難で，しゅう動抵抗が大きく摩耗を生じやすいが，手軽に使える。
　　ポンプで軸スラスト軽減の目的で羽根車に釣合い穴が設けられる場合（4.3 参照），主軸が吸込口と接続された負圧部分を貫通するので，羽根車背面の主軸付近が大気圧以下になり，軸封部から外気が浸入することがある。このような場合，完全な軸封を行うために，図 2.3.2 (b)のようにグランドパッキンの中央部に吐出し側から高圧水を供給して水封じ（water seal）する。

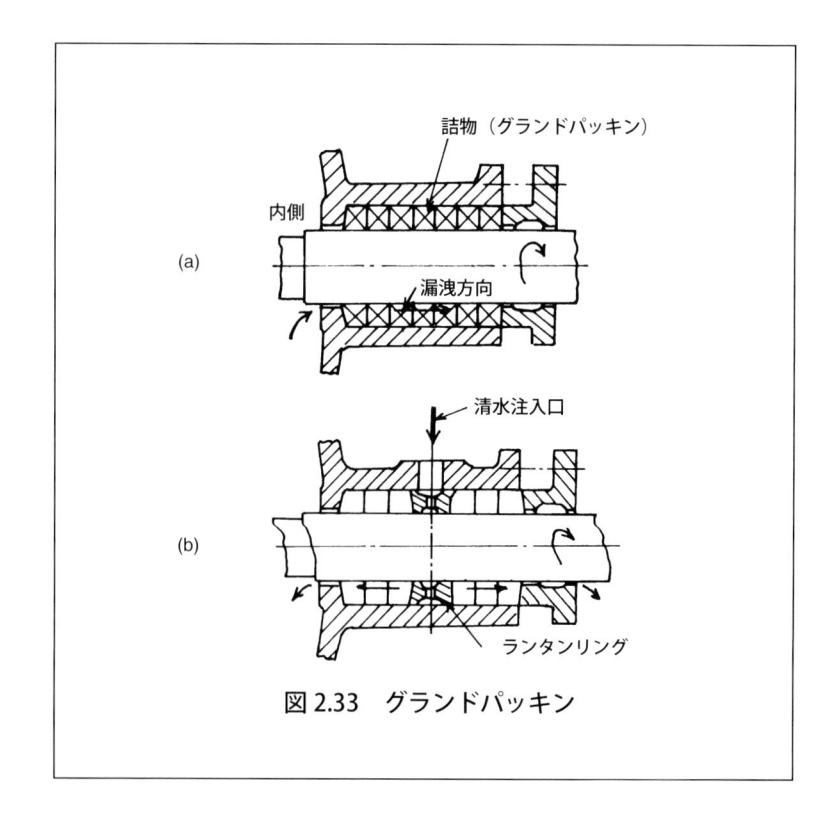

図 2.33　グランドパッキン

2.6 軸封装置 [2]

(2) ラビリンス

気体を取り扱う送風機や圧縮機などでは図 2.34 のように，先端の尖った円板を多数ケーシングまたは軸に取り付け，その刃先の隙間を狭く保ったラビリンスにより軸封することがある。また図 2.34 (b)のように高圧気体をラビリンスの中央部から供給することにより，より完全な軸封を行うことができる。液体を取扱う機械でも類似のものが使われることがある。

ラビリンス方式は簡単で，動力損失も無いが，シール部分が長くなり若干の漏れを伴うのが欠点である。

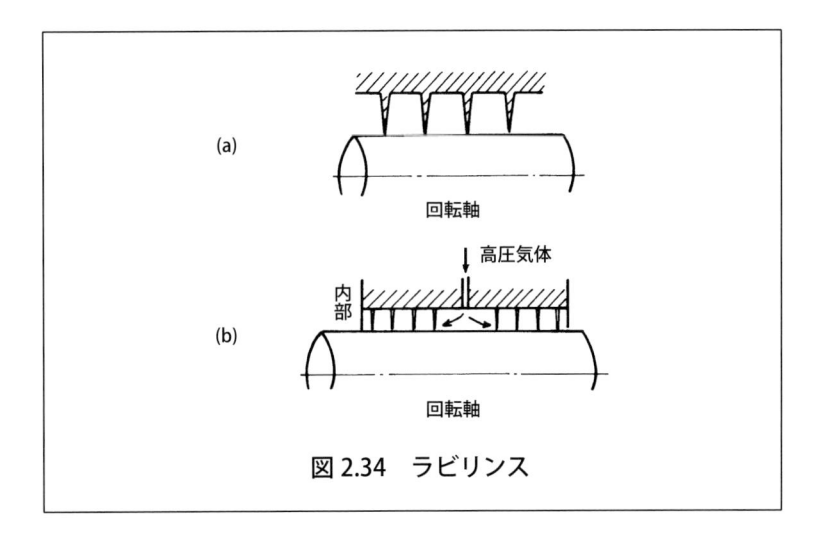

図 2.34 ラビリンス

(3) メカニカルシール

図 2.35 にメカニカルシールの構造例を示す。メカニカルシールは軸に垂直な二つの平面（従動リングとシートリング）間の接触圧力によっ

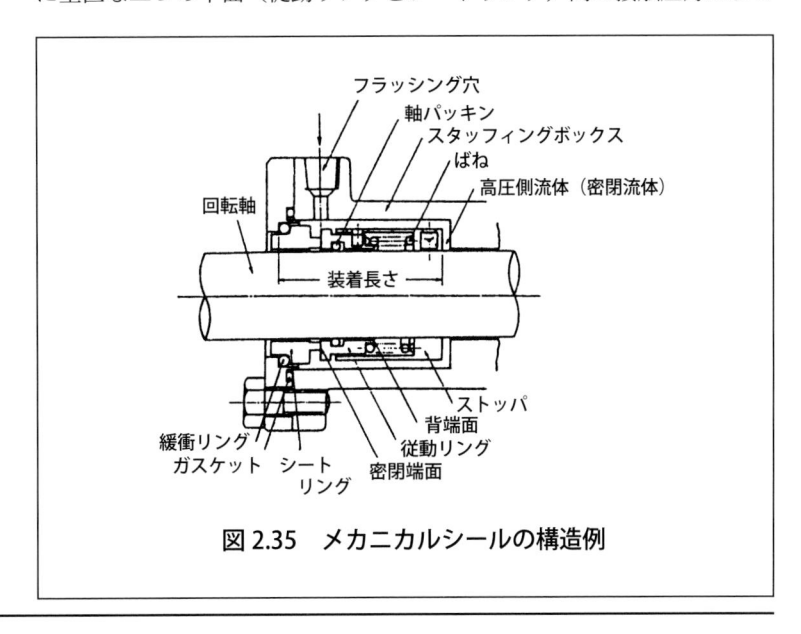

図 2.35 メカニカルシールの構造例

2.6 軸封装置 [3]

て軸封を行うシールである。軸あるいはケーシングを伝わっての漏れは軸パッキンや緩衝リングで防止される。

メカニカルシールは多種多様であるが，大別するとアンバランス形式とバランス形式に分類できる。前者は図2.36(a)に示すように，従動リングに対して軸方向の移動として働く高圧側流体の圧力を受ける軸方向の投影面積Bが，軸封端面の軸方向の投影面積Cより大きい構造のもので，後者は図2.36(b)のようにBの面積がCの面積に等しいか，または小さい構造のものである。

アンバランス形式にくらべてバランス形式のほうが，より高圧流体を軸封するのに用いられる。

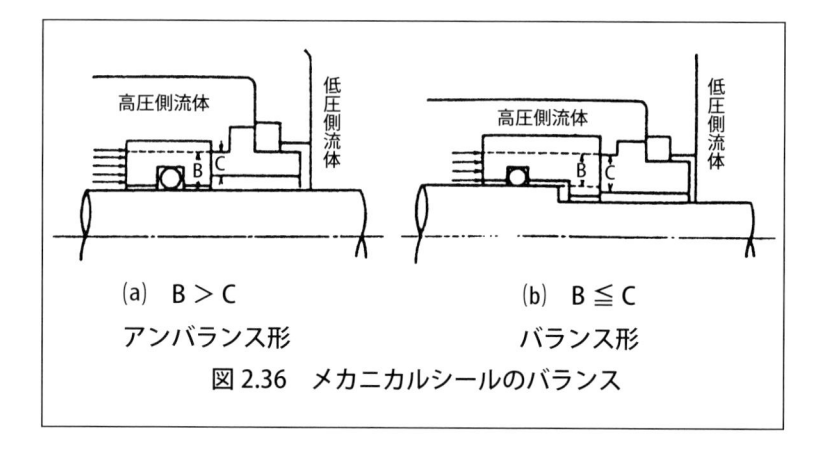

(a) B＞C アンバランス形
(b) B≦C バランス形

図2.36 メカニカルシールのバランス

メカニカルシールの性能を左右する重要な設計因子に密封端面の材料の選定がある。密封端面材料に要求される特性を表2.2に示す。使用条件に応じて種々の材料を選定するが，通常硬質材と軟質材の組み合わせが用いられる。

表2.2 メカニカルシール用密封端面材料に要求される特性

要求される特性		設計要件
(1) 機械強度	大	耐圧，耐圧変形
(2) 自己潤滑性	良	耐ドライ性，高負荷性
(3) 相手材料との相性	良	なじみ性，耐面あれ
(4) 耐摩耗性	大	寿命
(5) 熱伝導性	良	放熱
(6) 耐熱性	良	耐高温
(7) 耐熱衝撃性	良	耐熱割れ
(8) 線膨張係数	小	耐熱変形，寸法安定性
(9) 耐食性	良	耐圧コロージョン，エロージョン
(10) 加工性	良	切削性，成形性

2.6 軸封装置 [4]

　硬質材には低負荷用として焼入鋼や鋳鉄などの金属，低中負荷用としてセラミックスやステライトが，中高負荷用としてタングステンカーバイト系の超硬合金や炭化けい素などが使われる。軟質材には自己潤滑性があり，乾しゅう動特性の良いグラファイトカーボンがほとんどの場合用いられる。

　メカニカルシールはあらゆる流体に使用でき，完全なシールが可能である。また高速，高圧に耐え，寿命が長く，軸の摩耗を生じないが，グランドパッキンやラビリンスにくらべて高価である。

2．例題【1】

[2.1]　つぎのような寸法の遠心ポンプ羽根車が回転速度 $n=1800\text{min}^{-1}$，吐出し量 $Q=0.4\text{m}^3/\text{min}$ で運転されている。羽根入口，出口の速度三角形および羽根車の全揚程 H を求めよ。水の動粘性係数は，$\nu=1.00\times10^{-6}\text{m}^2/\text{s}$ である。

羽根車出口：半径 $r_2=85\text{mm}$，羽根角度 $\beta_{2b}=23°$，羽根幅 $b_2=10\text{mm}$
羽根車入口：半径 $r_1=40\text{mm}$，羽根角度 $\beta_{1b}=14°$，羽根幅 $b_1=25\text{mm}$
羽根長さ $l=105\text{mm}$，羽根枚数 $z=6$，羽根表面粗さ $e=0.05\text{mm}$
ただし，羽根車入口流れに予旋回はないものとし，羽根厚さは無視してよい。

(解答)
吐出し量 $Q=0.00667\text{m}^3/\text{s}$ より羽根入口及び出口のメリディアン速度は

$$v_{m1} = Q/2\pi r_1 b_1 = 1.06\text{m/s}, \quad v_{m2} = Q/2\pi r_2 b_2 = 1.25\text{m/s}$$

回転速度 $n=1800\text{min}^{-1}$ より羽根車の周速度は

$$u_1 = r_1\omega = 7.54\text{m/s}, \quad u_2 = r_2\omega = 16.0\text{m/s}$$

羽根入口に予旋回がない（$v_{u1}=0\text{m/s}$）ので，流入角は

$$\beta_1 = \tan^{-1}(v_{m1}/u_1) = 8.0°$$

すべり係数は式 (2.5) から

$$k = \sqrt{\sin\beta_{2b}} / z^{0.7} = 0.178 \ (\varepsilon = 0.587 > r_1/r_2)$$

したがって羽根出口における絶対速度の周方向成分 v_{u2} は式(2.3)から

$$v_{u2} = (1-k)u_2 - v_{m2}\cot\beta_{2b} = 10.2\text{m/s}$$

$$\therefore \beta_2 = \tan^{-1}\{v_{m2}/(u_2 - v_{u2})\} = 12.2°$$

以上より，速度三角形は下図のように描ける。

入口速度三角形

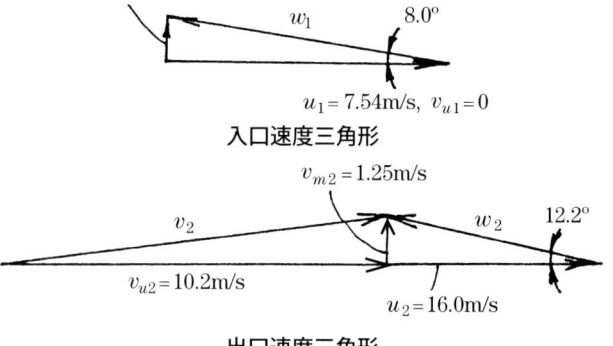

出口速度三角形

2．例題【2】

次に全揚程 H は，理論揚程から衝突損失 h_s，（式（2.8）および摩擦損失 h_f（式（2.7））を差し引くことにより求められ，$v'_{u1}=0$ を考慮して

$$H = u_2 v_{u2}/g - h_s - h_f$$
$$h_s = \Delta w_{u1}^2/2g = (u_1 - v_{m1}\cot\beta_{1b})^2/2g = 0.55\text{m}$$

式（2.7）中の平均相対速度 w_m は速度三角形から

$$w_1 = 7.61\text{m/s},\ w_2 = 5.92\text{m/s}\ \therefore w_m = \sqrt{(w_1^2 + w_2^2)/2} = 6.82\text{m/s}$$

また、水力半径 m_1 および m_2 は流路面積をぬれ縁長さで割ったものであるから，

$$m_1 = \{(2\pi r_1/z)\cdot b_1\}/2\{2\pi r_1/z + b_1\} = 0.0078\text{m}$$
$$m_2 = \{(2\pi r_2/z)\cdot b_2\}/2\{2\pi r_2/z + b_2\} = 0.0045\text{m}$$
$$\therefore m = (m_1 + m_2)/2 = 0.0062\text{m}$$

代表レイノルズ数 $Re = 4mw_m/\nu = 1.7 \times 10^5$，相対粗さ $e/4m = 0.0020$ であるからムーディ線図より等価円管の管摩擦係数は $\lambda = 0.025$ となり，摩擦損失は

$$h_f = 3.0\lambda(l/4m)w_m^2/2g = 0.74\text{m}$$
$$\therefore H = 16.7 - 0.6 - 0.7 = 15.4\text{m}$$

〔2.2〕 軸流送風機の羽根車のチップ径が $d_t=1$m，ボス径が $d_b=0.6$m である。回転速度 $n=1200$min^{-1} のとき，全圧上昇が水柱で 48mm，送風量 $Q=300$m^3/min となる様な羽根を設計せよ。ただし，羽根車効率（理論揚程に対する全揚程の比）を $\eta_i=0.85$ とせよ。
ただし，密度は水：1000kg/m^3，空気：1.2kg/m^3 とする。
（解答）
　翼形の設計は，必要な理論揚程 H_{th} を満足する（C_L, σ, ε）の組み合わせを選定することである。そのためには，式（2.20）における Δw_u，β_∞，w_∞ を求めねばならない。
　そこで先ず，翼形の設計を 2 乗平均半径による直径から

$$d_m = \sqrt{(d_t^2 + d_b^2)/2} = 0.825\text{m}\ \text{で行い，この直径における周速度}\ u$$

および軸流速度 w_a を求めると，

$$u = \pi d_m n/60 = 51.8\text{m/sec}$$
$$w_a = (Q/60)/\{\pi(d_t^2 - d_b^2)/4\} = 9.9\text{m/sec}$$

羽根による全圧上昇 $H_w=48$mmAq（Aq は水柱高さ）を，作動流体である空気の全揚程に直すと，

$$H = (\rho_w/\rho_a)H_w = (1000/1.2) \times (48/1000) = 40.0\text{m}$$

ただし，ρ_w および ρ_a はそれぞれ水および空気の密度である。動翼の効率 $\eta_i=0.85$ より，理論揚程は $H_{th} = H/\eta_i = 40.0/0.85 = 47.1$m，損失ヘッドは $h_l = H_{th} - H = 7.1$m となる。理論揚程は，入口予旋回がなければ式（2.9）より $H_{th} = u\Delta w_u/g$ で与えられ，$w_{u1} = u$ であるから，

$$\Delta w_u = gH_{th}/u = 8.9\text{m/s}$$

2．例題【3】

$$w_{u2} = w_{u1} - \Delta w_u = u - \Delta w_u = 42.9 \text{m/s}$$
$$\therefore w_{u\infty} = (w_{u2}+w_{u1})/2 = 47.4 \text{m/s}$$

以上より，ベクトル平均速度およびその角度は

$$w_\infty = \sqrt{w_a^2 + w_{u\infty}^2} = 48.4 \text{m/s}$$
$$\beta_\infty = \tan^{-1}(w_a / w_{u\infty}) = 11.9°$$

これらの結果を式（2.21）に代入して，ε を求めると，

$$\varepsilon = (1-\eta_i)\sin\beta_\infty/\{w_\infty/u - (1-\eta_i)\cos\beta_\infty\} = 0.0391$$

したがって，最終的に式（2.20）より

$$C_L\sigma = 2\Delta w_u/\{w_\infty(1+\varepsilon\cot\beta_\infty)\} = 0.310$$

C_L=0.80 とすれば，$\sigma = l/t$=0.388 となる。πd_m=2.59m であるから羽根枚数を 5 枚とすれば，二乗半径上のピッチは t=0.518m，翼弦長は l=0.201m となる。

〔2.3〕 図の円すいディフューザ内を流量 $7.8\times10^{-3}\text{m}^3/\text{s}$ の水が流れている。

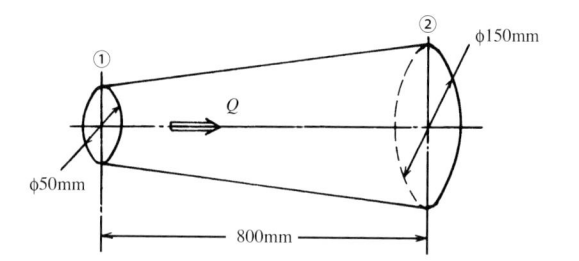

(1) 流れの損失を無視した場合，このディフューザの圧力回復率を求めよ。
(2) 入口①と出口②で流れの損失ヘッドが h_L=0.12mAq であるとすると，圧力回復率と損失係数を求めよ。

（解答）
(1) 入口①と出口②にベルヌーイの定理を適用する（位置ヘッドは無視）。

$$\frac{v_1^2}{2g} + \frac{p_1}{\rho g} = \frac{v_2^2}{2g} + \frac{p_2}{\rho g}$$
$$\therefore p_2 - p_1 = (\rho/2)(v_1^2 - v_2^2)$$

連続の式から
$$v_2/v_1 = (D_1/D_2)^2$$
式（2.33）から
$$C_p = 1 - (v_2/v_1)^2 = 1 - (D_1/D_2)^4$$
$$= 1 - (50/150)^4 = 0.988$$

2．例題【4】

(2) ベルヌーイの定理で損失ヘッドを考慮すると

$$p_2 - p_1 = (\rho/2)(v_1^2 - v_2^2) - \rho g h_l$$

$$C_p = 1 - \left(\frac{D_1}{D_2}\right)^4 - \frac{2g h_l}{v_1^2}$$

$$v_1 = Q/\left(\pi D_1^2/4\right) = 7.8 \times 10^{-3}\left(\pi 0.05^2/4\right) = 3.97 \mathrm{m/s}$$

$$\therefore C_p = 0.988 - 2 \times g \times 0.12 / 3.97^2 = 0.839$$

一方，損失係数は式（2.32）より

$$\zeta = \frac{2g h_l}{v_1^2 \left\{1 - \left(D_1/D_2\right)^2\right\}^2}$$

$$= 2 \times g \times 0.12 / \left(3.97^2 \times 0.790\right) = 0.189$$

3. ターボ機械の性能と運転
3.1 相似則と比速度 [1]

3.1.1 性能, 特性曲線

　　ターボ機械は，羽根車の回転と流体の旋回流れ（絶対速度の回転方向成分の変化）とを利用して，羽根車と流体との間でエネルギーの授受を行う機械である。例えばポンプの場合，動力 P[W] を得て回転速度 n[min^{-1}] で駆動される羽根車内を体積流量 Q[m^3/s] の流体が通過し，機械の入口から出口に至る間に圧力変化 $p = \rho g H$[Pa]（ρ[kg/m^3]：流体の密度，g[m/s^2]：重力の加速度，H[m]：全揚程）をもたらす。機械運転時の能力，すなわち回転速度，動力，流量，全揚程，さらに効率 $\eta = \rho g Q H / P$ などの量的関係を性能（performance），特性（characteristics）といい，機械が所定の性能を発揮しているかを確認する試験を性能試験 [3-1]，その試験結果を図に表したものを性能曲線，特性曲線と呼ぶ。ターボ形ポンプの特性曲線の一例を**図 3.1** に示す。一般に性能，特性の表示法はポンプ，水車，送風機および圧縮機，真空ポンプなどで異なるが（後述），これはそれぞれ便利な方法が取られているためであり，本質的に差異はない。

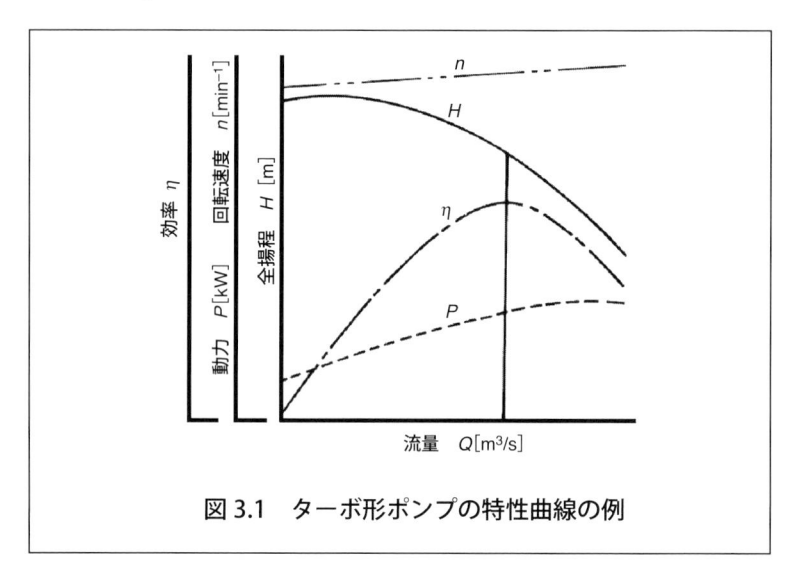

図 3.1　ターボ形ポンプの特性曲線の例

　　ターボ機械は，その用途に応じて所定の性能を発揮し，安定で高効率に運転されねばならない。そのためには，機械の開発設計者は，性能曲線がどのようになるかを意識した開発設計が求められ，使用者にとっては，機械を組み込むシステム（3.3.1 節参照）に応じた性能曲線をもつ機械の選定が重要となる。しかし，ターボ機械の性能曲線は寸法，形状，運転条件により異なるため，個々のターボ機械がもつ性能曲線を何らかの形で整理し，例えば作動原理ごとに分類しておくことは，開発設計者および使用者にとって大いに有用となる。

[3-1]　日本工業規格，遠心ポンプ，斜流ポンプ及び軸流ポンプの試験方法，JIS B 8301:2000, 他（送風機の試験及び検査方法：JIS B 8330:2000,）

3.1 相似則と比速度 [2]

3.1.2 相似則の有用性

自動車の開発段階において，実機（prototype）より小さな尺度の車体模型（model）を作製し，その空力性能を風洞試験から調べることはよく知られている。このようなとき，模型試験で得られた結果から実機の性能を正しく推察するには，適切な物理的考察が必要で，そのとき重要な役割を果たすのが相似則（similitude）に現れる無次元数（dimensionless parameters）である。ターボ機械の設計においても同様で，羽根車径が数メートルとなる水車を開発段階から何個も製作していたのでは経済的に見合わない。また，これを試験できる設備を工場内に置くことも得策ではない。そこで，模型試験を行い，それから実機の性能を推定することが必要となる。その際に両者の間に成立する相似則を支配する無次元数を求めておくことが重要となる。一般に，無次元数を用いることの意義として，①模型試験に基づく実機開発のほか，②開発時の効率的な模型試験とその試験回数の低減，③無次元数による性能パラメータの整理と設計への活用，④運転条件変更に伴なう性能予測などがある。

3.1.3 相似則と次元解析

ターボ機械の性能は，先に述べたように，動力 P[W]，回転速度 n[min^{-1}]，体積流量 Q[m^3/s]，圧力変化 p[Pa]，効率 η などの物理量によって表される。しかし，ターボ機械の性能と内部流れなど，物理現象を記述するのに必要な変数の数は関与する物理量の総数ではなく，これらの関係物理量の組み合わせからなる互いに独立な無次元数の数があれば十分である。現象に関与する無次元数群を求める方法に次元解析（dimensional analysis）がある。一般に，物理量 Z の，基本単位 $A, B, C,\cdots$ に対する次元構造を表すのに次元式 $[Z] = A^\alpha B^\beta C^\gamma \cdots$ が用いられる。ここで，次元とは物理量を構成する基本単位 $A, B, C, \cdots$ の指数 $\alpha, \beta, \gamma, \cdots$ をいい，さらに基本単位とは単独かつ絶対的に定義されている単位で，国際（SI）単位系では現在 7 個が定められている。**表 3.1** には，主たる基本単位とターボ機械に関連する主な物理量を掲げている。

表 3.1 主な基本単位とターボ機械に関連する物理量と次元

SI 基本単位

物理量	SI 単位	基本単位
長さ	m	L
質量	kg	M
時間	s	T

ターボ機械に関連する主な物理量と SI 組合せ単位

物理量	記号	SI 単位	次元式 $[Z] = L^{\alpha_1} M^{\alpha_2} T^{\alpha_3}$	α_1	α_2	α_3
面積	A	m^2	L^2	2	0	0
回転速度	n	s^{-1}	T^{-1}	0	0	-1
速度	V	m/s	LT^{-1}	1	0	-1
力	F	N	LMT^{-2}	1	1	-2
圧力	p	Pa	$L^{-1}MT^{-2}$	-1	1	-2
粘度	μ	Pa・s	$L^{-1}MT^{-1}$	-1	1	-1
密度	ρ	kg/m^3	$L^{-3}M$	-3	1	0
体積弾性係数	K	Pa	$L^{-1}MT^{-2}$	-1	1	-2
仕事率（動力）	P	W	L^2MT^{-3}	2	1	-3

3.1 相似則と比速度 [3]

ここでは，つぎの考えに基づいて導かれたバッキンガムの π 定理による無次元数の算出法を述べる。

次元解析から得られるすべての無次元数を掛け合わせたものは，それぞれの物理量 $Z_1, Z_2, \cdots Z_n$ に対して指数 $\alpha_1, \alpha_2, \cdots \alpha_n$ を取って掛け合わせたものに等しく，次のようになる。

$$Z_1^{\alpha_1} Z_2^{\alpha_2} \cdots Z_n^{\alpha_n} = L^0 \cdot M^0 \cdot T^0 \tag{3.1}$$

この式から，基本単位の数 m 個と同じ数の方程式が得られるので，$\alpha_1, \alpha_2, \cdots \alpha_n$ の n 個の未知数が (n–m) 個に減ったことになる。従って，式(3.1)と同様に，(m+1) 個の物理量の組み合わせから成り，その組み合わせが異なる (n–m) 個の無次元数をつくれば，$\alpha_1, \alpha_2, \cdots \alpha_n$ は既知となる。このとき式（3.1）から，(n–m) 個の無次元数 $\pi_1, \pi_2, \cdots \pi_{n-m}$ に対して次の関係式が導かれる。ここで f および g は何らかの関数であることを意味する。

$$f(\pi_1, \pi_2, \cdots \pi_i, \cdots \pi_{n-m}) = 0,$$
$$\text{または } \pi_i = g(\pi_1, \cdots \pi_{i-1}, \pi_{i+1} \cdots \pi_{n-m}) \tag{3.2}$$

バッキンガムの π 定理　(Buckingham π theorem)

無次元数を求めるには，まず，
① 対象とする現象に関与する物理量（**表3.1**）として $Z_1, Z_2, \cdots Z_n$ の n 個を選び出す。つぎに
② n 個の物理量に含まれる基本単位の数を調べる。これが m 個のとき，互いに独立な無次元数は (n–m) 個であり，(n–m) 個の式を解くことによりすべての無次元数を求めることができる。
③ (n–m) 個の式を作るにあたって，まず m 個の繰り返し基本量を，n 個の物理量から選び出す。このとき，物理量を(a)流体の運動，(b)幾何学的形状，(c)流体の物性値の三グループに分け，それぞれのグループから一つずつ選んで組み合わせるのがよい。
④ 選出された m 個の基本量に残りの物理量を一つずつ組み合わせることで，(n–m) 個の式
$$Z_1^{\alpha_1} Z_2^{\alpha_2} \cdots Z_m^{\alpha_m} Z_{m+1} = L^0 \cdot M^0 \cdot T^0$$
が得られ，これを解くことにより，現象に関与する (n–m) 個の無次元数が求まる。

例えば，流速 v の一様流れのなかに置かれた物体に作用する力 F について考える。まず，この現象に関与する物理量として流速 v と力 F のほか，流体の密度 ρ, 粘度 μ, 物体の大きさ l を選び出す。物理量の数は v, F, ρ, μ, l の 5 個 (n=5) となる。個々の物理量の次元は，$v[LT^{-1}]$, $F[MLT^{-2}]$, $\rho[ML^{-3}]$, $\mu[ML^{-1}T^{-1}]$, $l[L]$ であるから，この現象には M, L, T の 3 個 (m=3) の基本単位が含まれている。したがって互いに独立な無次元数の数は 2

3.1 相似則と比速度 [4]

個（n–m=2）となる。それらを π_1 および π_2 とし，3個（m=3）の繰り返し基本量に，流れの運動を表す量（v, F），寸法を表す量（l），流体の物性を表す量（ρ, μ）から一つずつ，ρ, v, l を選ぶと，無次元積 π_1, π_2 は次のように表される。

$\pi_1=\rho^{\alpha_1}v^{\beta_1}l^{\gamma_1}F, \quad \pi_2=\rho^{\alpha_2}v^{\beta_2}l^{\gamma_2}\mu$

したがって

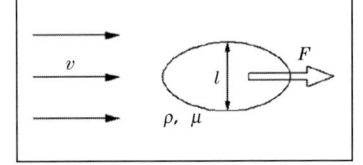

$\pi_1=[ML^{-3}]^{\alpha_1}[LT^{-1}]^{\beta_1}[L]^{\gamma_1}[MLT^{-2}]$
$\quad=[M^{\alpha_1+1}L^{-3\alpha_1+\beta_1+\gamma_1+1}T^{-\beta_1-2}]$
$\quad=[M^0L^0T^0]$ であるから，

M:$\alpha_1+1=0$, L:$-3\alpha_1+\beta_1+\gamma_1+1=0$, T:$-\beta_1-2=0$ が成立する。これを解いて $\alpha_1=-1$, $\beta_1=-2$, $\gamma_1=-2$ となるから，π_1 として次式を得る。

$$\pi_1 = \frac{F}{\rho v^2 l^2}$$

さらに $\pi_2=[ML^{-3}]^{\alpha_2}[LT^{-1}]^{\beta_2}[L]^{\gamma_2}[ML^{-1}T^{-1}]=[M^{\alpha_2+1}L^{-3\alpha_2+\beta_2+\gamma_2-1}T^{-\beta_2-1}]$
$=[M^0L^0T^0]$ を解いて，π_2 として次式を得る。

$$\pi_2 = \frac{\mu/\rho}{v \cdot l} = \frac{\mu}{\rho v l}$$

π_1 は抗力係数，π_2 の逆数（$1/\pi_2$）はレイノルズ数と呼ばれる。このとき式（3.2）は $\pi_1=g(\pi_2)$ と書ける。

3.1.4 運転条件の相似則

ターボ機械の性能が相似であるためには幾何学的形状だけではなく，運転条件や流れ場も相似である必要がある。実際のターボ機械の性能だけに関与する物理量は20以上あるといわれており，流れ場も含めてこれらをすべて相似にするように物理量を選ぶことは不可能である。したがって，主要な物理量のいくつかに着目して無次元数を求め，相似則を導く。

いま，運動条件の相似則を考える。ターボ形送風機において，流量 Q，圧力上昇 p，動力 P，流体の密度 ρ，回転速度 n および代表寸法 D（通常，羽根車の外径）の6個の物理量を用いて次元解析を行うと基本単位は長さ，質量および時間の3個であるから，つぎの3個の無次元数が求まる。

$$\pi_1 = \frac{Q}{D^3 n}, \quad \pi_2 = \frac{p}{\rho D^2 n^2}, \quad \pi_3 = \frac{P}{\rho D^5 n^3} \tag{3.3}$$

無次元数 π_1 は，流路面積が $A \propto D^2$，羽根車の周速度（回転する速度）$U \propto Dn$ であることから $\pi_1=(Q/A)/U$，そして π_2 は，ターボ機械における理論圧力上昇量が，入口と出口での旋回速度成分と周速度の積の差に密度を掛けた式 $\rho\Delta(V_\theta U) \propto \rho U^2$ で表されることから $\pi_2=p/(\rho U^2)$ と考えることができ，それぞれを流量係数，圧力係数と呼び，一般に，ϕ および ψ の記号を用いる。さらに無次元数 π_3 は動力係数で，記号として τ を用いる。

ここで $Q \propto D^3 n$, $p \propto \rho D^2 n^2$, すなわち $pQ \propto \rho D^5 n^3$ となることから，無次元

3.1 相似則と比速度 [5]

数を $\pi_4=\pi_3/(\pi_1\pi_2)=P/(pQ)$ と別の形で表すこともでき，これは，ポンプ・送風機のときは効率 η の逆数を，水車・タービンのときは効率を表している．

ポンプ・水車においては圧力上昇 p のかわりに全揚程あるいは落差 H（ヘッド）が用いられる．このとき $p=\rho gH$（g は重力加速度）の関係があるので，無次元数 π_3 は，$\psi=gH/(U^2)$ となり，これを揚程係数または落差係数（head coefficient）という．ただし，圧力係数や揚程係数を，$\psi=2p/(\rho U^2)$，$=2gH/(U^2)$ と定義する場合もあるので，ψ の値を論じるときは注意が必要である．

また，このように，ポンプ，水車，送風機および圧縮機について異なる表示の無次元数が流量係数や圧力係数などに用いられる場合があるが，次元解析で求まったものであり，本質的に同じとみなすことができる．

二つのターボ機械が幾何学的に相似であり，しかも運転状態も相似である（すなわち流量係数 ϕ と回転レイノルズ数 Re=$\rho UD/\mu$ が等しい）とき，圧力係数 ψ と動力係数 τ も等しくなり，二つの機械は互いに相似関係にある．この場合，一方の機械の性能（添字 M）から他方の機械の性能（添字 P）を，次の関係を用いて推定することができる（3.1.6 節参照）．

$$\frac{Q_P}{Q_M}=\left(\frac{D_P}{D_M}\right)^3\frac{n_P}{n_M},\quad \frac{H_P}{H_M}=\left(\frac{D_P}{D_M}\right)^2\left(\frac{n_P}{n_M}\right)^2,\quad \frac{P_P}{P_M}=\left(\frac{D_P}{D_M}\right)^5\left(\frac{n_P}{n_M}\right)^3 \quad (3.4)$$

同じポンプを異なる回転速度で運転するとき，$D_P=D_M$ であるので，

$$\boxed{Q\propto n,\quad H\propto n^2,\quad P\propto n^3}$$

が成立し，流量，全揚程および動力はそれぞれ回転速度の 1 乗，2 乗および 3 乗で変化することがわかる．

3.1.5 比速度

ターボ機械の設計に際しては，まず，圧力上昇（または全揚程），流量，回転速度および所要動力を決定し，これらに対して効率が最も高くなるように寸法，形状などを決定する必要がある．ターボ機械の形状は一般に，つぎの無次元数を用いて整理されている．

$$n_s=n\frac{Q^{1/2}}{(gH)^{3/4}}=n\frac{Q^{1/2}}{(p/\rho)^{3/4}}\quad [\text{s}^{-1},\text{m}^3/\text{s},\text{m}] \quad (3.5)$$

この無次元数を比速度（specific speed）n_s と呼び，軸流，斜流および遠心式など構造方式（図 3.2）によってその値がおおよそ定まっており，また，達成できる効率の値も経験的に知られている [3-2] のでターボ機械に最も重要な無次元数の一つである．式（3.5）は，式（3.3）に示した無次元数に対して演算式（$\pi_1^{1/2}/\pi_2^{3/4}$）により得ることができる．なお ISO（国際規格）では n_s の代わりに，比エネルギー ΔE（=gH, [m^2/s^2]）

[3-2] ターボ機械協会編，ターボポンプ，日本工業出版，1995, 16.

3.1 相似則と比速度 [6]

を用いて次式で示す形式数（type number）を新たに定めている。

$$K = 2\pi n \frac{Q^{1/2}}{\Delta E^{3/4}} \tag{3.6}$$

式（3.5）で定義される比速度は無次元であり，単位として $n[\text{s}^{-1}]$，$Q[\text{m}^3/\text{s}]$，$H[\text{m}]$ が用いられる。しかしポンプ，水車，送風機および圧縮機のそれぞれに対して異なる表示方法が取られる場合も多い。例えば，国内では，ポンプ比速度 N_s に対して，回転速度，流量，全揚程の単位に min^{-1}，m^3/min および m を用いたつぎの慣用式を用いている。

$$N_s = n \frac{Q^{1/2}}{H^{3/4}} \quad [\text{min}^{-1}, \text{m}^3/\text{min}, \text{m}] \tag{3.7}$$

また送風機や圧縮機では，式（3.7）において $Q[\text{m}^3/\text{min}]$ の代わりに $Q[\text{m}^3/\text{s}]$ を用いる場合もある。国外では，ft（フィート）–lb（ポンド）単位系によって表示されることもあり，比速度の値を議論するときは，単位に何が使われているかに注意を払う必要がある。図3.2にポンプおよび送風機の比速度 N_s と羽根車形状の関係を示す。

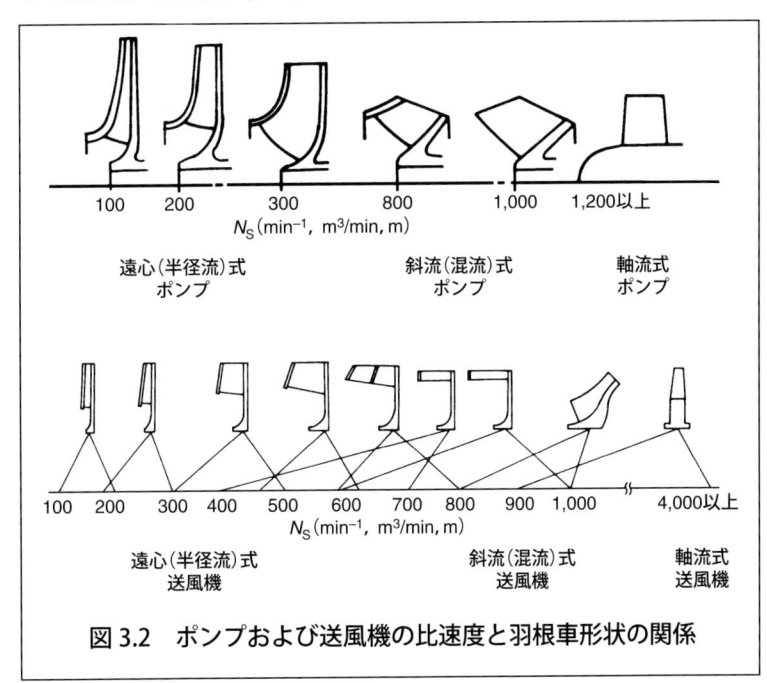

図 3.2 ポンプおよび送風機の比速度と羽根車形状の関係

水車では，その用途から出力 $P[\text{kW}]$ が重要視され，流量 Q は落差 $H[\text{m}]$ によって副次的に決まることから，水車比速度 N_{SP} には通常，つぎの慣用式を用いられる。

$$N_{SP} = n \frac{P^{1/2}}{H^{5/4}} \quad [\text{min}^{-1}, \text{kW}, \text{m}] \tag{3.8}$$

3.1 相似則と比速度 [7]

3.1.6 粘性の効果

作動流体の粘性は流体摩擦損失を生じ，効率に直接的に影響を与える。しかし，比速度を求める時には粘性の影響を考慮せず，最適な比速度の値を選べば達成される効率はおおよそ定まっているものとして取り扱った。ここで，式（3.3）を求める際に物理量として粘性係数 μ を加え，4個の無次元数を求めてみると，新たに次式が得られる。

$$\pi_4 = \frac{(\mu/\rho)}{D^2 n} = \frac{1}{Re} \tag{3.9}$$

Re はレイノルズ数（Reynolds number）と呼ばれ，$\mu/\rho = \nu$ は動粘性係数である。粘性の影響はレイノルズ数によって示されることがわかる。

3.1.7 圧縮性の効果

作動流体が気体であるターボ機械で，高圧力，高周速度の場合には圧縮性の影響が重要となる。圧縮性は，圧力 p および密度 ρ の変化として現れるので，次式で表される音速 a が圧縮性の影響として密接に関与してくる。

$$a = \sqrt{\frac{dp}{d\rho}} = \sqrt{\kappa RT} = \sqrt{\kappa \frac{p}{\rho}} \tag{3.10}$$

ここで a は音速，κ は比熱比，R はガス定数，T は温度である。ターボ機械内の流れには，羽根車の周速度 U と流れの平均流速 v の二つの速度があり，それぞれの速度と音速との比を周速マッハ数 M_U と流れのマッハ数 M_v と呼ぶ。流れはマッハ数 $M=1.0$ を境にして亜音速（$M<1$）と超音速（$M>1$）に分類され，流路断面において $M=1.0$ になると流れの閉塞（チョーキング）を起こして流量が制約される。さらに $M>1$ になると様々な膨張波や圧縮波が生じて損失をまねく。

$$M_U = \frac{U}{a} = \frac{U}{\sqrt{\kappa RT}} \propto \frac{nD}{\sqrt{T}} \tag{3.11}$$

$$M_v = \frac{v}{a} = \frac{Q}{Aa} = \frac{\dot{m}}{\rho Aa} = \frac{\dot{m}}{A}\frac{RT}{p}\frac{1}{\sqrt{\kappa RT}} \propto \frac{\dot{m}}{p}\frac{\sqrt{T}}{D^2} \tag{3.12}$$

式（3.11）および（3.12）における比例関係は，質量流量 $\dot{m} = \rho Q$ および理想気体での状態方程式 $p = \rho RT$ を用いて，さらに同一の気体では κ および R も同一であることから導かれている。これらが一致すれば圧縮性に対する相似則は保たれる。さらに同一の圧縮機では D も同一となるから式（3.11）および（3.12）はつぎのようになる。

$$\pi_5 = \frac{n}{\sqrt{T}} \tag{3.13}$$

$$\pi_6 = \frac{\dot{m}\sqrt{T}}{p} \tag{3.14}$$

π_5 は修正回転速度，π_6 は修正質量流量と呼ばれ，圧縮機では通常，標

3.1 相似則と比速度 [8]

準状態（103.2kPa, 293.2K）での回転速度および質量流量を基準として選ぶ．すなわち，標準状態と異なる大気圧，大気温度の下での運転は π_5 と π_6 が同一となる回転速度および質量流量で行われなければならない．

3.1.8 模型試験 (model test) と寸法効果 (scale effect)

大形ターボ機械の設計に際して，模型（model）試験から実機（prototype）の性能を推定する際に両者の間に成立する相似則を求めておくことは重要である．この性能の相似則には幾何学的および運転条件の相似 [式 (3.3)] だけでなく，レイノルズ数 [式 (3.9)] およびマッハ数 [式 (3.11) および (3.12)] の一致が必要であることは述べた．マッハ数の影響については式 (3.13)，(3.14) に示したように修正流量および修正回転速度を示せば良く，κ や R の異なる気体を用いて比較することもできる．

しかし，大形の機械の性能を幾何学的に相似な模型により予測する場合に，レイノルズ数を一致させることが困難なことが多い．この様な場合には，効率に及ぼすレイノルズ数の影響を知る必要が生じる．レイノルズ数の影響など，寸法の大小による違いを寸法効果 (scale effect) と呼び，このような時には効率換算という方法が取られる．いま模型に添字 M を付け，実機効率換算式の例をあげると，レイノルズ数の影響，すなわち摩擦の影響を考慮した Moody の水車に関する式が良く知られている[3-3]．

$$\eta_P = 100 - (100 - \eta_M)(D_M/D_P)^{1/5} \tag{3.15}$$

また，JIS B8327 ではレイノルズ数および表面粗さの影響を考慮して，模型によるポンプ性能試験方法の効率換算式が以下のように導かれている．

$$\eta_P = 100 - (100 - \eta_M)\left\{(1-V) + 1.07V\left(\frac{D_P}{D_M}\right)^{-0.18}\right\} \tag{3.16}$$

η_P：実機の効率 [%]　　　　η_M：模型の効率 [%]
D_P：実機の代表寸法 [m]　　D_M：模型の代表寸法 [m]
V：模型の摩擦損失率（全損失に対する摩擦損失の割合）

さらに，様々な機種に適用できる効率換算式として，次の式が知られている．

$$\frac{100 - \eta_P}{100 - \eta_M} = a + (1-a)\left(\frac{Re_M}{Re_P}\right)^\gamma \tag{3.17}$$

Re_P：実機のレイノルズ数　　　Re_M：模型のレイノルズ数

ここで定数 a および γ はターボ機械の形式に応じて実験値が与えられており，それらを**表** 3.2 に示す．

[3-3] ターボ機械協会編，ハイドロタービン，日本工業出版，1995, 97.

3.1 相似則と比速度 [9]

表3.2 式（3.17）の a と γ のターボ機械の形式による値

年	資 料	a	γ	適用機種
1925	Moody	0.25	0.33	プロペラタービン
1930	Ackert ほか	0.50	0.20	水車
1942	Moody	0.00	0.20	水車
1947	Pfleiderer	0.00	0.10	ポンプ
1951	Davis	0.00	可変	全てのターボ機械
1954	Hutton	0.30	0.20	カプラン水車
1958	Rotzoll	0.00	可変	ポンプ
1960	Wiesner	0.50	0.10	遠心圧縮機
1965	ASME code	0.00	0.20	軸流圧縮機
	PTC-10	0.00	0.10	遠心圧縮機
1974	真下	0.15 − 0.57	0.20 − 0.50	遠心圧縮機

　模型と実機との寸法効果を考慮するとき，一般に，被動機（羽根車を回転させて流体にエネルギーを付加する）であるポンプの場合は，流量 Q と動力 P に相似関係 $Q \propto D^3 n, P \propto D^5 n^3$ が成立すると考え，全揚程 H は損失の分だけ変化するとして $H_P = \eta_P \cdot P_P/(\rho g Q_P)$ より算出される。一方，原動機（流体エネルギーを羽根車に付与して回転させる）である水車の場合にも，流量 Q と動力 P に相似関係 $Q \propto D^3 n, P \propto D^5 n^3$ が成立するとし，有効落差 H は損失の分だけ変化するとして $H_P = P_P/(\eta_P \cdot \rho g Q_P)$ より算出される。

コラム 『工学的センスは経験と日頃の意識から』 [1]

　21世紀における文明社会の持続には，地球環境・エネルギー等々の問題が山積するなか，工学が果たす役割がますます重要になっている。文明の発展は，科学技術における伝統的な分野の深化と分化をもたらし，エンジニアの視野を狭いものにしつつある。一方で，近代文明を支える機械システムは，単純な一分野の技術に収まることなく，異分野との複合・融合技術から構成されることも多くなってきた。我が国が世界に冠たる技術立国として栄え，付加価値の高い工業製品を創出するには，「伝統的分野技術のますますの深化・分化」と「異分野技術との積極的な融合」は，これからのエンジニアが意識しておくべきであろう。
　機械システムの大型化と複雑化に伴って，エンジニア，とくに機械エンジニアに強く求められるものは「工学的センス」である。それは，「機械工学は本来，総合学的視点に立つもの」であるからである。とくに「流体機械」は，その機械システムの"心臓"である。昨今の報道から感じるのは，機械エンジニアが本来持つべき視点の喪失が，種々の工業的事故を惹起しているように感じる。事象解明と機器開発における個々の深化と周辺との融合は大いに進展させるべきである。それゆえ個々の高度化した技術とシステムを結び付ける「繋ぎの工学」も機械エンジニアの守備範囲であると，心して欲しいものである。

3.2 特性曲線 [1]

3.2.1 比速度と特性曲線

羽根車の違いによる比速度の値，全断熱効率（1.3.3 参照）のおおよその最大値，および流量変化に伴う圧力上昇と軸動力の変化（特性曲線）の一般的特徴を，送風機を例として図 3.3 に示す。軸流形の場合は $N_s>1200$ であり，圧力上昇曲線には下に凸の部分が現れ，圧力上昇と軸動力は締切流量（流量ゼロ）点で最大値を示す。そのため運転開始時は大流量点に設定する。一方，遠心（半径流）式の場合は $600>N_s>100$ の範囲にあり，圧力上昇曲線は上に凸となって軸動力の最大値は大流量側に現れる。したがって運転開始は締切点に設定する。一般に遠心形の場合，流量の増加ととともに軸動力が増える傾向を持つが，揚程はゼロに近付くため，軸動力も大流量点のどこかで最大を取り，その後は流量の増加とともに減少する。これをリミットロード特性と言い，設計では，通常，最大軸動力点を設計流量（最高効率）点に合わせる。

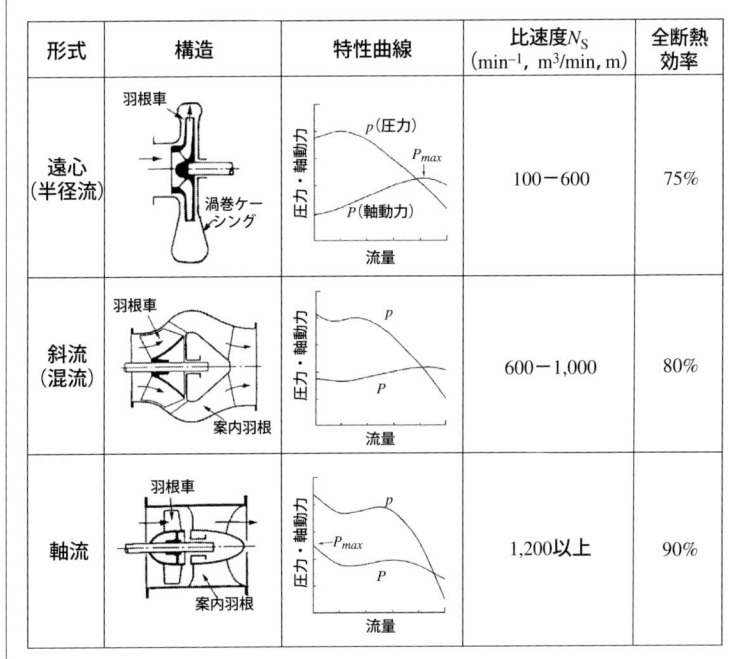

形式	構造	特性曲線	比速度 N_S (min^{-1}, m^3/min, m)	全断熱効率
遠心 (半径流)	羽根車／渦巻ケーシング	p（圧力）, P_{max}, P（軸動力）	100－600	75%
斜流 (混流)	羽根車／案内羽根	p, P	600－1,000	80%
軸流	羽根車／案内羽根	P_{max}, p, P	1,200以上	90%

図 3.3 送風機の比速度と特性曲線との関係

3.2.2 特性曲線の表示

性能表示には，例えば，ターボ形ポンプで全揚程と吐出し量を用い，送風機で全圧力と体積流量を用いるなど，各種の表示法が可能である。また，圧縮機では図 3.4 (a)に示すように，圧縮性流体における仕事率を算出するうえから，縦軸に吸込全圧に対する吐出全圧の比である全圧力比（5.2 節参照）を選び，横軸には修正質量流量を用い，修正回転数をパラメータに選んで効率も同時に，等効率線として示す方法も取られる。図中でサージ線は運転可能な最小流量を示し，これについては 3.5.1 節で述べる。

3.2 特性曲線 [2]

その他，水車やタービン，真空ポンプなどの特性曲線は，その用途に応じた表示法が取られていることに注意を払わねばならない。

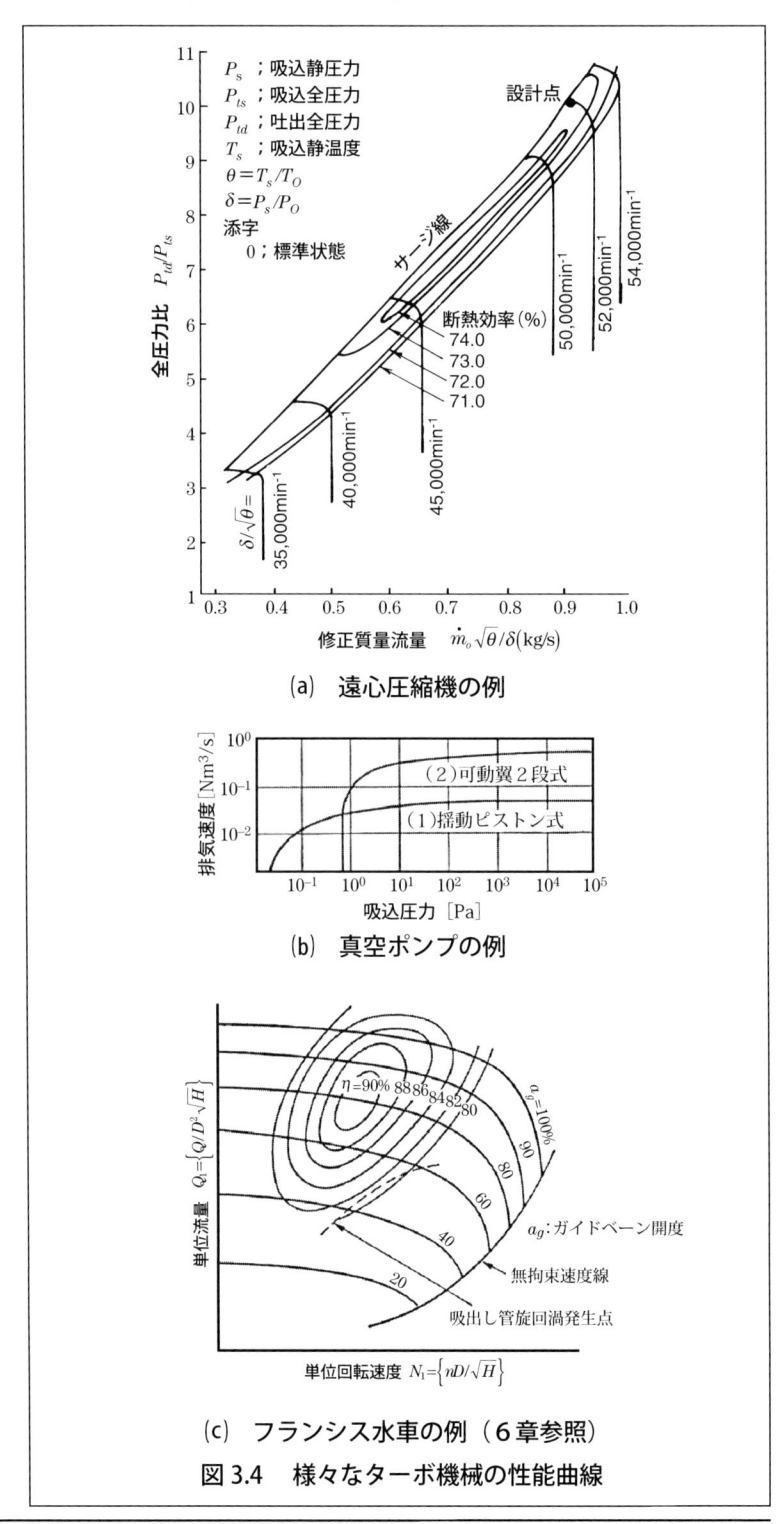

(a) 遠心圧縮機の例

(b) 真空ポンプの例

(c) フランシス水車の例（6章参照）

図 3.4 様々なターボ機械の性能曲線

3.3 運転［1］

3.3.1 抵抗曲線

ターボ機械を運転すると流体は管路系によって輸送され，管路系は吸込み管，直管，曲り管，バルブ（弁）などで構成されている。管路流れでは，次式で評価される管摩擦損失 h_f や要素損失（マイナー損失）h_l が生じ，つぎの損失式（管摩擦係数 λ や損失係数 ζ を一定とする）からわかるように，損失は流量（$Q=A \cdot V$）の2乗に比例する。

$$h_f = \lambda \frac{l}{D} \frac{V^2}{2g}, \quad h_l = \zeta \frac{V^2}{2g}$$

ここで l は管長，D は管内径，A は管断面積，V は平均流速，g は重力の加速度である。

この損失によるヘッド（損失水頭）の流量に対する変化は抵抗曲線 (system head curve) と呼ばれ，これを，ポンプを例にとり図3.5に示す。図には，ポンプの揚程曲線と管路の抵抗曲線が記載してあり，両線の交点が作動点となる。管路に付設したバルブの開度によって抵抗曲線そのものが変化するので，交点はバルブ開度によって揚程曲線上を移動し，作動点を変えることができる。したがって，バルブ全開時の管路抵抗曲線とポンプ揚程曲線との交点が，その管路で流し得る最大流量となる。

通常，頻繁に運転する流量を設計流量とし，ポンプの最高効率点と一致するように選ぶのが良い。しかし管路抵抗曲線の見積りミス等により，運転時の流量が設計時の流量と異なることがある。もし，運転時の方が多ければ抵抗を増加させれば良い。しかし，効率は低下する。少ない場合はより面倒で，抵抗を減少させるかポンプ自体の揚程を増加させねばならない。このような時に回転速度を変化させ得るとすれば，式 (3.3) で示したように流量と全揚程はそれぞれ回転速度の1乗（$Q \propto n$）および2乗（$H \propto n^2$）で変化するので図中の破線 AB で示す性能が得られる。

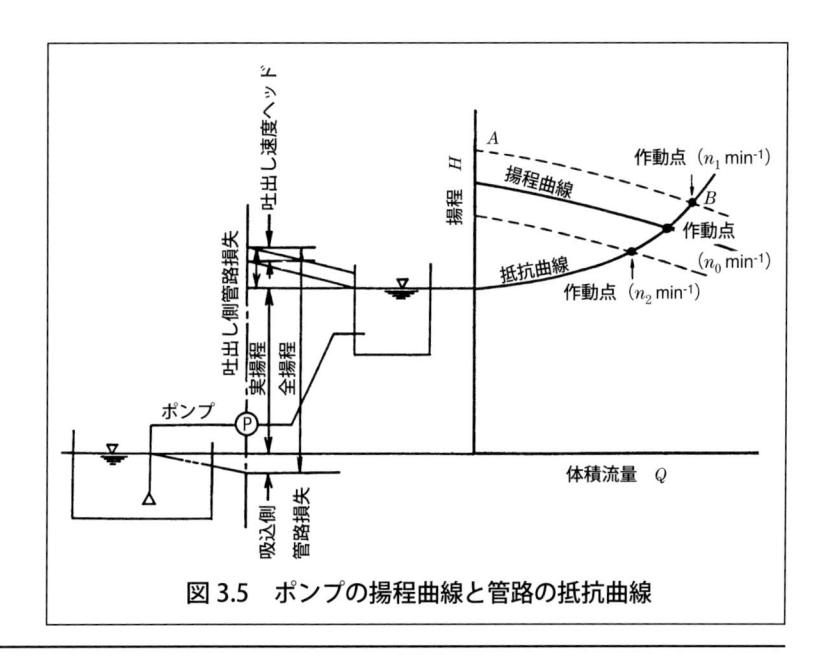

図3.5 ポンプの揚程曲線と管路の抵抗曲線

3.3 運転 [2]

3.3.2 運転開始時の注意

ターボ機械は，図3.3に示したように，比速度によって特性曲線の現れ方が異なる。比速度 $N_s>1200$ の範囲にある軸流式の軸動力は締切流量点で最大値を示す。そのため大流量側での運転開始が求められる。一方，比速度 $600>N_s>100$ の範囲にある遠心（半径流）式の軸動力の最大値は大流量側に現れる。したがって締切点での運転開始となる。

液体を取り扱う場合，ターボ機械内に液体を充満させないとその機能は十分に発揮されない。吸込液面をポンプ軸より下面に持つポンプの場合，吸込管上流端にフート弁と呼ばれる逆止弁を設け，運転開始前にポンプ内部に液体を満たす作業（これを"呼び水"という）が行われる。消防用のポンプなどでは羽根車の下半面が液に没する"液溜め"を有した構造となっており，これを自吸式ポンプ（self-priming pump）という。さらに，直径数メートルの大形羽根車をもつポンプや水車では，圧縮空気等により，一旦，液面を羽根車下方に押し下げて起動した後，羽根車内に液を満たす方法が取られる。

3.3.3 並列運転と直列運転（parallel operation and series operation）

1台のターボ機械では流量が不足する場合に複数をつないで用いることがある。いま，同じポンプを2台並列に設置して運転すると，同じ全揚程を与える流量は2倍となる。しかし，図3.6に示すようにポンプは1台ではA点で作動しても並列運転では流量の増加に伴って抵抗も増加し，B点が運転点となるために，対応する各々のポンプがC点で運転されることになる。

管路の抵抗の増大が流量の増加とともに急激であったり，より一層の圧力上昇を図るときには直列運転にすれば良い。例えば，2台の同じポンプを直列でつなぐと同一流量に対して圧力は2倍になる。抵抗の増大が急激である場合（抵抗曲線 R_a）は図3.6で明らかなように並列運転よ

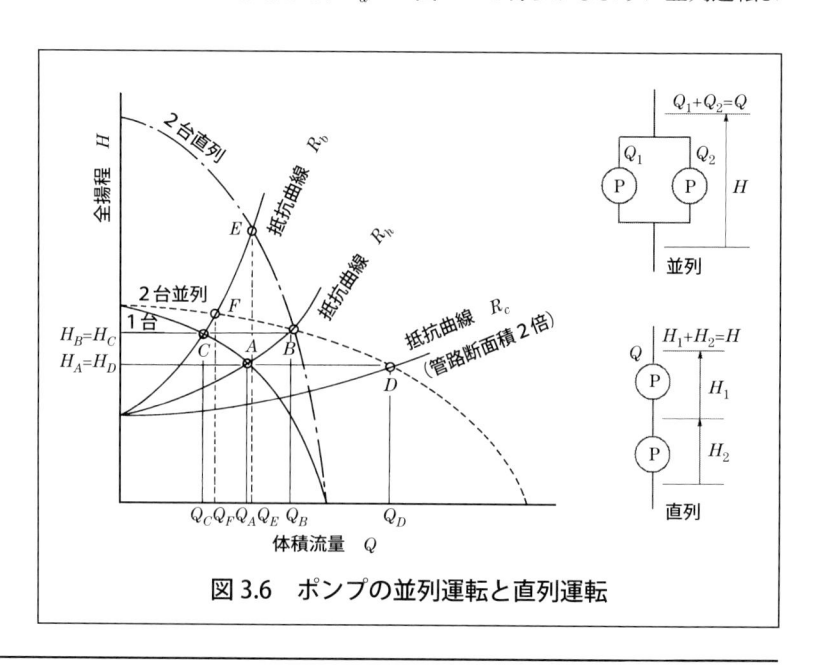

図3.6 ポンプの並列運転と直列運転

3.3 運転 [3]

りも流量も増加させることができる。しかし，2台の流量が違う場合には小さい方の流量で制約を受け，また，近接して設置する時には前方の出口状態が後方に直接に影響を与えるので，注意を払わねばならない。

3.3.4 作動点制御

ターボ機械の作動点は，機械の圧力（揚程）曲線と管路の抵抗曲線との交点で決まる。その作動点を制御する方法として，最も簡便な方法が弁開度により抵抗曲線を変える弁（バルブ）制御である。さらに，ターボ機械が与える圧力上昇（揚程）が抵抗に比して小さいときに生じる流量不足に対しては，ポンプの回転速度制御があることも示した（3.3.1節）。この回転速度制御は高効率運転する場合にも有効となる。そのほか，ポンプの吐出し管にポンプ吸込み部に戻る管路（バイパス管路）を付設し，ポンプには必要流量以上の流量を流してその一部を吸込み側に戻してポンプの運転状態を良好に保つ，バイパス制御がある。加えて，羽根の取付け角度を変化させることにより，回転速度制御と同様にポンプの揚程曲線を変えて作動点を動かす，可動羽根制御がある。

軸流あるいは斜流式のターボ機械では構造上，羽根取付け角度を変化させることも可能であり，**図 3.7** に示すように羽根取付け角度（羽根開度）$\theta_0, \theta_1 \cdots \theta_3$ のように変化させることによって揚程曲線を変化させ，流量を制御することができる。回転する羽根の角度を変化させる可動羽根機構を付設することは構造上複雑となる。しかし，**図 2.8** に示したように相対速度の方向を羽根取付け角度に一致するように制御ができ，衝突損失も減少するから効率の良い運転が可能となる。また，流量を少なくするため羽根角度を減少させると軸動力も小さくなる。

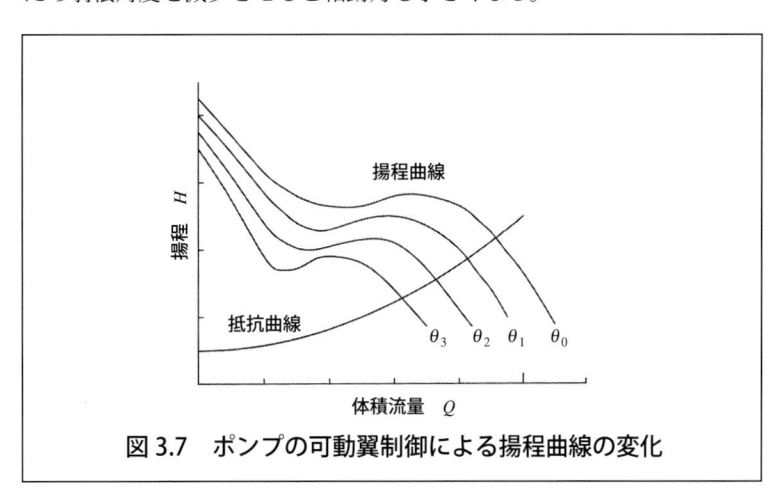

図 3.7 ポンプの可動翼制御による揚程曲線の変化

3.3.5 運転の安定性

揚程曲線の形が，**図 3.8**(a)に示すような右上がり部を持つ場合には、管路抵抗曲線との交点が複数個存在することになり，右上がり部との交点 B では運転が不安定になる。

ポンプの運転点が点 A にある場合，管路の抵抗曲線の勾配は正（[dH/

3.3 運転 [4]

$dQ]_R>0$) であり，ポンプの揚程曲線の勾配との関係は $[dH/dQ]_{pump}<[dH/dQ]_R$ である。この場合，何らかの理由で流量が増加してもポンプの揚程は減少し，管路系の抵抗は増加するので流量は減少して元の点に戻ろうとする（$[H]_{pump}<[H]_R$）。反対に，流量が減少すると揚程は増加し，抵抗が減少するので流量は増加して，このときも元の点に戻る（$[H]_{pump}<[H]_R$）。したがって，作動点が $[dH/dQ]_{pump}<[dH/dQ]_R$ である限り安定な運転が可能である（A点）。しかし運転点が点Bの場合には，ポンプの揚程特性曲線の勾配が $[dH/dQ]_{pump}>0$（これを揚程の右上がり特性という）で $[dH/dQ]_{pump}>[dH/dQ]_R$ となる。この場合，流量の増加に対して $[H]_{pump}>[H]_R$ となり，流量の減少に対して $[H]_{pump}<[H]_R$ となるため，作動点は静的に不安定となる（3.5.2参照）。

特性曲線がその圧力や揚程に極大および極小の点をもつ場合に並列運転を行う時には，例え $[dH/dQ]_{pump}<[dH/dQ]_R$ であっても注意を要する。同一の圧力（$H_A=H_B=H_C$）に対して Q_A, Q_B および Q_C の3つの流量が対応する性能を持つ同じポンプ2台を並列運転したとき，**図3.8(b)** に破線で示す揚程曲線上の同一圧力に6つの流量（$2Q_A$, $2Q_B$, $2Q_C$, Q_A+Q_B, Q_A+Q_C, Q_B+Q_C）が対応することとなるが，並列運転で現れる揚程曲線は図中の破線とは別に点線で示すようなS字形の特性（ブランチ[3-4]）が

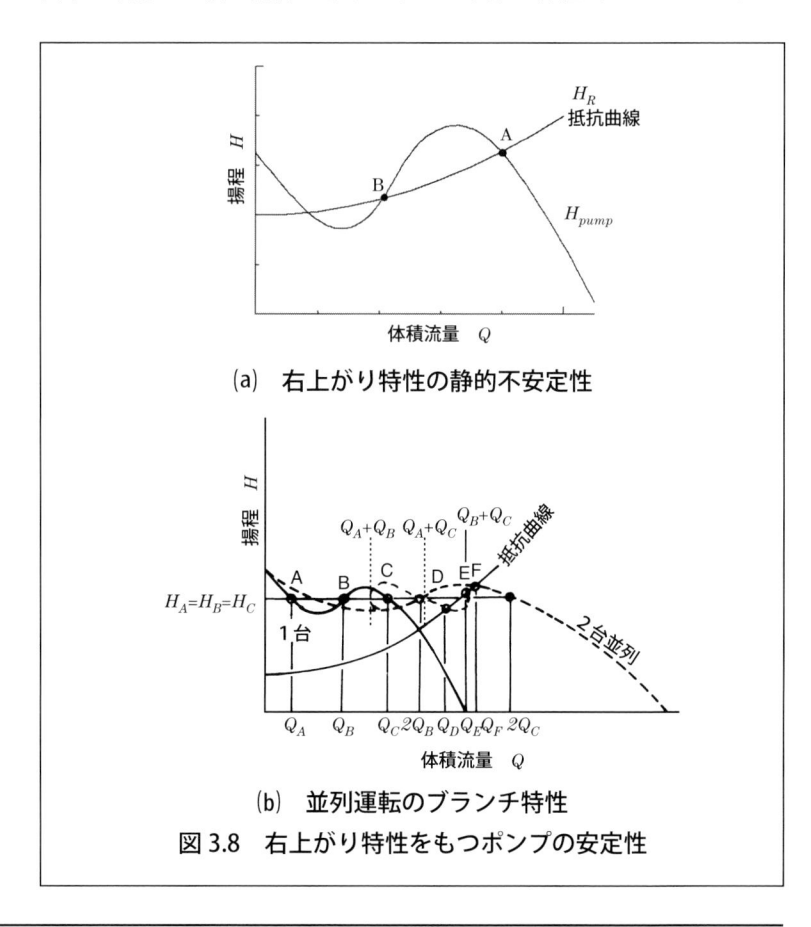

(a) 右上がり特性の静的不安定性

(b) 並列運転のブランチ特性

図3.8 右上がり特性をもつポンプの安定性

3.3 運転 [5]

生じる。これと抵抗曲線が D, E および F で交わると E 点では右上がり特性での運転となり，1 台は不安定状態で運転される。また Q_D において 2 台の内 1 台は流量の少ない Q_A で運転されているので効率も低く，後述するサージングなどが起きる可能性があり，安定した運転が困難となる。並列運転や直列運転では組み合わされた特性において，上述のように安定性（stability）が問題となるので右上がり特性に注意する必要があり，一般には，あまり特性の違わないものを組み合わせるのが望ましい。

コラム 『工学的センスは経験と日頃の意識から（つづき）』[2]

　複雑かつ高度化した機械システムの設計・開発を考えてみよう。個々の機械要素には，設計・開発段階から数値流体力学等において発展してきた解析技術を取り入れて綿密な検討が行われている。しかし，個々には素晴らしい性能をもつ要素が開発されたとしても，それらを融合させてシステムとして捉えるとき，まだまだ大規模解析を行うまでの経済的かつ時間的に，さらに精度的に許し得る技術開発段階にはない。そのとき，システムをよりシンプルに，そして的確に捉えた単純モデルの構築が必要となる。そのためには，それにタッチする機械エンジニアの日頃からの「工学的センス」の習得・取得が不可欠となる。

　では「工学的センス」とは何であろうか。設計や試作段階において「ここを抑えておかないとこれは危ない」，「数値計算でもっともらしい結果が得られたが何か納得がいかない」，「こんな仕組みで実行しようとしているがこの方が巧くいくはずだ」等々，物事に直面して直感的に感じることである。「センスのよさ」は決して天才からは生じることはなく，それは経験に裏打ちされたものである。

　「流体機械は文明を支える心臓である。」
　「それを取扱う機械エンジニアは文明の発展を監視する医者である。」
　「流体機械とその周辺にも視点を置いた繋ぎの工学も機械エンジニアの守備範囲である。」
　「機械エンジニアには幅広い工学的センスの取得が求められる。」
　「日頃から，工学的センスの取得に高い意識を持って，多くの経験から学ぼう。」
　「本書を学んだだけで十分か？　疑問・不明点を参考書等で更に調べることから工学的センス取得の第 1 歩を始めよう。」

（AF）

[3-4]　日本機械学会編，機械工学便覧 B5（流体機械），丸善，1986, 23.

3.4 キャビテーション[1]

3.4.1 キャビテーションとは

液体の静圧が飽和蒸気圧まで低下すると，液体中には気化（液体から気体への相変化）により多数の蒸気泡が発生する。この現象が液体の流動とともに生じるとフローパターンが変化し，蒸気泡の崩壊時に騒音が発生したり，物体表面に壊食が生じたりするため，流体機械に種々の悪影響を及ぼす。加熱に伴う気化現象を沸騰（boiling）というのに対し，非加熱状態で流動等に伴う圧力降下により生じる気化現象をキャビテーション（cavitation）という。

翼はターボ機械の重要な要素であり，翼の周りに生じるキャビテーションを理解することはターボ機械のキャビテーションを考える上で基本となる。図3.9は一様な液流中に置かれた単独翼に生じるキャビテーションの様子を示したものである。キャビテーションが発生すると，翼の周りのフローパターンや圧力分布は一変する。この図で，翼の表面近くの静圧 p は，ベルヌーイの定理により式（3.18）を用いて求められる。この静圧 p は局所流速 u の増加とともに低下し，液体の飽和蒸気圧 p_v に達するとキャビテーションが発生する。実際の液体にはガスが溶存さ

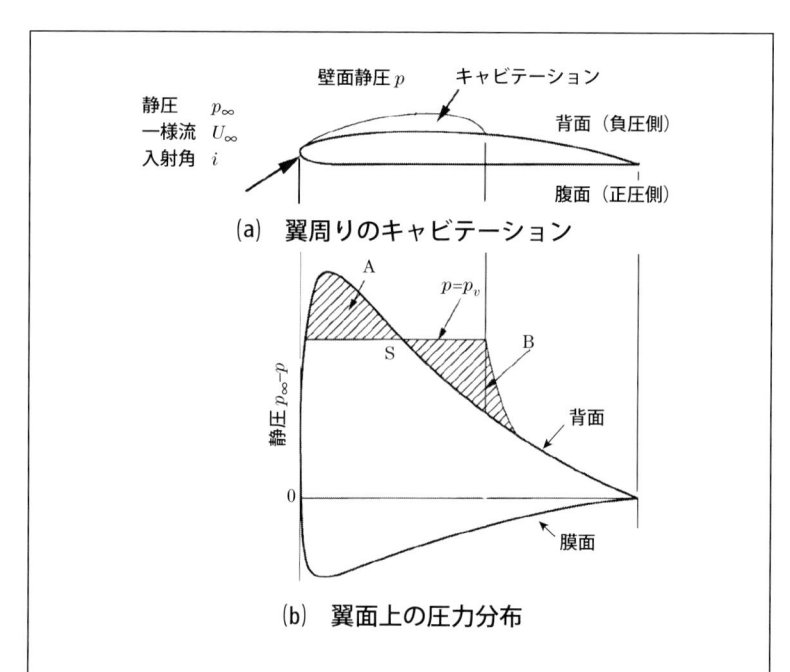

(a) 翼周りのキャビテーション

(b) 翼面上の圧力分布

翼面近くの圧力： $p = p_\infty - \dfrac{1}{2}\rho\left(u^2 - U_\infty^{\,2}\right)$ （3.18）

キャビテーション係数： $\sigma = \dfrac{p_\infty - p_v}{\dfrac{1}{2}\rho U_\infty^{\,2}}$ （3.19）

ただし，p_∞，U_∞：一様流の静圧と流速，u：翼面近くの局所流速，ρ：液体の密度，p_v：液体の飽和蒸気圧

図3.9　翼に生じるキャビテーションとキャビテーション係数

3.4 キャビテーション [2]

れており，低圧に伴って静圧が液体の飽和蒸気圧に近付くと溶存ガスがキャビテーション核となってキャビテーションが発生する。逆に，キャビテーション核が無いと蒸気圧以下の圧力でもキャビテーションは生じないといわれる[3-5]。キャビテーションが発生すると翼面圧力分布は飽和蒸気圧 p_v によって制約され，**図 3.9**(b)の実線 S のようになる。

キャビテーションによって圧力降下が抑えられる部分（領域 A）と増長される部分（領域 B）が現れる。

キャビテーションを支配する流れの主要なパラメータは，式 (3.18) からわかるように一様流の静圧と飽和蒸気圧との差 $p_\infty - p_v$ および一様流の流速 U_∞ で，これらのパラメータからなる式(3.19)の無次元数 σ をキャビテーション係数（cavitation number，キャビテーション数とも呼ぶ）と言う。σ が小さいほど，キャビテーションが発生し易く，これを用い

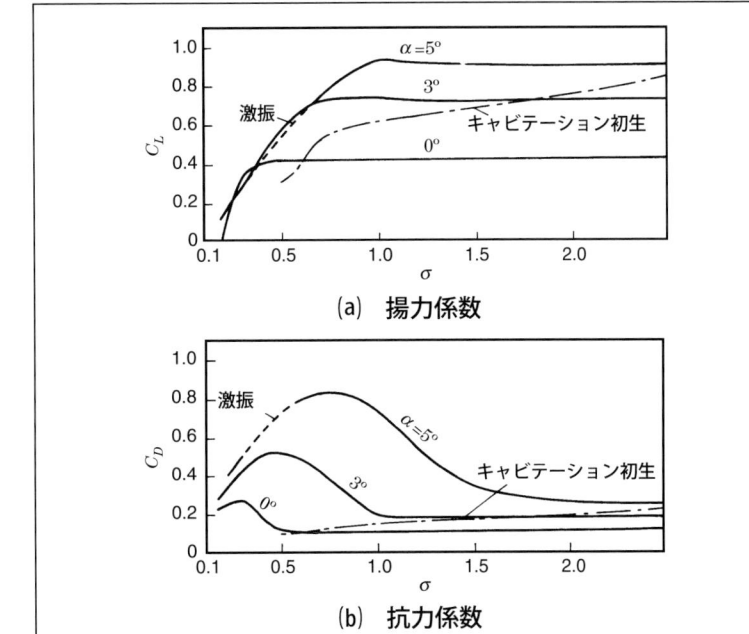

(a) 揚力係数

(b) 抗力係数

揚力係数：$C_L = \dfrac{L}{\dfrac{1}{2}\rho U_\infty^2 A}$，　抗力係数：$C_D = \dfrac{D}{\dfrac{1}{2}\rho U_\infty^2 A}$

ただし，σ：キャビテーション数，α：迎え角，
L：揚力，D：抗力，A：翼面積（幅×弦長）

図 3.10　翼の性能に及ぼすキャビテーションの影響[3-6]
　　　　（翼形クラーク Y，翼厚比 8%）

[3-5] 加藤洋治編著，キャビテーション - 基礎と最近の進歩 -，槇書店，1999，75.
[3-6] Numachi, F., Cavitation in Hydrodynamics, NPL, Paper 17, (1955), 1.

3.4 キャビテーション [3]

て種々の翼のキャビテーション性能を比較することができる。

キャビテーションが生じて性能が低下するσの値（σ_{cri}；限界キャビテーション係数, critical cavitation number）を予め求めておき, 実際の運転時にはσの値がこの値以下にならないように配慮すること（$\sigma > \sigma_{cri}$）が必要となる。またキャビテーションの発生を抑えるにはσ_{cri}をできる限り小さくすることが, 求められる。

図3.10は翼の揚力と抗力に及ぼすキャビテーションの影響を表したものである。キャビテーション係数σを小さくしていくと一点鎖線との交点でキャビテーションの発生が確認され（これを初生点という）, まず, 抗力の増加をまねく。更にσが小さくなったところで揚力の低下が生じ, 翼の性能は低下する。しかし, 騒音や振動, 翼面の壊食などは, σが小さくなる途中で一旦, 激しくなるが, 必ずしもσが小さくなるほど激しいとは限らないので注意を要する。なお, キャビテーションの発生には, 作動液体の温度（熱力学的効果）やガス含有量も影響するので, それらの条件にも注意する必要がある。

コンピュータの発達により数値流体力学（CFD）が流体解析の有用なツールになりつつあり, キャビテーションを含む流れも数値シミュレーションが可能になりつつある。

3.4.2 ポンプのキャビテーション

ポンプを低い吸込圧で運転したり, 定格よりも大きな流量で使用すると, キャビテーションが発生することがある。図3.11はポンプの吸込側から吐出し口までの静圧変化（管路断面平均）を模式的に示したものである。吸込側管路の静圧は羽根車入口付近の羽根面上（図中のB点）で最も低くなり, 式（3.20）のように表される。この圧力が飽和蒸気圧より低くなるとポンプ内にキャビテーションが発生する。そこで, ポンプ入口基準面での全圧から最低静圧までの圧力降下量をヘッドの単位で示したものを必要有効吸込ヘッド（required Net Positive Suction Head, required NPSH, $NPSH_R$, H_{sv}）と定義し, 一方, ポンプ入口基準面における全圧と飽和蒸気圧とのヘッド差を, 単に有効吸込みヘッド（available NPSH, $NPSH_A$, h_{sv}）と呼ぶ。このとき, （$h_{sv}-H_{sv}$）はポンプのキャビテーション発生に対する余裕を表す。すなわち, 実際のポンプの据付け時には, キャビテーション発生回避のため, $h_{sv} > H_{sv}$（すなわち, $NPSH_A > NPSH_R$）となるように注意する。また, キャビテーション試験時, NPSHは式（3.20）のように表され, キャビテーションによる全揚程の降下としてポンプの吸込性能（キャビテーション性能）が評価される。試験時のNPSHは, 式（3.20）に示すとおりポンプの吸込側条件, 特に吸込高さhによって変化するもので, $NPSH_A$に相当し, 実際にポンプを使用するときの据付け条件から定まる。一方, $NPSH_R$には, 後述するように, キャビテーション試験時のキャビテーションによる全揚程3%低下したときのNPSHの値を用いることが多い。

一つのポンプについて, 回転速度と流量を一定とし, NPSHを下げていったとき, いつキャビテーションが発生し, ポンプの全揚程, 効率お

3.4 キャビテーション [4]

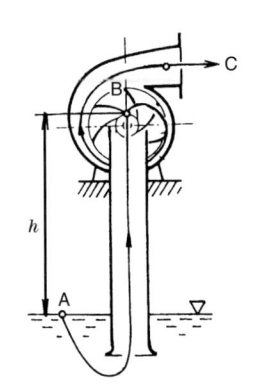

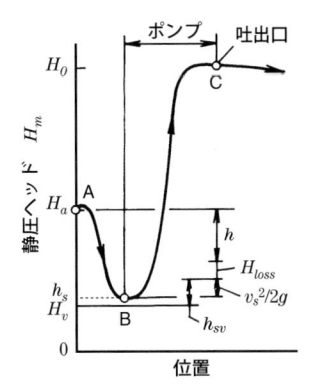

有効吸込ヘッド：$h_{sv} = h_s + \dfrac{v_s^2}{2g} - H_v$ （3.20）

ここで $h_s + \dfrac{v_s^2}{2g} = H_a - h - H_{loss}$，$h_s$：ポンプ入口静圧，$v_s$：ポンプ入口流速，$H_v$：液体の飽和蒸気圧ヘッド，$H_a$：吸込液面圧（大気開放の場合，大気圧ヘッド），$h$：吸込高さ（ポンプ基準面が吸込液面より上のとき正，下のとき負），H_{loss}：吸込管路の損失ヘッド

図 3.11　ポンプ運転時の圧力変化と有効吸込ヘッド (h_{sv})

よび軸動力などがどのように変化するかを調べる試験をポンプの吸込性能（キャビテーション）試験という。図 3.12 はその例で，このようなキャビテーション試験からそのポンプのキャビテーション初生点や性能変化の開始点がわかる。しかし，キャビテーションの初生点は測定上識別が難しく性能もほとんど変化しないので，前述したように，キャビテーションに対する使用限界のNPSHをそのポンプの必要有効吸込ヘッド

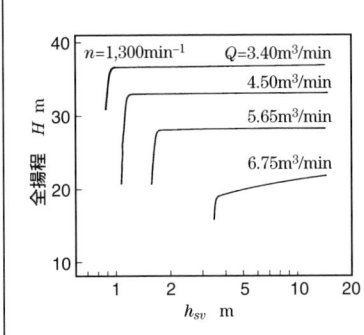

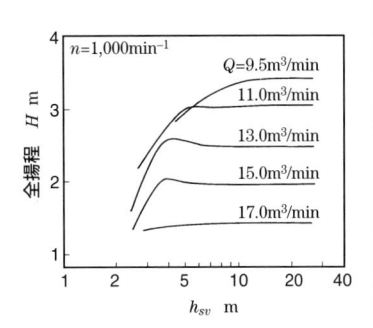

図 3.12　ポンプの吸込性能
(a) 遠心ポンプの場合（$N_s ≒ 200$）
(b) 軸流ポンプの場合（ガイドベーンなし，$N_s ≒ 2000$）

3.4 キャビテーション [5]

(required NPSH, $NPSH_R$) とする場合が多い（実用的見地からポンプの全揚程 3% 低下点を用いることが多い）。

有効吸込ヘッド $NPSH_A$ がポンプの使用条件によって決まるのに対し，必要有効吸込ヘッド $NPSH_R$ は各ポンプに固有の性能値である。ポンプの使用に際しては，$NPSH_A$ が $NPSH_R$ を上回ることが不可欠で，$NPSH_A$ が大きいほどポンプの選択は容易であり，また $NPSH_R$ が小さいポンプほど吸込性能が良く適用範囲も広いと言える。

ポンプの必要有効吸込ヘッド $NPSH_R$ は一般に羽根車の形状，回転速度および流量に左右される。羽根車が相似なポンプでは，相似則により比速度 n_s が同一となるように，キャビテーション限界に関しても以下の式 (3.21) で定義される無次元数が同一となる。これを吸込比速度 (suction specific speed) と言う。国内では，ポンプ比速度と同様に，吸込比速度 S に回転速度，流量，全揚程の単位に min^{-1}，m^3/min および m を用いた，つぎの慣用式が用いられる。

$$吸込比速度：S = \frac{nQ^{1/2}}{H_{sv}^{3/4}} \tag{3.21}$$

ただし n：回転速度 [min^{-1}]，Q：流量 [m^3/min]，H_{sv}：必要有効吸込ヘッド [m]，

口径約 300mm 以上の標準的なポンプの設計点における n と Q の範囲では S に対する n_s の影響が少なく，$S=1200 \sim 1400[min^{-1}, m^3/min, m]$ となることが知られている。標準的なポンプの必要有効吸込ヘッド $NPSH_R$ の概略値は，これを用いて推定されることもある。

図 3.13 は，ポンプの性能曲線（回転速度，NPSH 一定）に及ぼすキャビテーションの影響を示したものである。比速度 n_s が小さい遠心ポンプではキャビテーションが発生すると吐出し弁をさらに開いても流量が増加しなくなり（これを閉塞という），性能が急激に低下する。一方，比速度 n_s が大きな軸流ポンプでは流れの閉塞は見られず，性能も全域で緩やかに低下する。このような違いは主に図 3.13 に示すように羽根車における流路形状の違いから生じるものである。

3.4 キャビテーション [6]

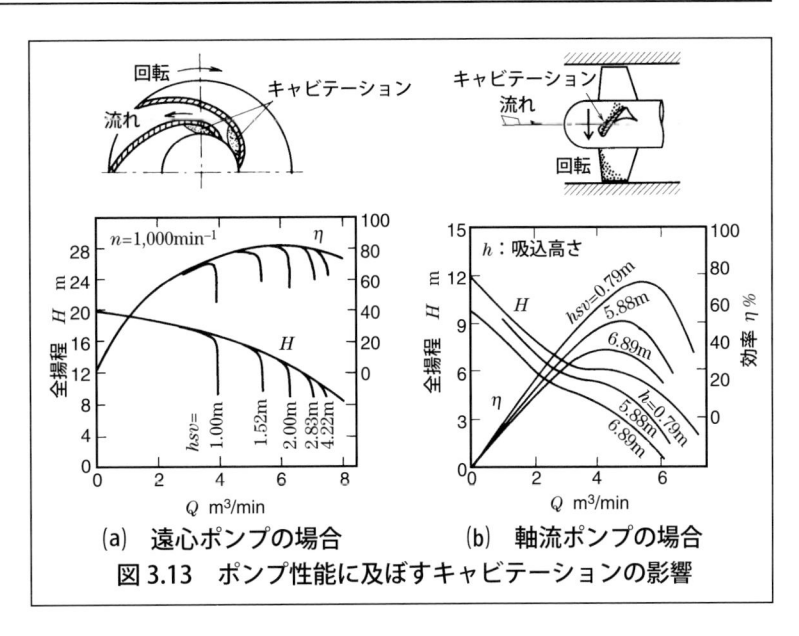

図3.13 ポンプ性能に及ぼすキャビテーションの影響
(a) 遠心ポンプの場合
(b) 軸流ポンプの場合

3.4.3 キャビテーションの防止法

ポンプにキャビテーションが発生すると，次のような悪影響を生じる。

（i）キャビテーション（蒸気泡）の存在により羽根車の有効流路面積が減少し，圧力上昇が蒸気泡（塊をキャビティという）により制約されるため，ポンプの性能が低下する。

（ii）蒸気泡の生成・崩壊により，管路系に騒音・振動が発生する。とくにキャビテーションの伸縮に伴う容積変化は，旋回キャビテーションやキャビテーションサージと言われる不安定流動現象を引き起こす。不安定現象発生限界は，キャビティ容積 V_c の流量 Q による変化を示す，マスフローゲインファクタ（$M=-\partial V_c/\partial Q$）を，その変動周波数は，キャビティ容積 V_c のポンプ入口圧 h_s による変化を示す，キャビテーション・コンプライアンス（$C=-\partial V_c/\partial h_s$）を用いて議論される [3-7]。

（iii）キャビテーションが長時間続くと，羽根車の壊食・損傷を招く（**図3.14** 参照）。これは，壁面近傍のキャビテーション気泡が崩壊するとき，高圧の液噴流の発生，および気体から液体への大きな密度変化を伴う相変化が衝撃圧を生じ，それが壁面を叩くことによる疲労破壊が原因とされ，その予測法は，ターボ機械協会指針 [3-8] としてまとめられている。

このためキャビテーションの防止対策が必要となる。

ポンプのキャビテーションによる性能低下を防止するためには，少なくともポンプの必要有効吸込ヘッド $NPSH_R$ よりも使用条件で決まる有効吸込ヘッド $NPSH_A$ を大きくしなければならない。さらに，騒音や壊

[3-7] Brennen C. E. 著，(辻本良信訳)，ポンプの流体力学，大阪大学出版会，1998，295．

[3-8] ターボ機械協会編，ポンプのキャビテーション損傷の予測と評価，日本工業出版，2003。

3.4 キャビテーション [7]

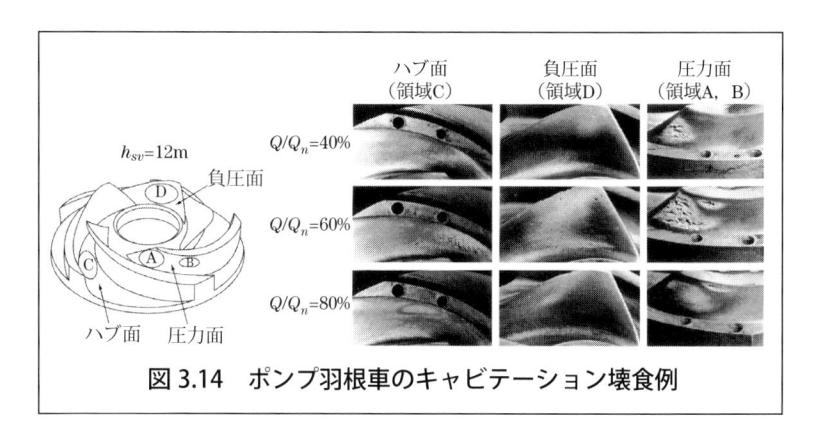

図 3.14 ポンプ羽根車のキャビテーション壊食例

食発生を完全に防止するには，キャビテーションを発生させないことが求められ，キャテーションの初生 NPSH 以上に $NPSH_A$ を設定する必要がある。そのためには，

(A) 与えられたポンプの $NPSH_R$ に対し，使用条件を工夫して $NPSH_A$ を大きくとること。
(B) 与えられた使用条件の $NPSH_A$ に対し，$NPSH_R$ の小さいポンプを選択すること。

に分けられる。

式（3.20）を参照すれば，(A) はポンプの据付け位置を低くし，吸込高さ h をなるべく小さく取ること，また吸込側の損失ヘッド H_{loss} はできるだけ小さくすることを意味する。図 3.15 (a)に示す立軸ポンプはこの例で，吸込高さが負となる押込構造となっているため呼び水無しに始動でき，自動運転に適している。なおポンプの使用条件に関しては，式（3.20）に示すとおり，高所における吸込水面圧 H_a の低下や高温時の飽和蒸気圧 H_v の増加など特殊な使用環境にも注意する必要がある。

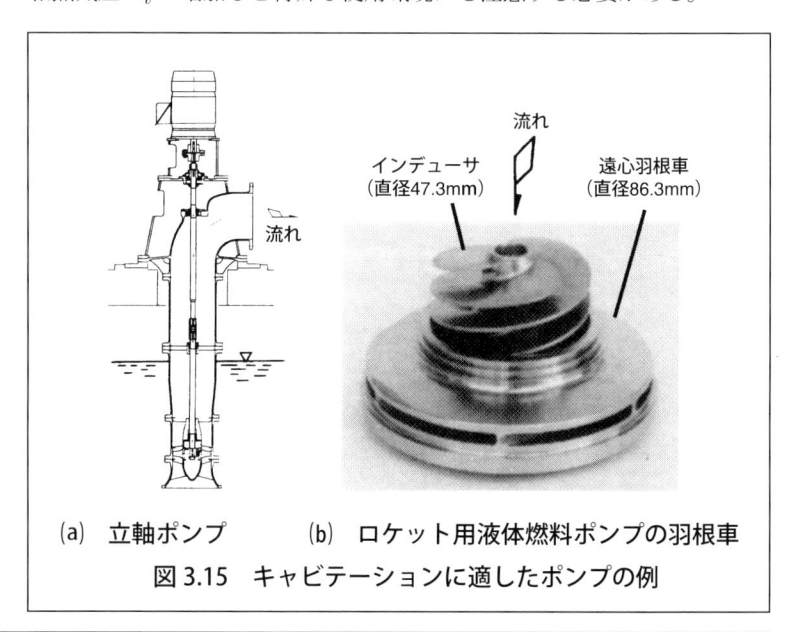

(a) 立軸ポンプ　　　(b) ロケット用液体燃料ポンプの羽根車
図 3.15 キャビテーションに適したポンプの例

3.4 キャビテーション [8]

　(B) の例として，**図 3.15** (b)に示すロケット用の液体燃料ポンプがあげられる（口絵参照）。これは遠心羽根車の吸込側にインデューサ（inducer）と呼ばれる軸流形式の羽根車を取り付けることにより，主羽根車（遠心羽根車）の $NPSH_R$ を低くしたもので，軸流ポンプと遠心ポンプの両方の長所を活かしたものである。

　ポンプが長時間運転され，キャビテーションによる壊食（cavitation erosion）が予想されるときはポンプ設計時に耐食性の良い材料を選択することも重要な対策となる。耐食材料としては一般に硬くて，耐腐食性のある材料が推奨されているが，そのような材料は加工性が悪く，特殊なものとなりがちなので，キャビテーションの発生箇所を正確に予測することが重要である。

3.5 旋回失速とサージング [1]

3.5.1 旋回失速とサージングとは ポンプ，送風機および圧縮機等のターボ機械を低流量域で使用する場合は，旋回失速やサージング等の不安定流動現象に注意を払わなければならない。

(1) 旋回失速

軸流送風機や圧縮機で流量を設計点から徐々に低下させていくと，翼の迎え角が流れに対して相対的に大きくなるため，まず羽根車の一部の翼に失速（流れが翼に沿って流れなくなるはく離が生じて，揚力の減少を伴う現象）が生じ，ついには全面的な失速に至る（2.3.4 節，図 2.15 参照）。例えば単段の軸流圧縮機の場合，このような傾向は図 3.16 (a)のように示される。失速領域が一部の翼に発生すると，その流路への流れがせき止められ，図 3.16 (b)に示すように，動翼回転方向に前翼への迎え角は減少し，後翼への迎え角は増大する。その結果，後翼に失速が発生すると，これまで失速していた翼への迎え角は減り失速から回復する。このため，失速領域は一つの翼に留まることができず，翼から翼へ動翼の絶対速度よりも遅い速度で回転方向に移動するようになる。この現象を旋回失速（rotating stall）という。旋回失速による流れの変動は比較的小さく外部から気付き難いが，長時間，旋回失速が続くと翼に繰り返し荷重が作用するため疲労破壊を招くことになるので注意を要する。なお，軸流ポンプでは動翼の長さが送風機や圧縮機に比べると相対的に長く，枚数が少ないので，低流量にすると旋回失速よりも逆流域の発生による不安定性能の発生や大きな脈動が問題となる。

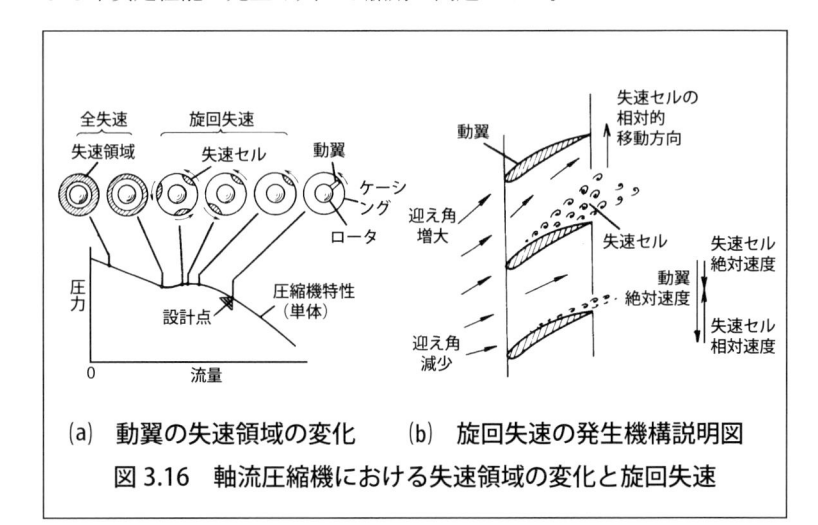

(a) 動翼の失速領域の変化　　(b) 旋回失速の発生機構説明図
図 3.16　軸流圧縮機における失速領域の変化と旋回失速

(2) サージング

ターボ機械で流体を圧送するとき，吐出し側の管路の下流で弁を徐々に絞り，流量を減少させていくと，突然，系の圧力や流量が変動し始め，周期的な振動に発達することがある。このような現象をサージング（surging）と言う。図 3.17 は圧縮機におけるサージングの発生を例示したもので，図 3.17 (a)，(b)から時々刻々の管路流量と下流端の圧力変化

3.5 旋回失速とサージング [2]

を圧力－流量平面上にプロットすると，その軌跡は図 3.17(c)のように反時計方向に閉ループを描く。前述の旋回失速がターボ機械内部で周方向に変動する局所的現象であるのに対し，サージングはターボ機械の特性と管路特性の相互作用によって生じる系全体の平面的振動現象で，通常，旋回失速より変動周期は長く振幅は大きい。

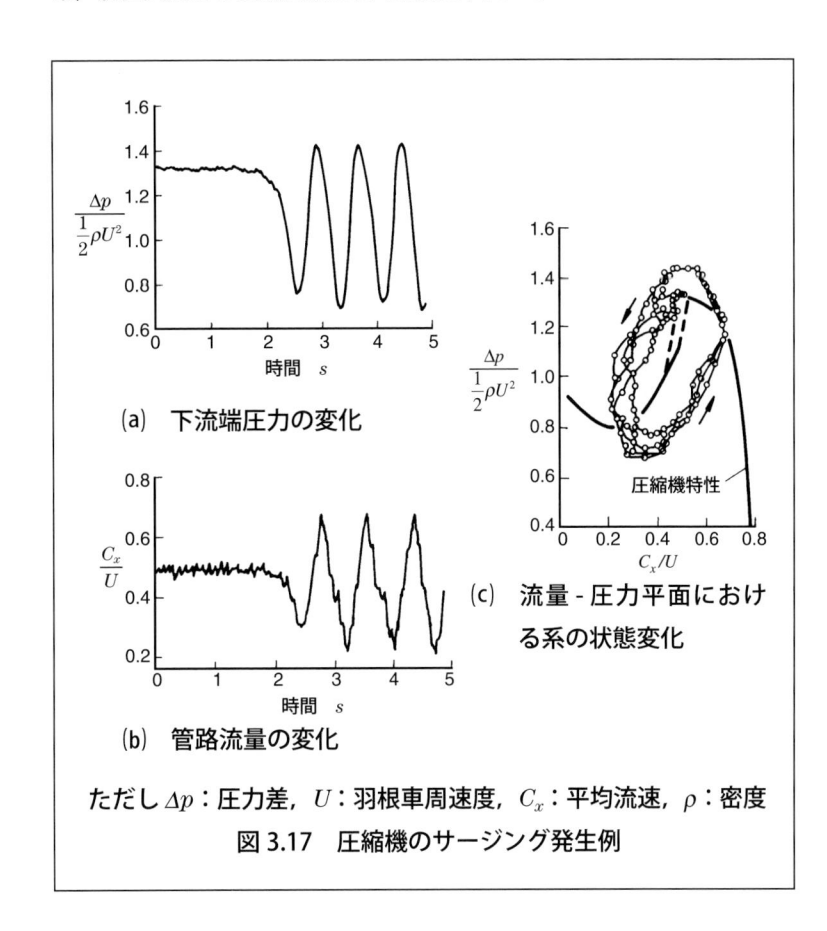

ただし Δp：圧力差，U：羽根車周速度，C_x：平均流速，ρ：密度
図 3.17　圧縮機のサージング発生例

3.5.2 揚程の右上がり特性

ポンプの揚程曲線の勾配が正（右上がり特性，$[dH/dQ]_{pump}>0$）で，管路の抵抗曲線の勾配 $[dH/dQ]_R$ との間に $[dH/dQ]_{pump}>[dH/dQ]_R$ の関係があるとき，その作動点は静的に不安定である（3.3.5 節参照）。しかし，ポンプ吐出し側管路にタンクや空気だまりなどの容量要素がある場合，$[dH/dQ]_{pump}>[dH/dQ]_R$ が成立しなくても，動的不安定となりサージングをまねく。

3.5 旋回失速とサージング [3]

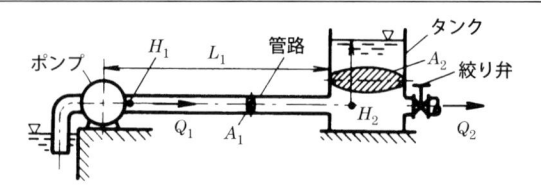

平衡点 (Q_1^*, H_2^*) からの変動量を流量 q, 水面高さ h とおき, タンクからの流出流量は一定量 $Q_2=Q_1^*$ を保つとすれば, ポンプ吐出し側管路における非定常ベルヌーイの式およびタンクの流入流出流量と水面変化の関係は

$$H_1(Q_1^* + q) = \frac{L_1}{gA_1}\frac{dq}{dt} + H_2^* + h, \quad A_2\frac{dh}{dt} = q \tag{3.22}$$

さらに第1式の時間微分をとると $\quad \dfrac{dH_1}{dq}\dfrac{dq}{dt} = \dfrac{L_1}{gA_1}\dfrac{d^2q}{dt^2} + \dfrac{dh}{dt}$

第2式を代入すれば, つぎの q についての振動方程式を得る。

$$\frac{d^2q}{dt^2} - \boxed{\frac{gA_1}{L_1}\left(\frac{dH_1}{dq}\right)}\frac{dq}{dt} + \boxed{\frac{gA_1}{L_1 A_2}}q = 0 \tag{3.23}$$

　　　　　　　　減衰係数　　　バネ定数

図 3.18　ポンプ系のサージングモデル

　図3.18中に導いた式 (3.23) は, q の t に関する2階線形常微分方程式であり, その一般解は dq/dt の係数の正, 0, 負に応じて, 減衰振動, 単振動, 自励振動となることが知られている。したがって、この振動方程式において, dH_1/dq すなわち $[dH/dQ]_{pump} < 0$ (揚程の右下がり勾配) のとき振動は減衰するが, $[dH/dQ]_{pump} > 0$ の右上がり特性のとき, 系にエネルギーが供給されて振動は増幅する。その振動は時間的にどこまでも増幅するわけではなく, エネルギーの収支が均衡する振幅をもつ自励振動サイクルに至る。これをサージングと呼ぶ。

3.5.3　サージングの数式モデル

サージングはポンプ, 送風機および圧縮機に共通の不安定流動現象であり, その数式モデルは本質的に同じものである。実際には液体を取り扱うポンプより, 圧縮性気体を取り扱う送風機および圧縮機のサージングのほうが問題となることが多い。

　前節では「ポンプの場合」について, 吐出し側管路に水位変化をもたらす部位 (例えば, 空気だまり) があり, ポンプが右上がりの揚程特性を持つときにサージングが生じることを示した. ここでは,「送風機, 圧縮機の場合」の集中モデル (管路長が十分短いとして慣性要素 (管路) と容量要素 (タンク) に分離) を用いて考える。圧縮機の回転速度, 絞り弁の開度をそれぞれ一定とすれば, この系を支配する方程式として, 管路内流体の運動方程式とタンク内流体の連続の式は図3.19中の式

3.5 旋回失速とサージング [4]

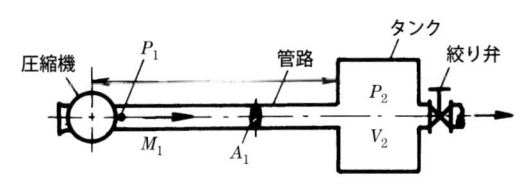

```
圧縮機  P₁  管路  タンク  絞り弁
                         P₂
                    M₁  A₁  V₂
```

$dM_1/dt = (A_1/L_1)\{P_1(M_1) - P_2\}$ (3.24)

$dP_2/dt = (a^2/V_2)\{M_1 - M_2(P_2)\}$ (3.25)

$dP_2/dM_1 = K\{(M_1 - M_2(P_2))/(P_1(M_1) - P_2)\}$ (3.26)

ただし,t:時間,M_1:管路の質量流量,$P_1=P_1(M_1)$:圧縮機の圧力,P_2:タンク内圧力,$M_2=M_2(P_2)$:絞り弁の質量流量,A_1:管路断面積,L_1:管路長,V_2:タンク容積,a:気体の音速,$K=a^2L_1/A_1V_2$:管路の特性パラメータ

図 3.19 圧縮機系のサージングモデル

(3.24) と式 (3.25) のようになる。これらの式から時間 t を消去すると,式 (3.26) が得られる。

式 (3.24) および式 (3.25) において,圧縮機特性 $P_1(M_1)$ と弁特性 $M_2(P_2)$ が与えられれば,初期条件を指定することにより**図 3.17 (a)** および**(b)**に示したような管路流路 $M_1(t)$ とタンク内圧力 $P_2(t)$ を定めることができる。また式 (3.26) から,**図 3.17 (c)**に示したような圧力 – 流量平面における系の状態変化が求められる。

系が定常となるための条件 $dM_1/dt=0$,$dP_2/dt=0$ から系の平衡点(M_1^*,P_2^*)が定まる。

$$P_2^* = P_1(M_1^*), \quad M_1^* = M_2(P_2^*) \quad (3.27)$$

これは流量 – 圧力平面における圧縮機特性と弁特性の交点である (3.3.1 参照)。問題はこのような平衡点の安定性である。平衡点が安定ならば,それは定常な作動点となり,サージングは発生しない。平衡点が不安定な場合,作動点は平衡点に留まることはできず,サージング発生の可能性がある。

一般に,平衡点の安定性は,中立安定を除けば線形近似した平衡点の安定性と一致することが知られている。式 (3.24) と (3.25) を線形近似するために,平衡点 (M_1^*, P_2^*) からの微小なずれを $m=M_1-M_1^*$,$p=P_2-P_2^*$ とおくと,次式のようになる。

$$dm/dt = (A_1/L_1)(k_1 m - p), \quad dp/dt = (a^2/V_2)(m - p/k_2) \quad (3.28)$$

ただし,$k_1=(dP_1/dM_1)_{M_1^*}$,$k_2=(dP_2/dM_2)_{P_2^*}$ である。式 (3.28) が,$m=Ae^{\lambda t}$,$p=Be^{\lambda t}$ のかたちの解をもつとすると,系の平衡点の安定性は次の特性方程式から判定できる。

$$\lambda^2 + \{(a^2/V_2)/k_2 - (A_1/L_1)k_1\}\lambda + (a^2A_1/V_2L_1)\{1 - (k_1/k_2)\} = 0 \quad (3.29)$$

特性方程式の根の実部が全て負またはゼロのとき,線形系の平衡点は

3.5 旋回失速とサージング [5]

安定であり，一つでも正のものがあれば，平衡点は不安定である。このことから，$k_2>0$ の範囲で，元の系の平衡点 (M_1^*, P_2^*) の安定性を分類すると表3.3のようになる。

表3.3 平衡点の安定性

ケース	k_1 の範囲	K の範囲	平衡点
(A)	$k_1 \leqq 0$	$0 < K < \infty$	安定
(B)	$0 < k_1 \leqq k_2$	$K > k_1 k_2$	安定
		$0 < K < k_1 k_2$	不安定
(C)	$k_1 > k_2$	$0 < K < \infty$	不安定

ただし，$k_1=(dP_1/dM_1)_{M_1^*}$，$k_2=(dP_2/dM_2)_{P_2^*}$，$K=a^2L_1/A_1V_2$

この表から明らかなように，サージングが発生するのは少なくとも $k_1>0$，すなわち圧縮機特性が右上がりの場合である（3.3.1節参照）。

表3.3のケース（B）について，圧縮機の弁特性を固定し，管路の特性パラメータ K を変化させたときの元の系の状態変化すなわち式 (3.26) の解を示すと図3.20のようになる。図3.20 (a)は平衡点が圧縮機特性の右上がり部分にあっても K が十分大きいと安定になることを示し，図3.20 (b), (c)は K が小さくなると平衡点が不安定（動的不安定）となり，サージングが発生することを示している。この場合，K が小さくなるにつれて不安定渦状点から不安定結節点に変わり，サージングはヘルムホルツ形の自励振動的なリミットサイクルから弛緩振動的なリミットサイクルへと移行する。

(a) 安定な渦状点へ（リミットサイクルなし）

(b) 不安定な渦状点から安定なリミットサイクルへ

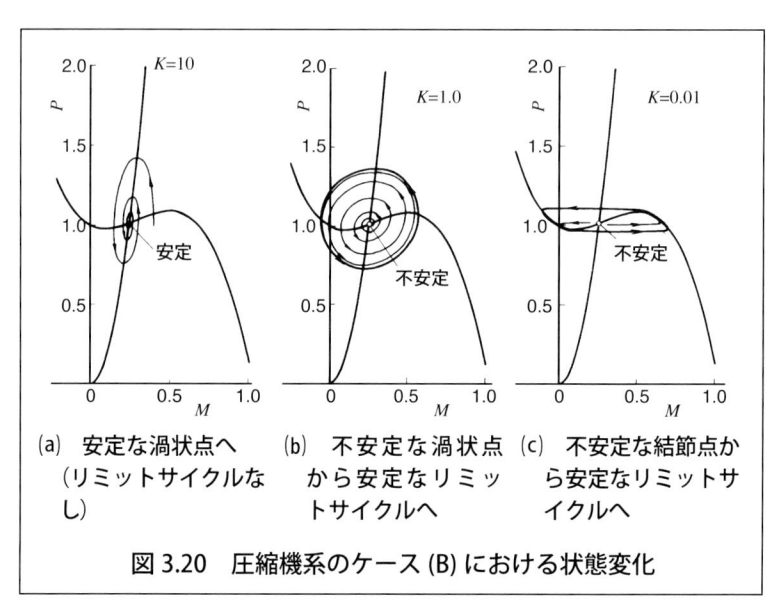

(c) 不安定な結節点から安定なリミットサイクルへ

図3.20 圧縮機系のケース (B) における状態変化

表3.3のケース（C），すなわち圧縮機特性の右上がり勾配が平衡点において絞り弁の勾配より大きくなる場合，平衡点は容量要素の有無にかかわらず，常に不安定（静的不安定）になる。この場合も K が小さいほ

3.5 旋回失速とサージング [6]

どサージングは発生し易くなるが，このような系の状態変化は他の平衡点の安定性や初期条件の影響を受けるので非常に複雑となる。

以上のモデルはサージング現象をかなり単純化したものなので，定性的な説明には有効であるが定量的には不十分である。実際の送風機や圧縮機の管路系では，サージングが発生しないための十分条件として，圧縮機特性の右下がり部分（$k_1>0$）で使用するようにしている。それゆえ送風機，圧縮機の圧力－流量特性で各回転速度における圧力の最高点（$k_1=0$）を結んだ線はサージ線（surge line）と呼ばれ，サージングに対する運転可能な最小流量を表すものである（3.2.1 の**図 3.4** 参照）。

旋回失速とサージングはそれぞれ単独で発生するとは限らず，併発して干渉し合う場合もある。そのような場合，無次元数 $B=U/2\omega_H L_1$（U:羽根車周速度，ω_H:ヘルムホルツ角速度（例題 3.7 参照），L_1:管路長）が現象を分ける重要なパラメータとなる。すなわち B 値が大きくなるほどサージングが支配的で，小さくなるほど旋回失速が起こり易くなる。

3.5.4 サージングの防止法　　ポンプ，送風機および圧縮機の管路系でサージングが起きると，圧力と流量の変動により管路に激しい振動や大きな騒音が発生し，関連する機器の破壊を招くことがある。ターボ機械を部分流量域で使用することが避けられない場合には，サージングの防止あるいは軽減はシステムの安全性を確保する上で重要である。これまでの説明から明らかなようにサージングの防止法の基本は，ターボ機械を右上がりの特性部で使用しないこと（十分条件），あるいは管路を含めた系の平衡点を安定化すること（必要条件）である。そこで，以下のような対策がとられる。

（ⅰ）低流量域で圧力－流量特性曲線に右上がり部分が少ない羽根車の設計あるいは選択する。遠心羽根車では羽根出口角を小さくすれば右上がり特性は生じ難くなるが，その反面，効率や吸込性能が低下する傾向を示すので注意を要する（2.2.2 参照）。

（ⅱ）使用流量が低流量でも，羽根車を通過する流量が圧力－流量特性の右上がり部分にならないようにする。このため，①吐出し流量の一部を大気に放出するか（空気機械の場合），あるいはバイパスにより吸込側に戻す。②回転速度を落として右上がり部分を狭くする。

（ⅲ）流れの抵抗を大きくし，平衡点の安定化や振動の抑制を図る。このため，羽根車になるべく近いところに弁を設置して流れを絞る。ただし，ポンプではキャビテーション防止上，吸込側で流れを絞ることは絶対に避けなければならない。

（ⅳ）吐出し側管路の容量要素をなるべく小さくし，平衡点での安定化を図る。送風機や圧縮機ではタンクなどがなくても気体の圧縮性によりサージングが発生し易いので，管路の特性にかかわらずサージ線以下での使用を避ける。ポンプ系では，タンク容量をなるべく小さくし，管路の空気抜きを十分行って空気だまりを排除する。

（ⅴ）管路長を長くすること，管路径を小さくすることも平衡点の安定化につながる。

3.6　水撃現象 [1]

3.6.1　過渡流れ

ターボ機械の作動（流量）点が，ある定常状態から他の定常状態に変化するときの非定常流れ（unsteady flow）の状態を過渡流れ（transient flow）という。液体を取り扱うときの過渡流れにおいては大きな圧力変化を伴う場合があるので，①弁開度の変化，②ポンプの起動・停止，③水車の負荷変化，④貯水槽の水位変動，などを起こすところでは，注意を要する。

過渡流れの解析には次の二通りが用いられている。先ず，流体の圧縮性および管路の弾性を省略して，非定常のベルヌーイの式（3.30）から論じる方法を，「剛体理論」と呼んでいる。

$$\left(\frac{p}{\rho}+\frac{u^2}{2}+gz\right)_2 = \left(\frac{p}{\rho}+\frac{u^2}{2}+gz\right)_1 - \int_1^2 \frac{du}{dt}dx - \int_1^2 \lambda \frac{u^2}{2}\frac{dx}{d} \quad (3.30)$$

ここで，下添字 1 は上流断面，2 は下流断面を表し，p は静圧，u は平均流速，z は高さで ρ は流体の密度，g は重力の加速度を示す。式(3.30)の右辺第 3 項は断面 1–2 間の摩擦項で，流れ方向微小長さを dx，管内径を d，管摩擦係数を λ としている。また右辺第 2 項は非定常項で，流れの速度が時間的に減少する流れのとき，下流の全圧レベルを増やす方向に，逆に，時間的に増加する流れのときは減らす方向に作用する。

一方，液体といえども圧縮性を考慮し，管を弾性体と考えた方法を「弾性理論」という。このとき，時々刻々の状態変化の情報は圧力波として流体の音速 a で伝播する。管内流における連続の式と運動量保存則から，音速 a と du の状態変化に伴う圧力変化 dp が次のように得られる。

x 方向一次元管内流に対して

波面の流下とともに状態が変化　　　波面に相対的に見ると

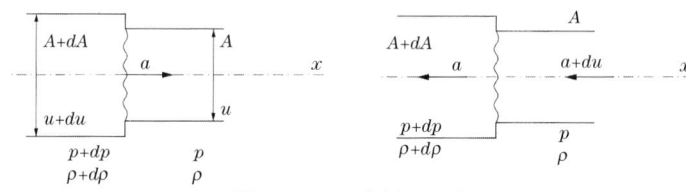

図 3.21　圧力波の伝播

連続の式：$(\rho+d\rho)(A+dA)a = \rho A(a+du) \Rightarrow du = a\left(\frac{d\rho}{\rho}+\frac{dA}{A}\right)$

運動量保存則：$\begin{aligned}&\rho A(a+du)a + (p+dp)(A+dA)\\&= \rho A(a+du)^2 + p(A+dA)\end{aligned} \Rightarrow dp = \rho a\, du$

連続の式と運動量保存則から，du を消去して

音速：$a = \sqrt{\dfrac{dp}{d\rho} \Big/ \left(1+\dfrac{dA}{A}\Big/\dfrac{d\rho}{\rho}\right)} = \sqrt{\dfrac{K}{\rho} \Big/ \left(1+\dfrac{Kd}{eE}\right)}$

ただし，K：液体の体積弾性係数，d, e：管の内径と肉厚 ($e/d<0.1$)，E：管材料の縦弾性係数

3.6 水撃現象 [2]

「弾性理論」は，瞬時の速度変化 du に伴う圧力変化 $dp=\rho a du$ が問題となる量であるとき，あるいは対象とする管路の長さ L から算出される時間（$2L/a$）に比べて状態変化の時間が短いときに考慮する．

3.6.2 水撃とは

誰でもが一度は，水道の蛇口を急閉したときに"ドン"という音とも蛇口が振動するのを経験したことがあるであろう．これは，流れを急激にせき止めたため，水の慣性力によって一時的に大きな圧力上昇が起こったことによる．このように弁を急閉したりポンプの送水を急停止すると，その部分に大きな圧力上昇が生じ，波動となって管路内に伝わるため，機器や管路の破壊を招くことがある．また，弁を急開すると，逆に過度の圧力降下が生じる．このような急激な流れの変化に伴う過度的な圧力変化を水撃現象（water hammer）という．

図3.22 は最も基本的な2つのタイプの水撃現象を表したものである．管路の途中で弁の急閉鎖等で流速が減少すると，上流側では圧力が上昇し（**図3.22(a)**），下流側では圧力が低下する（**図3.22(b)**）．このような圧力変化の大きさはいずれも流速変化に比例し，式（3.31）のように表される．この式はジューコフスキー（Joukowski）の式と呼ばれ，他端からの反射波の影響のない範囲で成り立つものである．

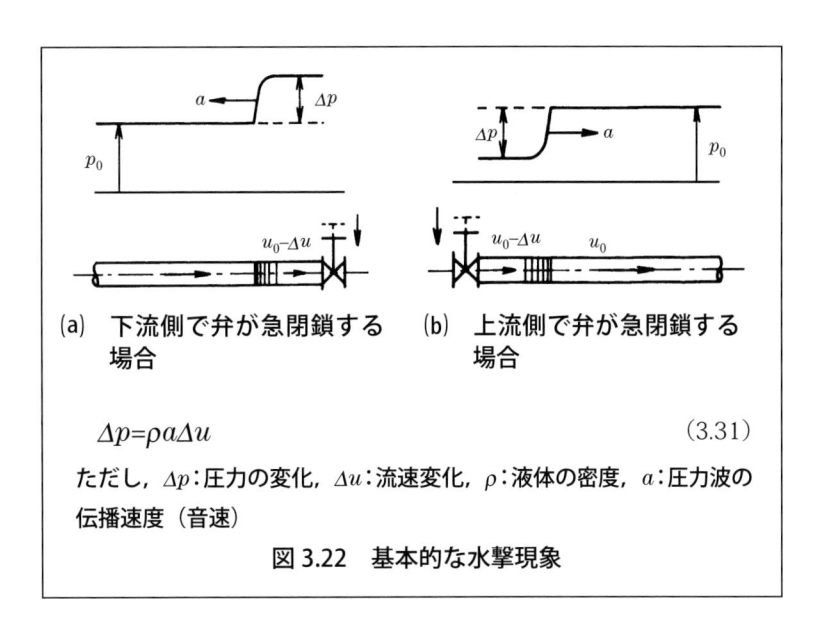

(a) 下流側で弁が急閉鎖する場合　　(b) 上流側で弁が急閉鎖する場合

$$\Delta p = \rho a \Delta u \tag{3.31}$$

ただし，Δp：圧力の変化，Δu：流速変化，ρ：液体の密度，a：圧力波の伝播速度（音速）

図 3.22　基本的な水撃現象

式（3.31）からわかるように，圧力波の伝播速度は水撃圧力を評価するうえで非常に重要な役割を果たす．通常の管路における圧力波の伝播速度は，管の弾性変形や液体中に存在する非溶解気体の影響により，無限空間中の純粋液体の音速より低くなり，式（3.32）のように表される．常温の水の音速は，密度 $\rho=1000 kg/m^3$，液体の体積弾性係数 $K=2.2 \times 10^3 MPa$ より $a_o = \sqrt{K/\rho} = 1480 m/s$ となるが，実際の送水管路での伝播速度は上述の理由により $a=1000 \sim 1300 m/s$ 程度となる．さらに，管路

3.6 水撃現象［3］

内水中に空気が少量でも混入すると，音速は空気中の音速以下にまで下がる。

$$a = \frac{a_o}{\sqrt{1 + c\dfrac{d}{e}\dfrac{K}{E} + \alpha\dfrac{K}{p}}} \quad (3.32)$$

ただし，$a_o = \sqrt{K/\rho}$：無限空間中の液体の音速，c：管路の支持条件によって決まる定数（≒ 1.0〜0.85），d, e：管の内径と肉厚（$e/d<0.1$），E：管材料の縦弾性係数，α：ボイド率（流体中に気体が占める体積割合）（≪1），p：管路内の圧力（絶対圧）

3.6.3 水撃現象の計算方法

送水管路に生じる水撃現象を予測することはシステムの安全性，経済性を検討するうえで重要である。水撃解析の主な役割は次の通りである。

（ⅰ）与えられた管路システムについて，機器の作動点が急激に変化した場合の圧力および流速変化を求め，圧力上昇の最大値や圧力低下の最小値とそれらの発生位置などを予測し，水撃対策の評価を行うこと。

（ⅱ）水撃現象に及ぼすシステムの主要パラメータの影響を明らかにし，管路システムの設計資料を作成すること。

水撃現象を表す基礎方程式は，圧縮性流体の一次元非定常流に対する連続の式と運動方程式で，式（3.33），式（3.34）のように表される。これらの式に初期条件と境界条件を与えれば，解 $p^*(x, t)$，$u(x, t)$ を求めることができる。静圧 $p(x, t)$ は式（3.35）から求められ，静ヘッド $H(x, t)$ や流量 $Q(x, t)$ が必要なときは $H=p/\rho g$，$Q=Au$（ただし A：管路断面積）から求められる。

連続の式： $\dfrac{\partial p^*}{\partial t} + \rho a^2 \dfrac{\partial u}{\partial x} = 0 \quad (3.33)$

運動方程式： $\dfrac{\partial u}{\partial t} + \dfrac{1}{\rho}\dfrac{\partial p^*}{\partial x} + \dfrac{\lambda}{2d}|u|u = 0 \quad (3.34)$

$p^*(x, t) = p(x, t) + \rho g z(x) \quad (3.35)$

ただし，t：時間，x：管路の中心軸に沿って測った距離，$p(x, t)$：静圧，$u(x, t)$：流速，$z(x)$：管路高さ，d：管内径，λ：管摩擦係数，g：重力の加速度

式（3.33）〜式（3.35）の解析方法には，大別すると（ⅰ）数値解法，（ⅱ）図式解法，（ⅲ）解析解法 がある。

3.6 水撃現象 [4]

3.6.4 ポンプと水車の水撃

(1) ポンプの場合 [3-9]

　ポンプ送水システムで最も問題となる水撃現象は，停電などにより突然ポンプの駆動力が消失する場合に生じるものである。図 3.23 はそのようなケースのうち吐出し弁が開いたままという，最も単純なもので，以下の過程で圧力が上昇する。まず，駆動力消失により，羽根車の回転速度が低下し，ポンプ吐出し口で流量と圧力が低下する（図 3.23 (b) の①）。次に流量が負になって流れが逆流を始めるが，羽根車が正回転をしているためポンプ吐出し口で圧力が上昇し始める（図 3.23 (b) の②）。そして，羽根車の逆流・逆回転領域（水車領域）でポンプ吐出し口の圧力は最大値に達する（図 3.23 (b) の③）。

　このような水撃現象は，図 3.22 (b) で下流端に定圧源がある場合の水撃と考えることができ，圧力変化の管路に沿う振幅は図 3.23 (a) のように分布する。この図から管路に生じる圧力の最大値と最小値およびそれらの発生位置などが判断できる。

　ところで，管路内の静圧が水の飽和蒸気圧付近まで低下すると，非溶解気体の析出や水の気化により水流中に空洞が発生するようになる。これを水柱分離（water column separation）と言う。水柱分離が発生すると，式（3.33）と式（3.34）が成立しなくなり，その後の圧力変化の予測が非常に難しくなる。管路の高い所ではこのような水柱分離が生じ易いので注意を要する。さらに，水柱分離が発生して問題となるのは，その後の圧力回復時に液体へと戻るときに，急激な密度変化により非常に大きな衝撃圧を引き起こすことである。これにより管が破損する場合がある。

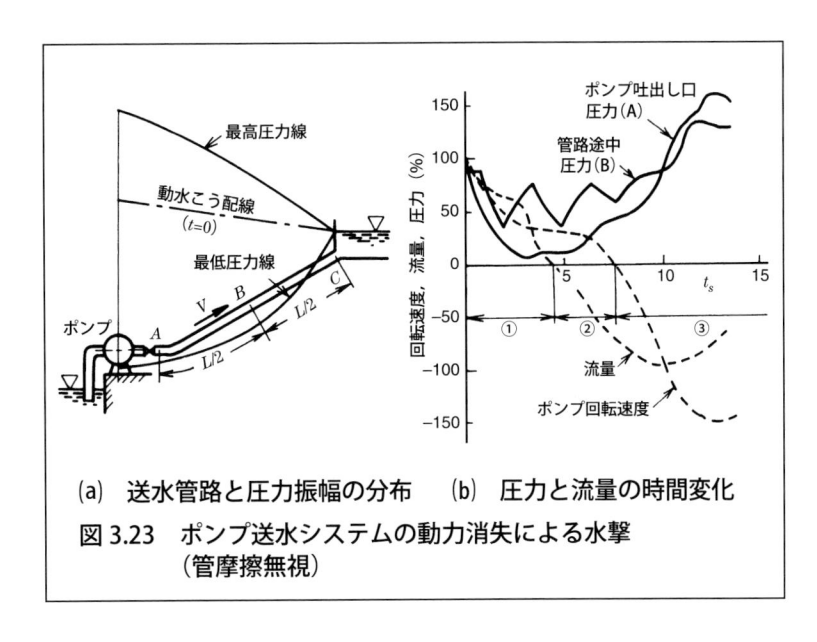

(a) 送水管路と圧力振幅の分布　　(b) 圧力と流量の時間変化

図 3.23　ポンプ送水システムの動力消失による水撃
　　　　（管摩擦無視）

[3-9] 宮代　裕著，日本機械学会誌，70-578，(1967)，p.376.

3.6 水撃現象 [5]

(2) 水車の場合

図 3.24 に水車発電システムで生じる水撃現象の例を示す。発電機の負荷が急に無くなると，羽根車（ランナ）が無拘束運転になり，回転速度が上がって危険な状態となる。このようなときには水車の案内羽根をなるべく早く閉鎖し，ランナへの水の流れを止める必要があり，水撃現象が避けられない。

このような水撃は，図 3.22 (a)で上流端に定圧源がある場合の水撃現象と考えることができ，圧力上昇の最大値は，管路下流端で生じる。

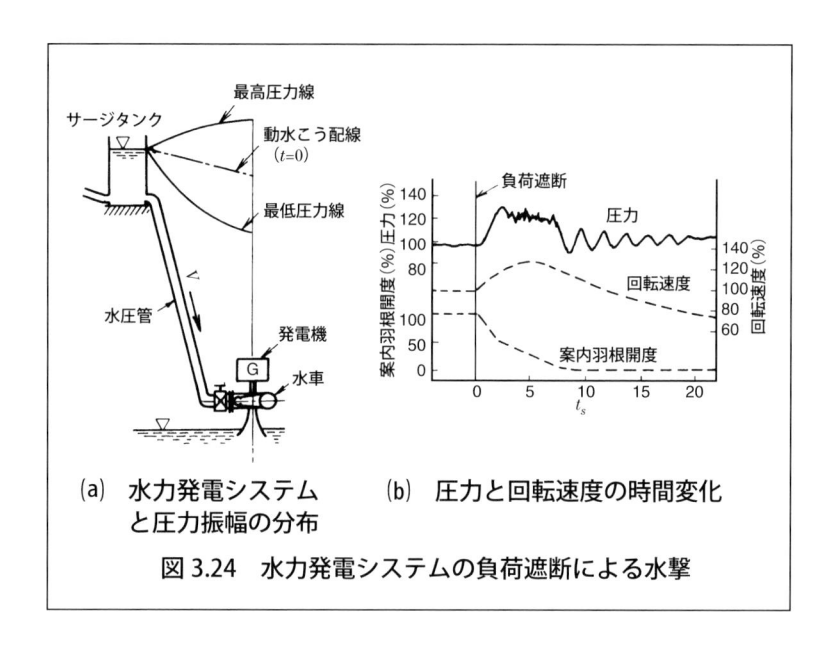

図 3.24 水力発電システムの負荷遮断による水撃
(a) 水力発電システムと圧力振幅の分布
(b) 圧力と回転速度の時間変化

3.6.5 水撃現象の軽減法

ポンプ系の代表的な水撃対策には以下のようなものがある。

(1) ポンプ駆動軸にフライホイールをつけ，回転慣性 GD^2 を大きくして動力消失時の急激な回転速度の低下を防ぐ。
(2) 管路にサージタンクあるいは空気室を取り付け，その容量効果によって過渡的な圧力変化を緩和する。
(3) 特に，水柱分離の発生が予想される箇所には一方向サージタンクを取り付け，圧力低下時に水を管路に補給して，極度の圧力低下を防止する。
(4) 管路の許容圧の範囲で流れがなるべく早く停止するよう吐出し弁の閉鎖方法を最適化する。近似的な最適弁閉鎖方法として，急から緩への二段閉鎖曲線がよく用いられている。

水車系の水撃対策に対しては，上記(2)，(4)と同様の対策がとられるが，その他バイパスによって一部の水を下流に逃がし，水車上流側水圧管の急激な流速減少を緩和することも行われる。

3．例題【１】

[3.1] ポンプの模型と実機との間で幾何学形状が相似であり、粘性および圧縮性の効果を無視して運転状態も相似であるとする。このような場合には両者で羽根出口の速度三角形も相似となる。このことを使って、流量 Q, 比エネルギーを E として模型と実機をそれぞれ添字 m および p で示すとすれば

$$\frac{Q_p}{Q_m} = \left(\frac{E_p}{E_m}\right)^{3/2} \left(\frac{n_m}{n_p}\right)^2$$

が成立し、比速度および形式数が誘導できることを示せ。

（解答）
羽根車径を D, 出口幅 b, 出口断面の平均半径方向流速 W_r とすれば $Q = \pi D b W_r$ となり、模型と実機とでは

$$\frac{Q_p}{Q_m} = \frac{\pi D_p b_p W_{rp}}{\pi D_m b_m W_{rm}} \quad (1)$$

羽根車出口周速度を U とすれば、速度三角形の相似から

$$\frac{U_p}{U_m} = \frac{W_{rp}}{W_{rm}} \quad (2)$$

幾何学形状の相似から

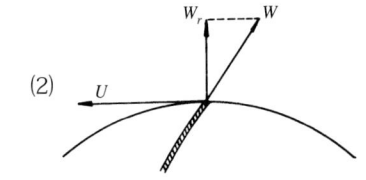

$$\frac{b_p}{b_m} = \frac{D_p}{D_m} \quad (3)$$

式(2)および式(3)を式(1)に代入すると

$$\frac{Q_p}{Q_m} = \left(\frac{D_p}{D_m}\right)^2 \frac{U_p}{U_m}$$

$U \propto (D \cdot n)$ であるから、

$$\frac{Q_p}{Q_m} = \left(\frac{D_p}{D_m}\right)^3 \frac{n_p}{n_m} \quad (4)$$

比エネルギーは与えられた圧力や揚程の上昇に比例するから、$E \propto (V_\theta U) \propto U^2$, $U \propto D \cdot n$ より

$$\frac{E_p}{E_m} = \left(\frac{D_p}{D_m}\right)^2 \left(\frac{n_p}{n_m}\right)^2 \quad (5)$$

形状の相似が定まっているとして式(4)と式(5)から D_p/D_m を消去すると

3．例題【2】

$$\frac{Q_p}{Q_m} = \left(\frac{E_p}{E_m}\right)^{3/2}\left(\frac{n_p}{n_m}\right)^2$$

が求まる。ここで模型の Q_m=1, E_m=1 とすると

$$n_m = \frac{Q_p^{1/2}}{E_p^{3/4}} n_p \qquad (6)$$

これは式（3.6）と同様な関係を表す。また，Q_m=1, E_m=g とし，
$E = gH$
とすれば式（3.5）と同一となる。

[3.2] 全揚程 H=12m，流量 Q=2m^3/min，回転速度 n=1452min^{-1} のポンプの比速度を，g を省略せずに無次元で求めよ（式（3.5）参照）。

（解答）

比速度 $n_s = n\dfrac{Q^{1/2}}{(gH)^{3/4}}$ に，n=24.2s^{-1}，Q=0.0333m^3/s，H=12m を代入して，

$$n_s = 24.2\frac{(0.0333)^{1/2}}{(9.8 \times 12)^{3/4}} = 0.124$$

[3.3] 運転条件の相似則で式（3.3）の π_3=$P/(\rho D^5 n^3)$ が無次元数となることを次元解析から求めよ。

（解答）

π_3 に含まれる物理量を次元で表すと，P[ML^{2}T^{-3}]，ρ[ML^{-3}]，D[L]，n[T^{-1}] であるから，

$\pi_3 = [P^\alpha \rho^\beta D^\gamma n^\delta] = \{[ML^2T^{-3}]^\alpha[ML^{-3}]^\beta[L]^\gamma[T^{-1}]^\delta\} = [M^{\alpha+\beta}L^{2\alpha-3\beta+\gamma}T^{-3\alpha-\delta}]$

M については $\alpha + \beta = 0$ ∴ $\beta = -\alpha$
L については $2\alpha - 3\beta + \gamma = 0$ ∴ $\gamma = -2\alpha + 3\beta = -5\alpha$
T については $-3\alpha - \delta = 0$ ∴ $\delta = -3\alpha$

α=1 として

$$\pi_3 = \frac{P}{\rho D^5 n^3}$$

[3.4] 尺度 1/10 の水車模型で最高効率は 86％であった。実機における最高効率を式（3.15）より求めよ。

3．例題【3】

（解答）

模型と実機との寸法比 D_M/D_P=0.1 で η_M=86% であるから，これを式（3.15）に代入して

$$\eta_P = 100 - (100 - \eta_M)(D_M/D_P)^{1/5}$$
$$= 100 - (100 - 86) \times (0.1)^{1/5} = 91\%$$

[3.5] 遠心羽根車の回転速度が n，流量が Q，揚程が H で運転されていた。これが，回転速度 $n*$ で相似運転されるときの流量 $Q*$，揚程 $H*$ を求めよ。

（解答）

式（3.3）から，同一形状のとき $Q \propto n$, $H \propto n^2$ の相似関係が知られる。したがって，

$$Q^* = \frac{n^*}{n}Q, \quad H^* = \left(\frac{n^*}{n}\right)^2 H$$

あるいは，相似関係が思い出されないときはつぎのように考えればよい。回転速度が変化しても速度三角形は相似となることに着目して，運転条件が変化した後の記号に * を付けて表すと（1.5節参照），

$$\frac{n^*}{n} = \frac{u_2^*}{u_2} = \frac{v_{u2\infty}^*}{v_{u2\infty}} = \frac{v_{m2\infty}^*}{v_{m2\infty}}$$

ここで u_2 は羽根車出口周速度，v_{u2} および v_{m2} 羽根車出口での絶対速度周方向成分と子午面方向成分，∞ は流体が羽根に沿って流出するとした理想状態を示す。

羽根車出口面積を A_2 とすると流量 $Q*$ は

$$Q^* = v_{m2\infty}^* A_2 = v_{m2\infty} A_2 \frac{n^*}{n} = \frac{n^*}{n} Q$$

また，オイラーヘッドの式（1.13）より

$$H^* = \frac{u_2^* v_{u2\infty}^* - u_1^* v_{u1\infty}^*}{g} = \frac{1}{g}\left\{u_2 v_{u2\infty}\left(\frac{n^*}{n}\right)^2 - u_1 v_{u1\infty}\left(\frac{n^*}{n}\right)^2\right\}$$
$$= \frac{1}{g}(u_2 v_{u2\infty} - u_1 v_{u1\infty})\left(\frac{n^*}{n}\right)^2 = \left(\frac{n^*}{n}\right)^2 H$$

[3.6] 遠心羽根車の吸込部にインデューサを取付けたロケット用ポンプ（図 3.15(b)参照）について，水槽における吸込性能試験を行い，回転速度 n=10000min^{-1}，流量 Q=3.95m^3/min のとき，必要有効吸込ヘッド $NPSH_R$=6.2m を得た。使用流体を水として

3．例題【4】

このポンプの吸込比速度 S（min^{-1}, m^3/min, m）を求めよ。このポンプでインデューサなしの場合，吸込比速度を標準的な値 S=1400（min^{-1}, m^3/min, m）とすれば，同一の回転速度で同一の流量を得るには，必要有効吸込ヘッドをいくらにしなければならないか。

（解答）
　　式（3.21）から，このポンプの吸込比速度は，
　　　S=10000×(3.95)$^{1/2}$/(6.2)$^{3/4}$=5060（min^{-1}, m^3/min, m）
　　一方，インデューサなしの場合の必要有効吸込ヘッドは，
　　　$NPSH_R$=($nQ^{1/2}$/S)$^{4/3}$={10000×(3.95)$^{1/2}$/1400}$^{4/3}$=34.4m
　　このようにインデューサを付けると，吸込性能は著しく向上するが，インデューサでのキャビテーション発生は激しくなる。ロケット用ポンプは使用時間が非常に短いので，壊食は考えなくてよいが，キャビテーションによる不安定現象や羽根車と軸系の振動が問題となる。

[3.7] 図 3.19 に示した圧縮機系のサージングモデルについて，平衡点付近の圧縮機特性を定圧源とし，絞り弁特性を定流量とみなした場合の微小変動の周期を求めよ。そのような周期をこの系のヘルムホルツ周期と言う。ヘルムホルツ周期から，サージングの周期に及ぼす管路のパラメータの影響を推察せよ。

（解答）
　　平衡点付近の微小振動は式（3.28）で表され，その固有振動数は式（3.29）から求められる。圧縮機特性を定圧源，絞り弁特性を定流量とすると，k_1=(dP_1/dM_1)$_{M1*}$=0, k_2=(dP_2/dM_2)$_{P2*}$=∞ となるので，この系の微小振動の角速度は，λ° の係数の平方根として，

$$\omega_H = a\sqrt{A_1/V_2L_1}$$

したがって，ヘルムホルツ周期は

$$T = 2\pi/\omega_H = 2\pi\sqrt{V_2L_1/A_1}/a$$

となる。
　　サージングは有限振幅の非線形現象であるので，サージングの周期はヘルムホルツ周期とは異なる（大きめになる）が，周期に及ぼす管路パラメータの影響は両者とも同様の傾向をもつ。したがって，上式からサージングの周期はタンク容積が大きく，管路が長いほど，また管路断面積が小さいほど，長くなると言える。ヘルムホルツ周期はサージング現象の時間尺度として実験値や計算値を比較・整理するうえで基本となるパラメータである。

代表的なターボ機械

4. ターボポンプ
4.1 ポンプの形式と性能 [1]

4.1.1 ターボポンプ

原動機により駆動され液体を増圧することにより、連続して機械的エネルギーを液体に与える流体機械がポンプである。これを大別するとターボポンプ、容積形ポンプ、特殊ポンプに分けられる。このうち、ポンプの羽根車をケーシング内で回転させることにより液体にエネルギーを与える形式のものがターボポンプ（turbo pump）である。現在最も広く使われているターボポンプの形式は、遠心ポンプ（centrifugal pump）、斜流ポンプ（mixed flow pump）、軸流ポンプ（axial flow pump）の3つに分類され、吐出し量がごく少ない場合を除けば、産業用、上下水道用、排水用等、最も広く用いられているポンプである。図4.1(a), (b), (c)は、遠心ポンプ、斜流ポンプ、軸流ポンプの外観図である。

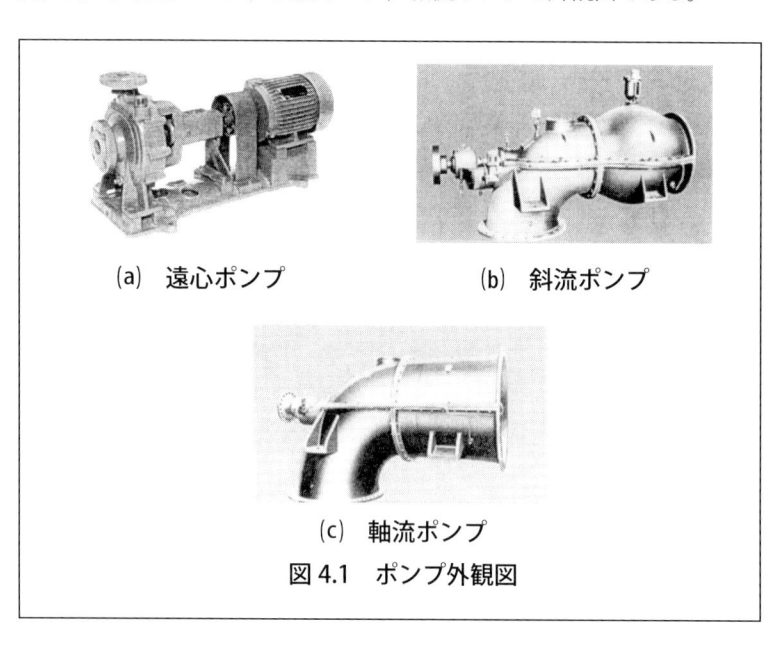

(a) 遠心ポンプ　　(b) 斜流ポンプ

(c) 軸流ポンプ
図4.1　ポンプ外観図

4.1.2 比速度とポンプ形式

第3章で述べたように比速度 N_s はポンプの形式を表す量で、相似形のポンプにおいては、大きさ、回転速度の大小にかかわらずほぼ一定となる。設計や使用上の観点からすれば、仕様点（あるいは設計点）の全揚程と吐出し量が一定の場合、それを実現するポンプ回転速度の比較の尺度を表しており、N_s が高いほど高い回転速度すなわち高速化されたポンプとなる。一方、回転速度をほぼ一定とし、仕様点の全揚程と吐出し量に着目すると、全揚程が高く吐出し量の少ないポンプでは N_s は小さくなり、逆に吐出し量が大で全揚程の低いポンプでは N_s は大きくなる。

(1) ポンプの形式

ポンプはその用途、仕様により種々の形式がある。ここでは、揚液として水を対象にして、一般に用いられる遠心ポンプ、斜流ポンプ、軸流ポンプについて述べることにする。

4.1　ポンプの形式と性能 [2]

　ターボポンプは上述のように**表 4.1** に示す3つに分類され，これらはポンプ主軸（回転軸）を含む羽根車の子午面上＊（1.5.1 参照）で流出する流れの主軸に対する傾斜角によって**図 4.2** のように大別される。

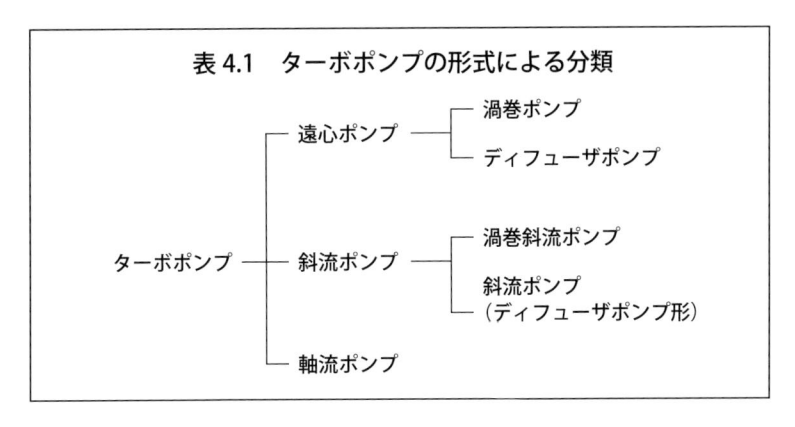

表 4.1　ターボポンプの形式による分類

```
                   ┌─ 遠心ポンプ ─┬─ 渦巻ポンプ
                   │              └─ ディフューザポンプ
                   │
ターボポンプ ──────┼─ 斜流ポンプ ─┬─ 渦巻斜流ポンプ
                   │              └─ 斜流ポンプ
                   │                 （ディフューザポンプ形）
                   │
                   └─ 軸流ポンプ
```

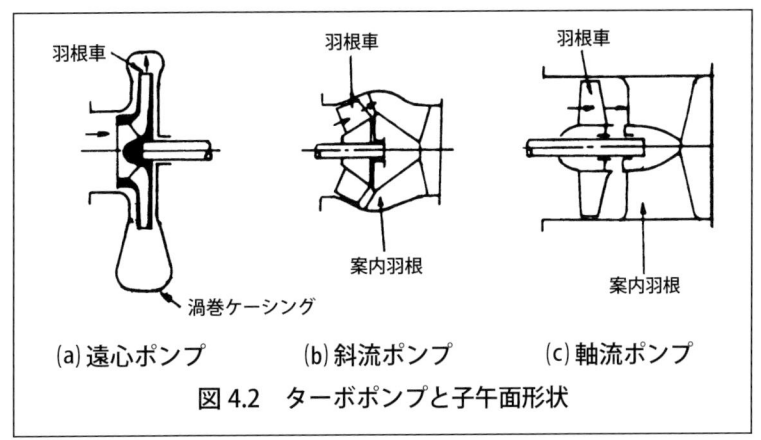

(a) 遠心ポンプ　　(b) 斜流ポンプ　　(c) 軸流ポンプ

図 4.2　ターボポンプと子午面形状

a.　遠心ポンプ

　遠心ポンプは**図 4.2** に示すように，主に羽根車の遠心力により流体に圧力および速度エネルギーを与えるもので，羽根車から吐出される流体は羽根車主軸と直角な半径方向に流出する。羽根車から出た流れが直接渦巻ケーシングに入る渦巻ポンプ（volute pump）と，羽根車からの流れの速度ヘッドの一部を圧力ヘッドに変換するための案内羽根（ディフューザまたはガイドベーン）を持つディフューザポンプ（diffuser pump）とがある。前者の渦巻ポンプを**図 4.3 (a)**に示す。N_s の範囲は，100〜700と広範囲に用いられる。ディフューザポンプは，**図 4.3 (b)**のように羽根車の外周部にディフューザがあり，N_s の範囲は，100〜300 程度で用いられる。なお，遠心ポンプ羽根車の吸込口の形式により，吸込口が1つである片吸込形（single suction type）と，両側に吸込口がある両吸込形（double suction type）（**図 4.12**）とがある。後者は羽根

注＊）　子午面：羽根車流路形状を主軸の Z 軸と半径方向の R 軸とで表示した面

4.1　ポンプの形式と性能 [3]

車入口流速を下げることができるので，高いキャビテーション性能を得ることができる。また，1つの回転軸に1つの羽根車を設置する単段形（single stage）と複数の羽根車を設置する多段形（multi-stage）（**図4.11**）があり，後者は高い全揚程を得る場合に適用される。

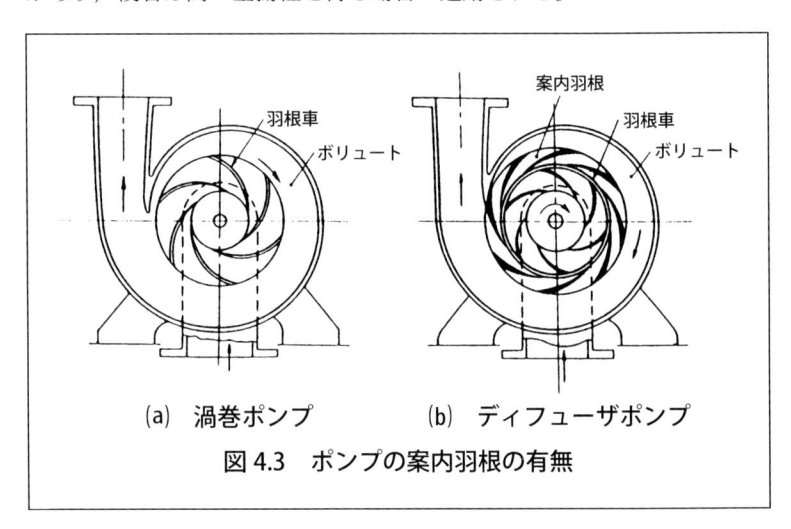

図4.3　ポンプの案内羽根の有無
(a) 渦巻ポンプ　　(b) ディフューザポンプ

b.　斜流ポンプ

斜流ポンプは**図4.2**に示すように，遠心ポンプと軸流ポンプの中間の形状をしており，流れは羽根車主軸に対して出入口とも傾斜している。流体は羽根車より揚力及び遠心力を受けることによりエネルギーを得てポンプ作用がなされる。また，羽根車から吐出された流れが渦巻ケーシングに入る渦巻斜流ポンプ（volute type mixed flow pump）と，案内羽根を軸方向に傾斜させて吐出し管につなぐ通常の斜流ポンプがある。N_sの範囲は350～1300程度で用いられているが，近年，軸流ポンプに比べ**図4.6**に示すように締切*軸動力や締切ヘッドを小さくできることから，軸流ポンプの領域まで拡大しつつある。

c.　軸流ポンプ

軸流ポンプでは**図4.2**に示すように，子午面流れは羽根車に回転軸方向に流入し流出する。羽根車直後に設置された案内羽根（ディフューザ）にて羽根車出口での旋回速度成分は圧力ヘッドに変換され軸方向に流出する。羽根の回転で生ずる揚力により流体に圧力ヘッドと速度ヘッドが与えられ，ポンプ作用がなされる。N_sの範囲は，1000以上で用いられ，近年は2000にも達するものもある。

このように，ポンプの形式やその特徴は，羽根車の形状によって決まる。以上の他に主軸の設置方向（横軸，立軸），吸込形式（片吸込み，両吸込み），羽根車の段数等による分類がある。**表4.2**にその基本的分類形式と適用範囲を，また**図4.4**にポンプ形式の選定図を示す。この選定

注*）締切とは吐出し量=0の状態で，ポンプ起動時などに運転される場合もある。

4.1 ポンプの形式と性能 [4]

表4.2 ターボポンプの基本的分類形式と適用範囲

機種	軸形式	吸込形式	段数	ボリュート	呼称	口径 mm	全揚程 m	N_s
遠心ポンプ	横軸	片吸込	単段	ボリュート	片吸込渦巻ポンプ	JIS小形 40〜160	JIS小形 5〜50	100〜500
			多段	ボリュートディフューザ	片吸込多段渦巻ポンプ	JIS小形 40〜160	JIS小形 40〜150	100〜300
		両吸込	単段	ボリュート	両吸込渦巻ポンプ	JISB3822 200〜500	10〜60	150〜700
	立軸	片吸込	単段	ボリュート	立軸片吸込渦巻ポンプ	40〜	10〜40	150〜600
			多段	ボリュートディフューザ	立軸片吸込多段渦巻ポンプ	50〜	30〜	100〜450
		両吸込	単段	ボリュート	立軸両吸込渦巻ポンプ	200〜1000	10〜40	200〜800
斜流ポンプ	横軸	片吸込	単段	ボリュートガイドベーン	横軸斜流ポンプ	200〜2000	3〜9	600〜1000
	立軸	片吸込	単段	ボリュートガイドベーン	立軸斜流ポンプ	200〜4000	7〜15	700〜1300
			多段		立軸多段斜流ポンプ	200〜2000	5〜70	
軸流ポンプ	横軸	片吸込	単段	ガイドベーン	横軸軸流ポンプ	300〜5000	5以下	1200〜2500
	立軸	片吸込	単段	ガイドベーン	立軸軸流ポンプ	200〜5000	6以下	1200〜2500

図より吐出し量 Q, 全揚程 H が分かればポンプ形式は決定される。例えば, $Q=1.5\text{m}^3/\text{min}$, $H=15\text{m}$ であるとすると, ポンプ形式は図4.4上図より片吸込渦巻ポンプとなる。なお, 形式の決定に際しては使用条件, 使用目的などを考慮に入れる必要がある。

4.1.3 ポンプ性能（pump performance）

(1) 全揚程

図4.5はポンプの全揚程を示したもので, 全揚程の基準値は羽根車の羽根入口外周端を通る円の中心点を含む水平面であり, 一般には主軸の中心位置と考えて差し支えない。従って, 吸込水面からポンプ基準面までの高さを吸込高さ（suction head）h_s, ポンプ基準面から吐出し水面までを吐出し高さ（delivery head）h_d といい, この両水面間の垂直高さ h_a を実高さ（total static head）という。これらの関係式は次式で表わせる。

$$h_a = h_d + h_s \tag{4.1}$$

しかし, 実際にポンプを運転したとき, 吸込管路, 吐出し管路, ある

4.1 ポンプの形式と性能 [5]

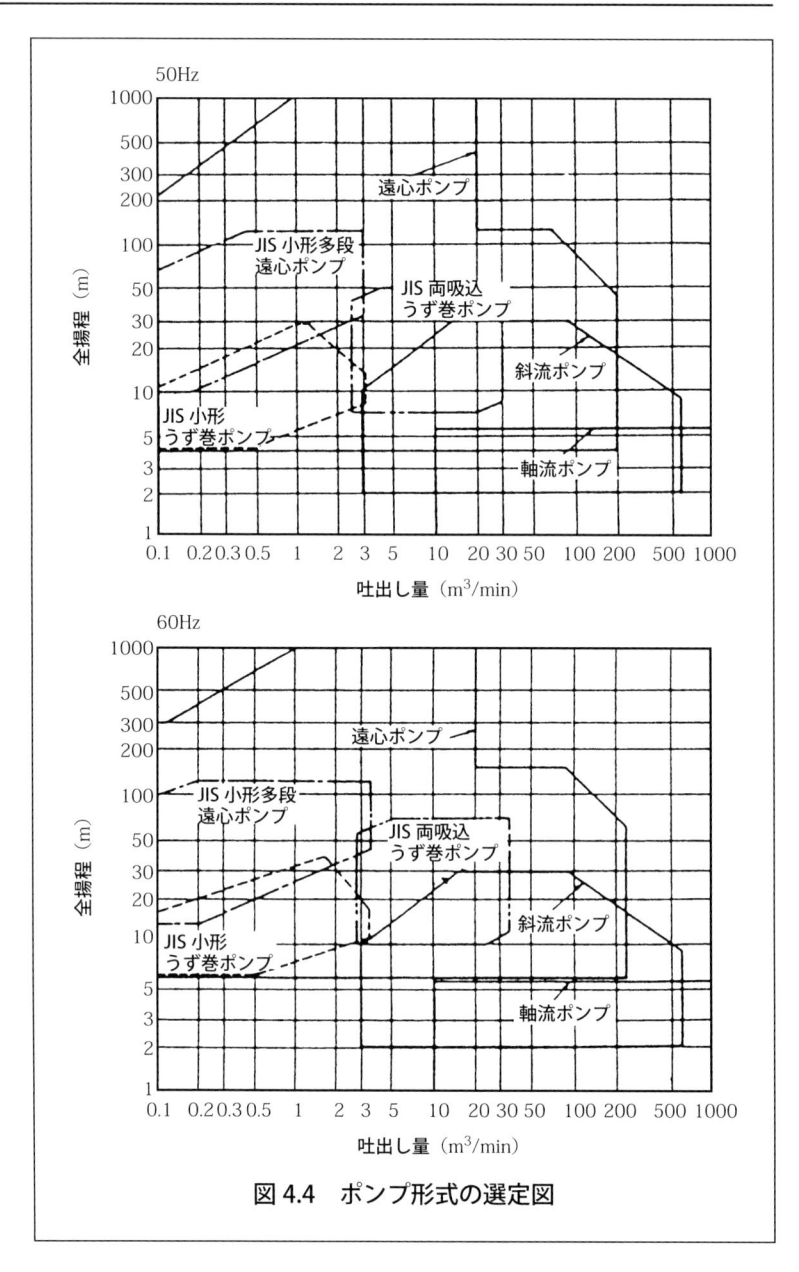

図 4.4 ポンプ形式の選定図

いは管路入口,出口等に種々の損失 h_l が生じる。この実高さにこれら管路系の損失ヘッドを加えたものが,ポンプが液体に与える全揚程(total head) H と等しくなる。すなわち,

$$H = h_a + h_l = h_d + h_s + h_l \tag{4.2}$$

また,ポンプ基準面に換算した吐出し圧力(discharge pressure),吸込圧力(suction pressure)をそれぞれ p_d, p_s とすると,

4.1 ポンプの形式と性能 [6]

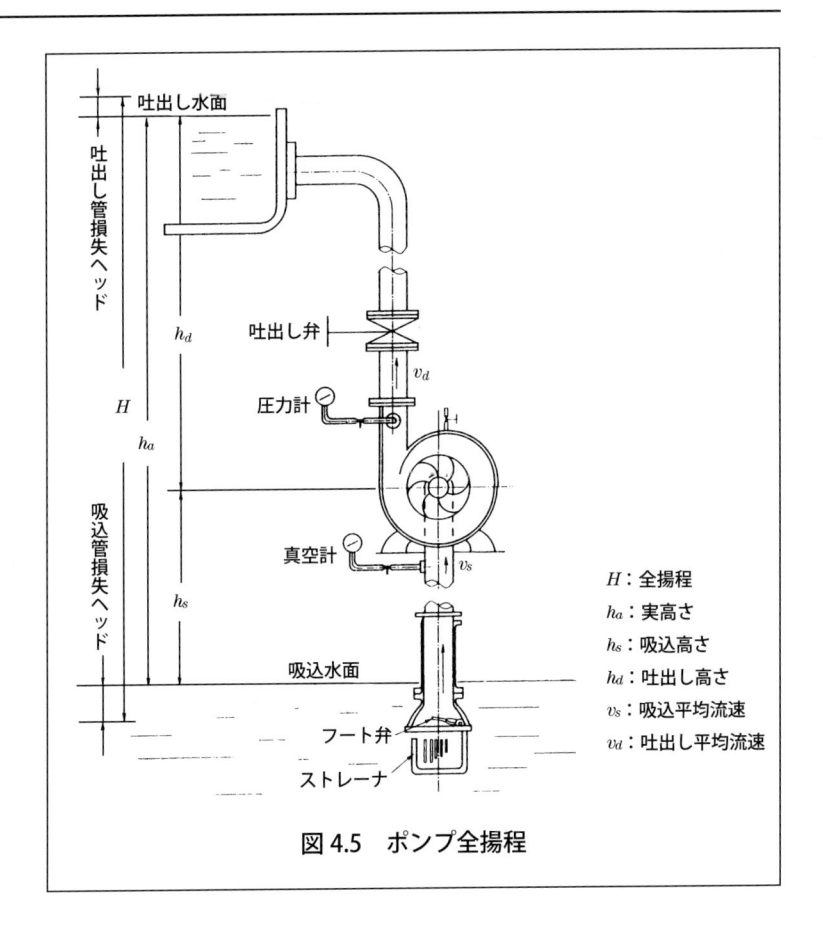

図 4.5 ポンプ全揚程

$$H = \frac{p_d - p_s}{\rho g} + \frac{v_d^2 - v_s^2}{2g} \tag{4.3}$$

となる。ここで，v_d，v_s はポンプの吐出し，ならびに吸込管路における圧力測定位置の管断面における平均流速を表す。吸込管と吐出し管の直径が等しい場合には，$v_d = v_s$ であるから，式 (4.3) は次式で表される。

$$H = \frac{p_d - p_s}{\rho g} \tag{4.4}$$

吐出し水面や吸込水面が大気圧に接してない場合には，液面にかかる圧力を考慮しなければならない。吐出し水面と吸込水面との間の全ヘッド差を実揚程 (actual head) と言い，水面の流速は通常小さいので，実高さ h_a にそれぞれの水面の圧力ヘッド差を加えたものとなる。この場合，式 (4.2) の h_a には，実揚程を用いねばならない。

(2) ポンプ効率

ポンプ効率 (pump efficiency) は原動機出力を決定するために必要であり，その測定法は JIS B 8301「遠心ポンプ，斜流ポンプ及び軸流ポンプ－試験方法」に定められている。ここでは効率を求めるための水動力 (hydraulic power) P_w と軸動力 (shaft power) P の関係を示す。

4.1　ポンプの形式と性能［7］

$$\eta = \frac{P_w}{P} \times 100 \tag{4.5}$$

ここに，
- P_w：$\rho g Q H / 1000$　　kW
- P　：ポンプ軸動力　　kW
- η　：ポンプ効率　　％
- ρ　：水の密度　　kg/m³
- g　：重力の加速度　　m/s²
- Q　：吐出し量　　m³/s
- H　：全揚程　　m

(3) 比速度とポンプの特性曲線

　比速度 N_s によりポンプの形式がほぼ定まることは，ポンプの特性が N_s により定まることを示すものである。一般に，ポンプの特性を示す一つの方法として，一定回転速度のもとにおいて，横軸に吐出し量，縦軸に全揚程，軸動力，ポンプ効率をとり，それぞれの値を最高効率点における値で無次元化して表示する方法がある。**図 4.6**(a)～(c)は，各種ポンプの代表的 N_s の概略特性曲線である。

　揚程曲線は，N_s が大きくなると勾配が急となり，締切揚程が高くなる傾向を示している。軸動力曲線は，N_s の小さい遠心ポンプでは吐出し量がゼロ（締切流量）で最小となり，N_s の大きい斜流ポンプ，軸流ポンプでは最大となる。従って，仕様点より締切点の方が軸動力が高くなるので，締切運転を行うポンプでは，原動機の動力の選定に注意を要する。効率曲線は，遠心ポンプでは丸みが大きく，吐出し量が変化しても効率の変化が少ない傾向がある。**表 4.3** に各種ポンプの特性の比較を示す。

　図 4.7 は，最高効率点における N_s と吐出し量に対するポンプの概略の最高効率値を示したもので，全体の傾向として吐出し量の増加に伴い，最高効率値が得られる N_s は大きくなり，効率も高くなる傾向を示している。通常，ポンプは全流量域で運転されるので，仕様点や最高効率点のみの性能だけではなく，締切点や大流量における性能も評価する必要がある。また，N_s の高い斜流ポンプや軸流ポンプでは，最高効率点の流量の70％～60％の部分流量域において，揚程曲線が右上がりとなる不安定特性（3.3.5 および 3.5.2 参照）を示す場合がある。この場合，その流量域においては吐出し量や全揚程が変動し安定な運転ができない場合があるので注意を要する。

　一方，3.4 キャビテーションの節で述べたように，キャビテーション性能も N_s の違いにより異なることを留意する必要がある。

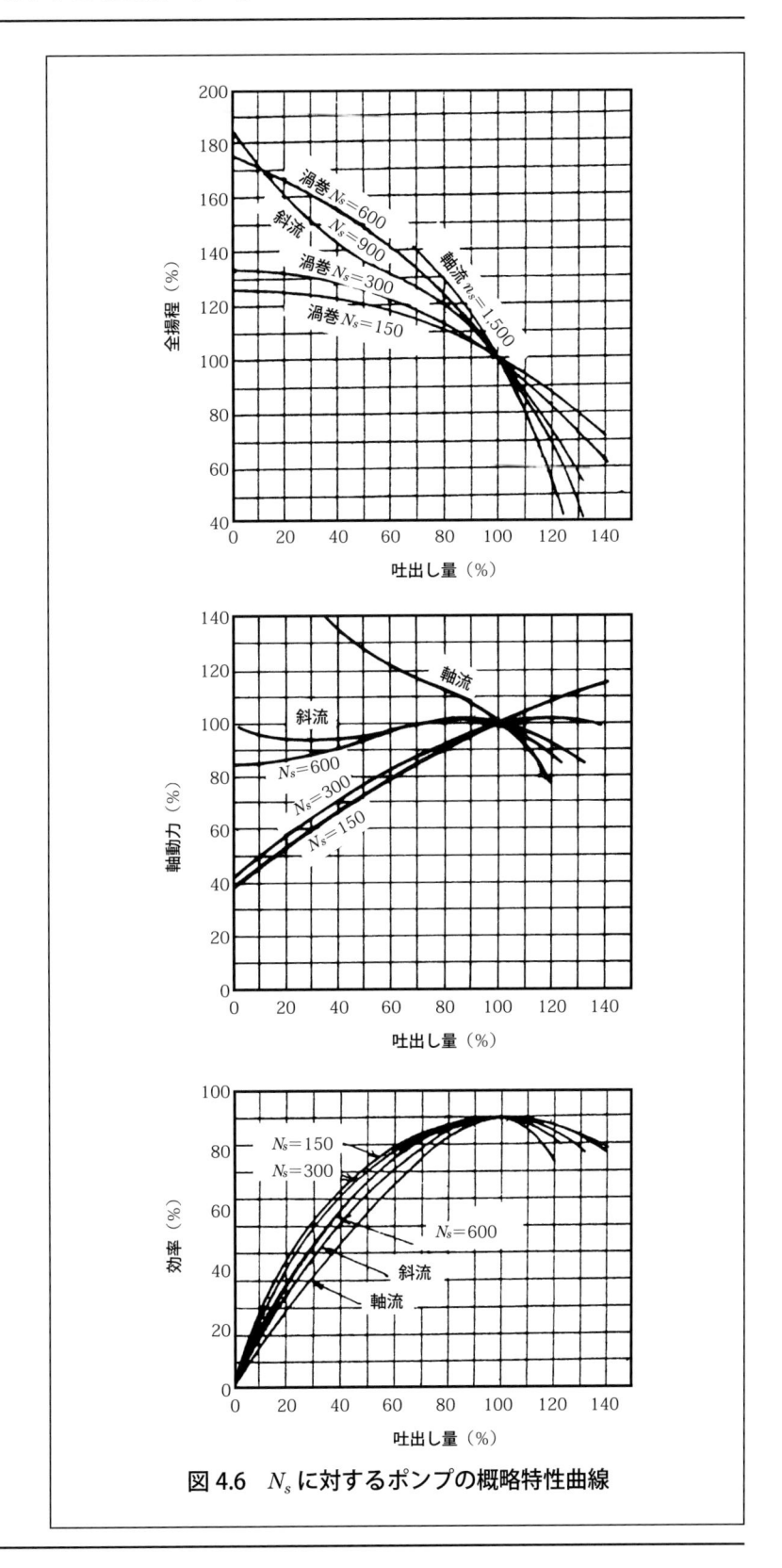

4.1 ポンプの形式と性能 [8]

図4.6 N_s に対するポンプの概略特性曲線

4.1 ポンプの形式と性能 [9]

表4.3 各種ポンプの特性比較と用途例

機種	遠心ポンプ			斜流ポンプ	軸流ポンプ
比速度 N_s	約150	約300	約600	約900	約1500
全揚程 $Q-H$性能について Q:吐出し量 H:全揚程	$Q-H$曲線は全体的には右下がりであるが、Qが0付近で右上がり曲線となり、極大値をもつこともある。Hの変化に対しQの変化が大きい。	$Q-H$曲線は右下がりで勾配はなだらかであるQが0付近で平坦。Hの変化に対しQの変化が大きい。	$Q-H$曲線は右下がりで、その勾配は軸流ポンプと渦巻ポンプに近く、Qが0付近では、Hは斜流ポンプに近くなる。	$Q-H$曲線は右下がりで、その勾配は軸流ポンプと渦巻ポンプの中間程度である。$Q=0$での揚程は正規揚程の180～200%となる。	$Q-H$曲線は右下がり勾配は急で部分流量域に変曲点がある。正規吐出し量の40～60%の間では、特性が不安定となることがある。
軸動力 $Q-P$性能について P:軸動力	Qが0のときPは最小。Qが増せばPはほぼ直線的に増す。	Qが0のときPは最小。Qが増せばPは増し、最高効率点よりややQの大なる点で最大となる。	Qが0のときPは最小。最高効率点付近でPが最大となる。	Qが変化しても軸動力の変化が少ない。$Q=0$で正規軸動力の100～130%程度となる。	$Q-P$曲線の右下がり勾配が急。正規揚程の130%の揚程で軸動力は115%程度となる。$Q=0$では正規軸動力の180～220%程度となる。
効率 $Q-\eta$曲線について η:効率	$Q-\eta$曲線は丸みが大きいため効率のよい範囲が広い。	$Q-\eta$曲線は丸みが大きいため効率のよい範囲が広い。	$Q-\eta$曲線は丸みがやや小さくなり斜流ポンプに近づく。	$Q-\eta$曲線の丸みは渦巻ポンプと軸流ポンプの中間。	$Q-\eta$曲線の丸みが少なく勾配が急。
ポンプ選定上の注意。	構造が簡単、安価、単段に適し、吸込揚程が高く、揚程変化が少ない。$H=30$～100mの範囲に適す。	中揚程のものに適し、高効率が得易い。Qの使用可能範囲が広い。	低揚程のものに適し、高効率が得易い。Qの使用可能範囲が広い。両吸込形とすれば回転数を斜流ポンプより高くとれる。	渦巻ポンプに比べ揚程変化のある場合に適する。締め切り起動が可。中～低揚程のものに適する。	極低揚程までにも適し、回転数を高くとることができるが斜流ポンプより吸込みが弱い。使用範囲は正規揚程の130%以下の揚程で締め切り起動が不可。
用途例	汎用、プロセス	汎用、畑地灌漑、鉱山	上下水道送水工業用水送水	下水、雨水排水、循環水	下水排水、雨水排水

4.1 ポンプの形式と性能 [10]

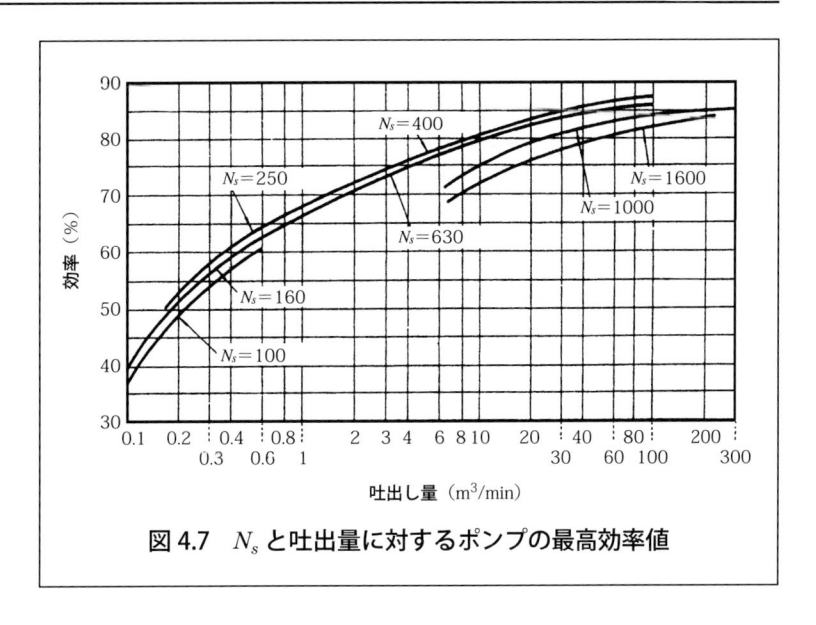

図 4.7 N_s と吐出量に対するポンプの最高効率値

コラム 『ポンプの日本語』

　ポンプは片仮名で標記され，語源はオランダ語の pomp とされ，英語では pump である。それでは，漢字で標記されるポンプに相当する日本語は何であろうか。それは今日，全然用いられないが，「喞筒」という言葉のようである。喞とは訓読みで「かこつ」と読み，「託つ」と同じ意味らしい。「喞喞」（しょくしょくと読む）という擬音語もあり，虫のしきりに鳴く様，また悲しく嘆く様とのことである（出典：大辞林）。一方，「喞子」（しょくしと読む）という語は，ピストンのことである。これらから推察すると，「喞筒」とはピストンとシリンダー「筒」からなる容積形すなわち水鉄砲の原理のポンプのようである。なお，中国語では，ポンプは「石」と「水」を上下に配する日本語にない漢字一字で表される。

4.2 ポンプの構造と特徴 [1]

4.2.1 形式の分類

ポンプの形式は，羽根車，案内羽根，ケーシング等の構造，段数，軸の配置および吸込口や吐出口の取付け位置等によって**表 4.4**のように分類される。

表 4.4 ポンプの形式，分類および特徴

形式	分類	特徴
羽根車の形式	遠心羽根車	液体は羽根へ軸方向から流入し，半径方向に流出する。図 4.2 (a)，図 4.8
	斜流羽根車	流れは羽根車軸に対して斜め方向に流出する。図 4.2 (b)，図 4.9
	軸流羽根車	流れは羽根車に軸方向に流入，流出する。図 4.2 (c)，図 4.10
吸込口の形式	片吸込形	羽根車の片側からのみ吸い込む。図 4.2 (a)，図 4.8
	両吸込形	片吸込の羽根車を背中合わせに重ねて羽根車の両側から吸い込む。図 4.12
出口案内羽根の有無による形式	ディフューザポンプ	案内羽根のあるもの。図 4.3 (b)
	渦巻ポンプ	案内羽根のないもの。図 4.2 (a)，図 4.3 (a)，図 4.8
段数による形式	単段ポンプ	羽根車が 1 個のポンプ 4.2 (a)，図 4.8
	多段ポンプ（2 段，3 段…）	羽根車が 2 個以上あり液体がその羽根車を通過するごとに順次増圧される。図 4.11
ケーシングによる形式	水平分割形（horizontally split type）	軸を含む水平面で二つに分けたもので単段にも多段にも用いられる。図 4.12
	輪切形（sectional type）	多段ポンプにおいて各段を同形の軸垂直割形のケーシングに分割し，これらを組立てボルトでつなぐ構造。
	バレル形（barrel type）	多段ポンプにおいて，二重ケーシング形で外側のケーシングは円筒形とし，内部ケーシングは輪切形または水平分割形で，その両ケーシング間に高圧水を導き内部ケーシングの受ける応力を軽減すると共に外部への漏れを防ぎやすくする構造。図 4.11
軸の配置による形式	立軸形（vertical shaft type）	ポンプの主軸が垂直に配置 図 4.13
	横軸形（horizontal shaft type）	ポンプの主軸が水平に配置 図 4.2，4.3，4.8〜4.12

4.2 ポンプの構造と特徴 [2]

4.2.2 主なポンプ形式の構造例

a. 渦巻ポンプ

図 4.2 (a)，図 4.3 (a)，図 4.8 のように羽根車から吐出された流体を直接渦巻ケーシングへ導く形式のものであって，ボリュートポンプとも称する。

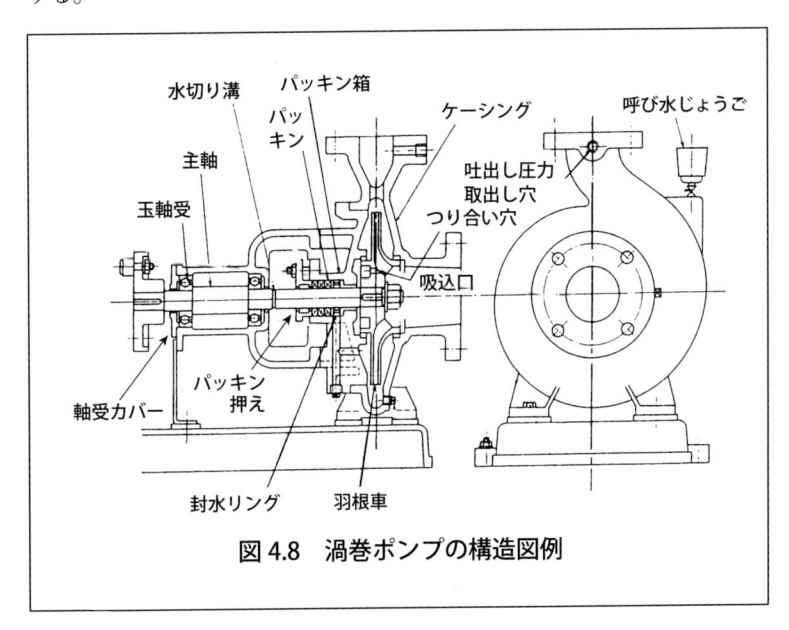

図 4.8 渦巻ポンプの構造図例

b. 斜流ポンプ

図 4.9 に横軸の斜流ポンプの構造図例を示す。口径 * が 1000mm 以上の排水ポンプや，発電所での冷却水の送水用に用いられる循環水ポンプのような大形斜流ポンプでは，図 4.13 に示されるような立軸斜流ポ

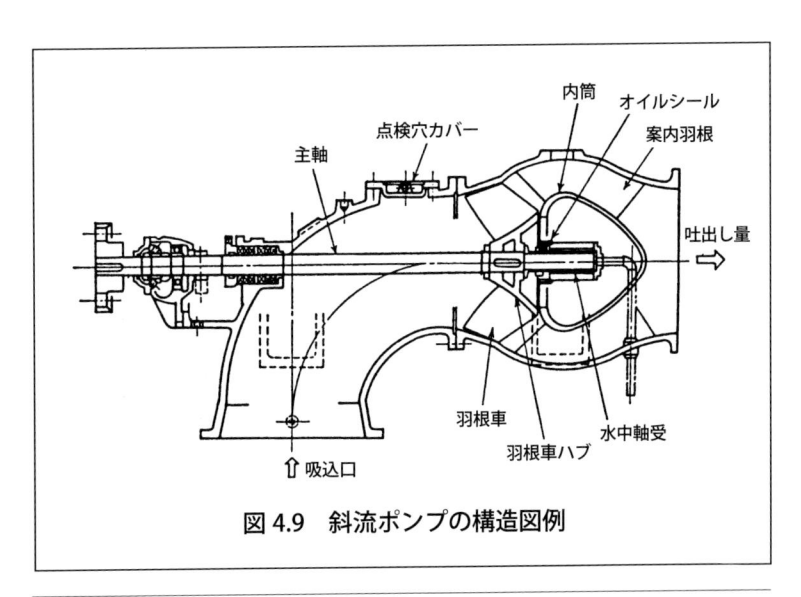

図 4.9 斜流ポンプの構造図例

注*) 口径：ポンプ吸込口又は吐出し口の直径をいう。

4.2 ポンプの構造と特徴 [3]

ンプが主流である。

c. 軸流ポンプ

図 4.10 に横軸の軸流ポンプの構造図例を示す。大形の軸流ポンプでは斜流ポンプと同様に立軸の軸流ポンプが用いられる。

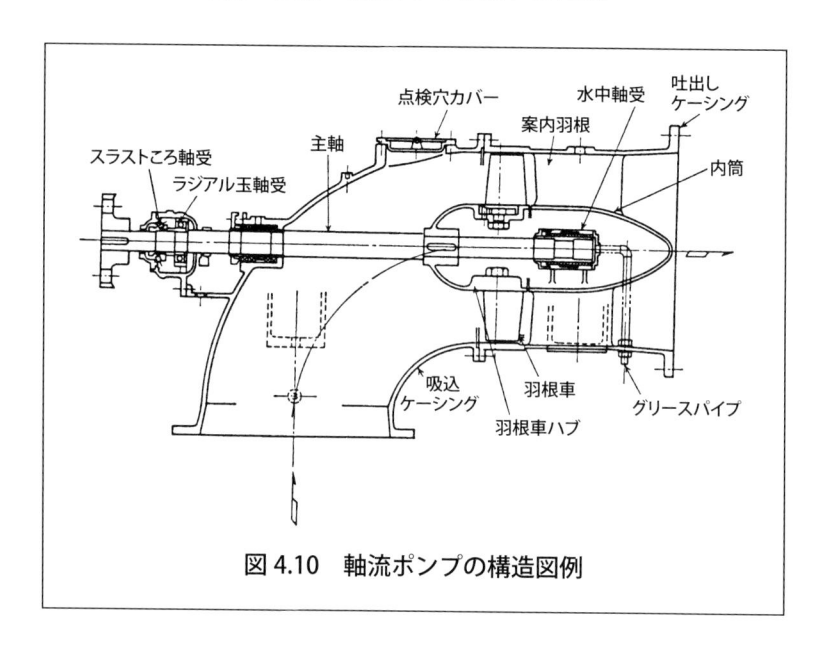

図 4.10 軸流ポンプの構造図例

d. 多段ポンプ

ポンプに入った液体が 2 個以上の羽根車を通る構造のポンプで，高い全揚程を必要とする場合に適用される。複数の羽根車を同一軸に配し，第 1 段の羽根車から出た流体は，第 2 段，第 3 段…の各羽根車を順次通り全揚程が高められる。一例を図 4.11 と図 2.18 に示す。

e. 両吸込み渦巻ポンプ

羽根車の吸込口が両側にある渦巻ポンプである。図 4.12 に本ポンプの構造を示す。吸込みケーシングは渦巻き形であり，主軸に垂直な方向（半径方向）から羽根車に流入する際，吸込み流れが周方向に一様な速度分布になるように設計されている。羽根車を出た流れは吐出し側渦巻きケーシングを経てポンプ吐出口に向かう。ケーシングは，通常，主軸中心を含む水平面で上下に 2 分割されている。

f. 立軸斜流ポンプ

図 4.13 はポンプの主軸が垂直に配置されている斜流ポンプで，口径の大きなポンプにおいて，据付面積の低減，羽根車の水面下設置可能によるキャビテーション性能の向上等の利点が得られる。

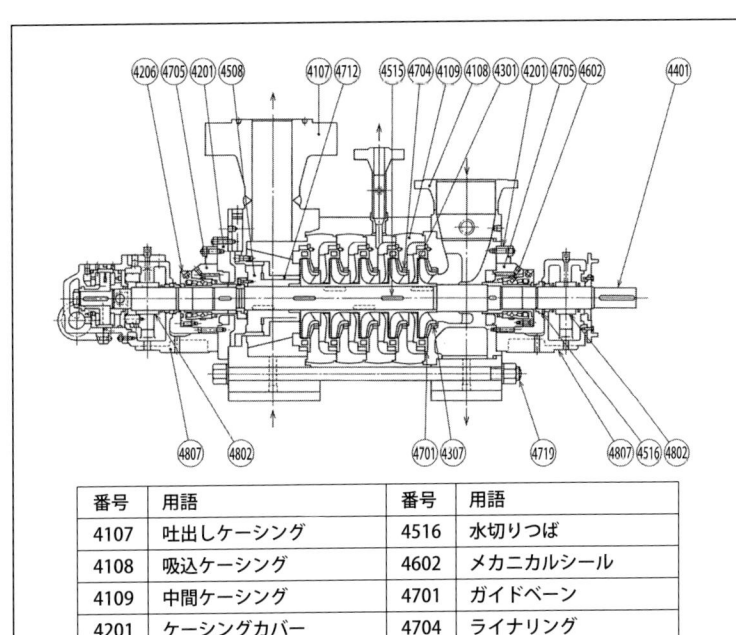

4.2 ポンプの構造と特徴 [4]

番号	用語	番号	用語
4107	吐出しケーシング	4516	水切りつば
4108	吸込ケーシング	4602	メカニカルシール
4109	中間ケーシング	4701	ガイドベーン
4201	ケーシングカバー	4704	ライナリング
4206	メカニカルシールカバー	4705	スタフィングボックス
4301	インペラ	4712	バランスブシュ
4307	インペラリング	4719	締付ボルト
4401	主軸	4802	すべり軸受
4508	バランスディスク	4807	軸受ハウジング
4515	インペラキー		

図 4.11　多段ポンプ（ボイラー給水ポンプ）構造図例

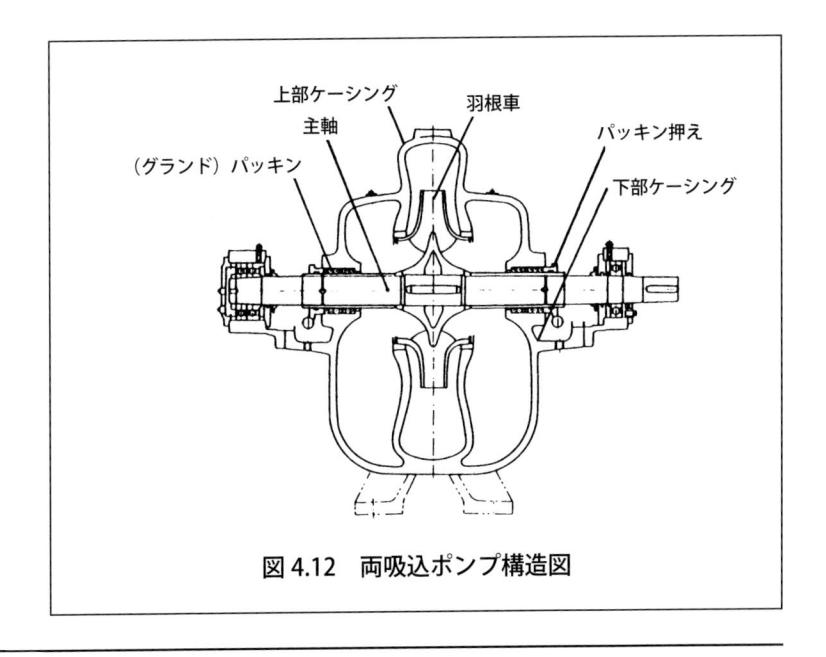

図 4.12　両吸込ポンプ構造図

4.2　ポンプの構造と特徴 [5]

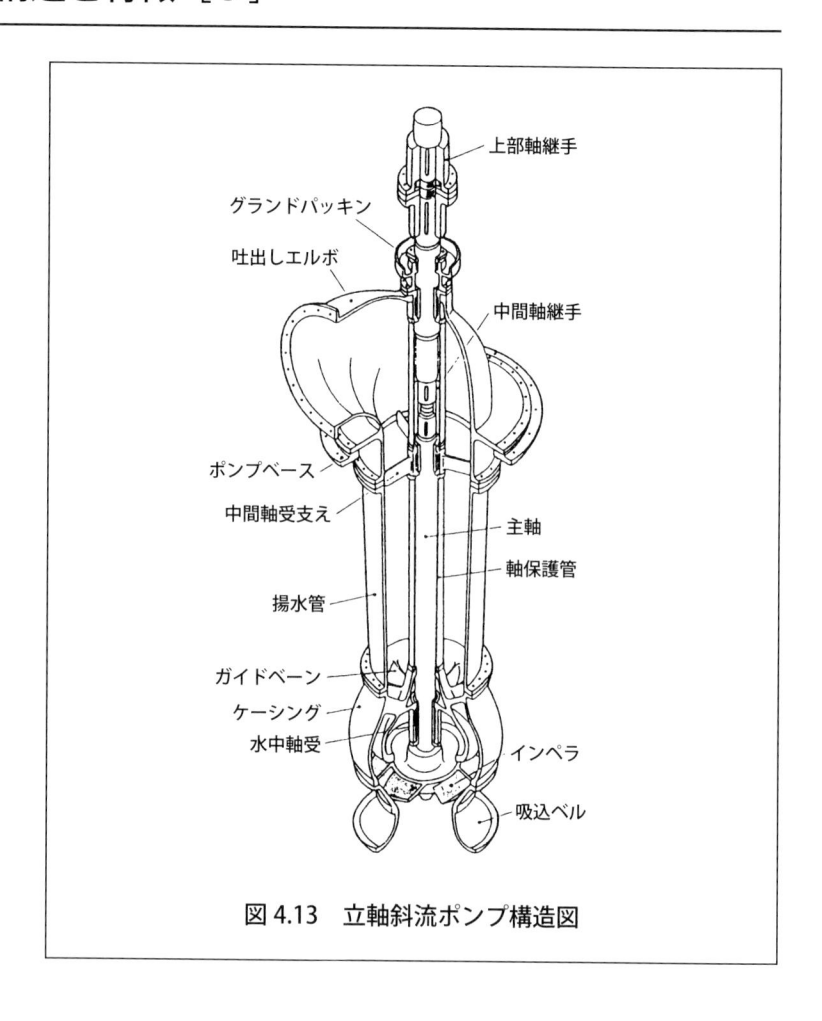

図 4.13　立軸斜流ポンプ構造図

主な構成部品：上部軸継手、グランドパッキン、吐出しエルボ、中間軸継手、ポンプベース、中間軸受支え、主軸、軸保護管、揚水管、ガイドベーン、ケーシング、水中軸受、インペラ、吸込ベル

4.3 羽根車に働くスラスト [1]

ポンプ羽根車に働く流体力としては，半径方向スラスト（radial thrust）と軸スラスト（axial thrust）とがある。

4.3.1 半径方向スラスト

図4.2のポンプの子午面流路形状からわかるように，斜流ポンプと軸流ポンプは軸対称の流路となっているので，羽根車の外周部の流れは巨視的に見て全周にわたり一様となる。従って，羽根車には大きな半径方向スラストは作用しない。一方，遠心ポンプ羽根車の外周には軸対称でない渦巻ケーシングが設置されているが，最高効率点流量（Q_n）においては渦巻きケーシング内の静圧分布が全周にわたってほぼ一様になる。したがって，羽根車にはほとんど半径方向スラストは働かないことになる。しかし，流量（Q）が減少するに従い図4.14に示されるように圧力分布は変化し，次式で表される半径方向スラフト $T_r(N)$ が生ずる。

$$T_r = \beta \rho g H D_2 B_2 \tag{4.6}$$

ここに，$\beta = 0.36\{1 - (Q/Q_n)^2\}$ (4.7)

ρ：取扱液の密度（kg/m³），H：全揚程（m），D_2：羽根車の外径（m），B_2：主板と側板の厚みを含めた羽根車の出口幅（mm）である。全揚程が高くなると半径方向スラストが大きくなるので，これを釣り合わせるために図4.15に示したように180°（π rad）おきにボリュートを設ける二重ボリュート（double volute）が用いられることがある。なお，図4.3(b)に示すディフューザポンプには案内羽根が設けられているため羽根車出口の静圧分布は全周にわたりほぼ一様になる。従って，全流量域にわたり渦巻ポンプほど半径方向スラストは大きく変化しないので，ディフューザポンプは高揚程のポンプに適している。

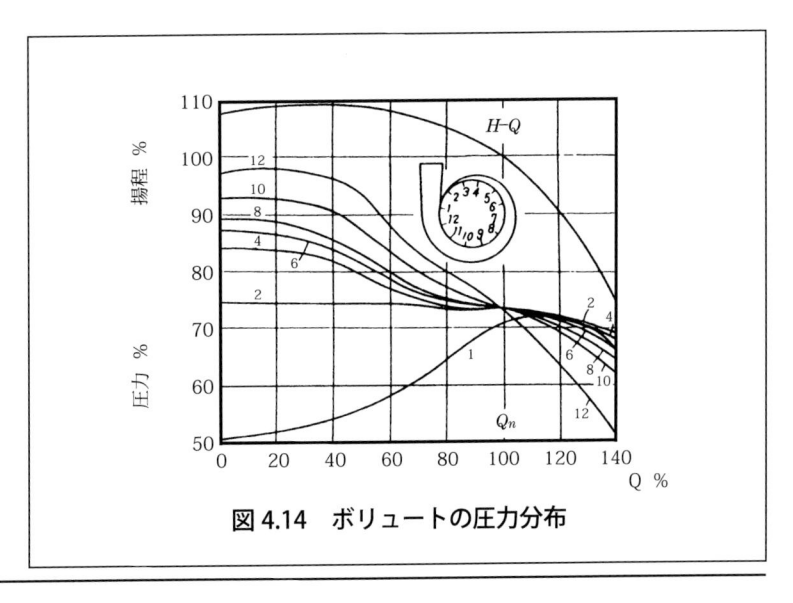

図4.14 ボリュートの圧力分布

4.3 羽根車に働くスラスト [2]

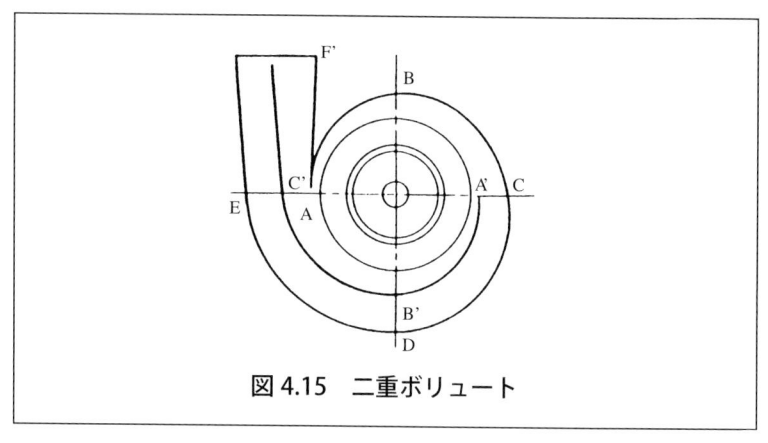

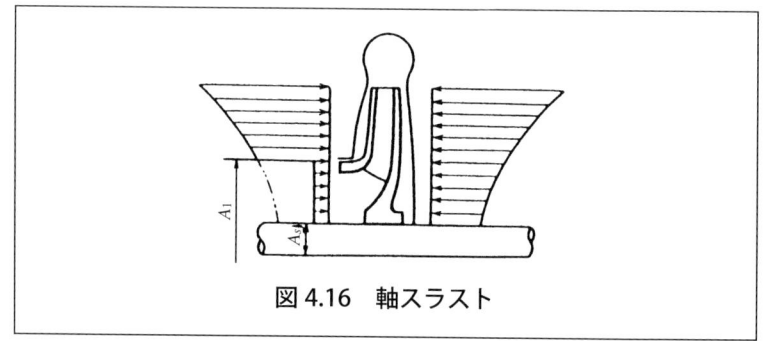

図 4.15 二重ボリュート

図 4.16 軸スラスト

4.3.2 軸スラスト

運転中の渦巻ポンプの羽根車では側板と主板の両背面に**図 4.16**に示すような水圧分布を受ける。この水圧の軸方向の圧力分布の差が軸スラスト T_a となって羽根車の吸込側に向かって作用し，スラスト軸受で支持されることになる。この場合の軸スラスト $T_a(N)$ は，羽根入口外周のインペラリングからの漏れはないと仮定すると，1個の羽根車については次式で与えられる。

$$T_a = \int_{r_s}^{r_{ir}} \left(p_m(r) - p_s\right)(2\pi r)dr \tag{4.8}$$

ここで，r_{ir}：インペラリングの半径（m），r_s：軸または軸スリーブの半径（m），p_s：吸込圧力（Pa），p_m：半径 r_{ir} より軸に近い部分において主板の背面に働く圧力（Pa）で，半径 r の関数となる。背面の流れは羽根車の半分の角速度 $\omega/2$ で回転する強制渦の流れとなるので、第1章の式（1.18）より背面の圧力 p_m は次式で求められる。

$$p_m(r) = p_2 - \int_{r}^{r_2} \left(\rho r \omega^2 / 4\right)dr = p_2 - \frac{\rho \omega^2}{8}\left(r_2^2 - r^2\right) \tag{4.9}$$

斜流ポンプや軸流ポンプの羽根車に働く軸スラストは，羽根車の上流側面と下流側面に働く圧力分布を軸方向に投影した面積に乗じて得られる軸方向の力の差として求めることができる。

4.3 羽根車に働くスラスト［3］

4.3.3 軸スラストの軽減方法

普通のスラスト軸受によって軸スラストを確実に支持できれば，これが最も簡単な構造で有効な支持法である．しかし，軸スラストが大きくなると軸受荷重が過大となり軸受を設計できなくなるので，**表4.5**および**表4.6**に示すような種々の軽減法で軸受に掛かるスラストを減少させる必要がある．ただし，構造が複雑になったり漏れ流量が増大するため，十分な設計上の配慮が必要である．

多段ポンプでは高圧力となるので，羽根車の向きを考慮した自己釣合い方式や，バランスディスクやバランスドラム等の軸スラスト釣合い装置が適用される．

表4.5 軸スラストの調整法（単段ポンプの場合）

	名称	形状	特徴	適用
単段ポンプ	釣合い穴法 (balance hole)		釣合い穴をあけて釣合い室の圧力を羽根車の目玉部の圧力とほぼ等しくすることにより，軸スラストを低減する．この欠点は体積効率を低下させること，主板に接するパッキン箱から外気を吸込みやすくなること．	小型，中型遠心ポンプに多用される．
	釣合管 (balance pipe)		釣合い穴法と同様な効果をねらっているが同様な欠点がある．	大型のポンプに用いられる．
	裏羽根 (pump outvane)		主板に放射状のリブ（裏羽根）を設ける方法で，これによって主板の背面に働く圧力を低くして軸スラストを減少せしめるものである．ただし，軸動力が若干増加する．	主としてオープン型羽根車，異物による摺動部の摩耗を嫌うポンプ
	両吸込型		定常運転では殆どスラストを考える必要はないが，吸込条件が非対称な場合や，瞬間的なスラストの変動の為にスラスト軸受が用いられている．	両吸込渦巻ポンプ

4.3 羽根車に働くスラスト [4]

表4.6 軸スラストの調整法（多段ポンプの場合）

	名称	形状	特徴	適用
多段ポンプ	自己釣合い形 （self-balancing）		全段の半数ずつの羽根車を反対の向きに配列する方式。この方式は流体の流路構造が比較的複雑になる。	中容量高圧多段ポンプ
	バランスディスク形 （balancing disc）		最終段から導かれる高圧水を主軸に取り付けたバランスディスクに作用させることによって各羽根車の吸込口の方向に向かうスラストに釣り合わせる方式	標準小形多段ポンプ

4. 例題【1】

[4.1] 回転速度 1500min^{-1} のとき全揚程 56m，吐出し量 4.5m^3/min を出す単段の渦巻ポンプがある。羽根車外径は 400mm で，これと相似な羽根車外径 150mm の模型ポンプをつくり，全揚程 40m として流れの状態を相似にするのに必要な模型ポンプの吐出し量を求む。

（解答）
式（3.4）の両式により（n_2/n_1）を消去すると，

$$\frac{Q_2}{Q_1} = \left(\frac{D_2}{D_1}\right)^2 \cdot \left(\frac{H_2}{H_1}\right)^{1/2}$$

$$Q_1 = Q_2 \bigg/ \left\{\left(\frac{D_2}{D_1}\right)^2 \cdot \left(\frac{H_2}{H_1}\right)^{1/2}\right\}$$

$$= 4.5 \bigg/ \left\{\left(\frac{400}{150}\right)^2 \cdot \left(\frac{56}{40}\right)^{1/2}\right\} = 0.535 \quad \text{m}^3/\text{min}$$

[4.2] 付図 4.1 に示すような管路系で流量 1.6m^3/min の水を直径 150mm の管を用いて送水するのに必要なポンプ軸動力を求めよ。ただし，ポンプ効率 η=80％，仕切弁の損失係数 ζ=0.165，90°エルボの損失係数 ζ_{90}=1.25，45°エルボの損失係数 ζ_{45}=0.320，管摩擦係数 λ=0.018 とする。水の密度 ρ=1000kg/m^3 とする。ただし吸込側の損失は無視せよ。

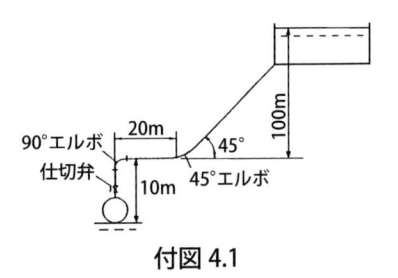

付図 4.1

（解答）
ポンプの軸動力は式（4.5）より

$$P = \frac{P_w}{\eta} \times 100 = \frac{10^{-3}\rho g Q H}{\eta} \times 100$$

となる。ここで，全揚程 H および管の流速 v は，

$$H = 10 + 100 + h, \quad v = Q/(\pi d^2/4) = 1.51 \text{m/s}$$

4．例題【2】

であり，h は次式で示される管路系の全損失ヘッドである。

$$h = \left\{(l_1+l_2+l_3)\frac{\lambda}{d} + (\varsigma + \varsigma_{90} + \varsigma_{45} + 1)\right\}\frac{v^2}{2g}\text{*}$$
$$= \left\{(10+20+100\sqrt{2})\times\frac{0.018}{0.15} + (0.165+1.25+0.320+1)\right\}\frac{1.51^2}{2\times 9.8}$$
$$= 2.71 \text{ m}$$
$$P = \frac{10^{-3}\times 1000\times 9.80\times 1.6/60\times 112.7\times 100}{80} = 36.8 \text{ kW}$$

＊速度ヘッド $v^2/2g$ は吐出管出口で出口損出となる。

コラム 『渦とポンプ』

　ターボ機械は渦と密接に関係している。羽根車の設計には自由渦や強制渦のフローパタンが適用され，渦の原理を利用している。渦巻きケーシングの外側形状は自由渦の流線である対数螺旋形状をしている。一方，渦はポンプに弊害ももたらす。剥離渦，二次流れ渦などは損失の源となる。ポンプの低流量域では羽根車入口の逆流中に渦キャビテーションが生じ，羽根車やケーシングに激しい損傷をもたらしたり，振動・騒音をもたらす。また，ポンプ吸込水槽には空気吸込渦や水中渦が生じ，これらもポンプに振動・騒音をもたらす。このようにポンプにおいては有害な渦が生じないように設計する努力が延々となされている。

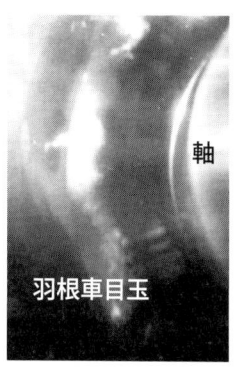

羽根車入口逆流渦
キャビテーション

ポンプ吸込水槽の
水中渦

ポンプ吸込水槽の
空気吸込渦

5. ターボ送風機および圧縮機
5.1 ターボ送風機・圧縮機の形式と分類 [1]

5.1.1 分類

　ターボ送風機や圧縮機は，その中に取付けられた羽根車で気体にエネルギーを与え，圧力の低い所から高い所へ気体を送り出す機械である。このうち，送風機は，圧力上昇が10kPa未満のファン（fan）と，10以上100kPa未満のブロワ（blower）に分けられる。100kPa以上の圧力上昇を与える機械は圧縮機（compressor）と呼ばれる。

　気体が機械内を流れる方向から分類して，ポンプと同様に遠心式，軸流式，斜流式が用いられるが，気体が羽根車内を通る際に回転中心を横切って流れる横流式（cross flow）も用いられる。これら各機種の概略を図5.1に示す。

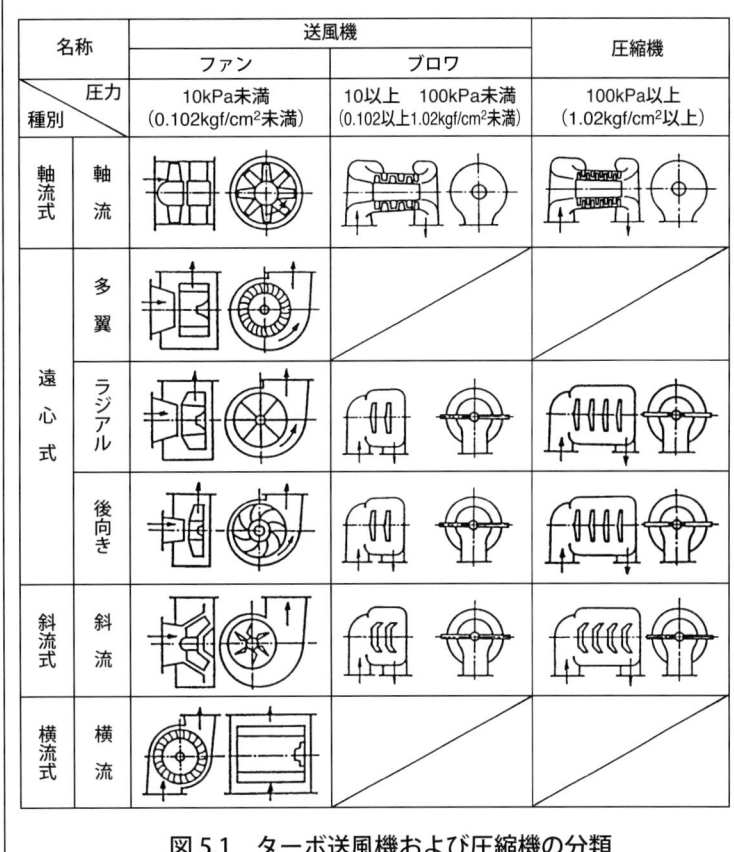

図5.1　ターボ送風機および圧縮機の分類

5.1 ターボ送風機・圧縮機の形式と分類 [2]

5.1.2 適用範囲と効率

ターボ形以外の送風機および圧縮機を含めた，機種による概略の適用範囲を図5.2に示す。風量が少なく高い圧力が要求される場合には往復式圧縮機，回転式圧縮機などの容積形が用いられ，風量が多いところではターボ形が用いられる。さらに，ターボ形の中でも，相対的に風量が少なく圧力が高い場合に遠心式が，風量が多く圧力の低い場合に軸流式が用いられる。この適用の妥当性は，式（3.7）で定義される比速度と効率の関係を示した図5.3により示される。

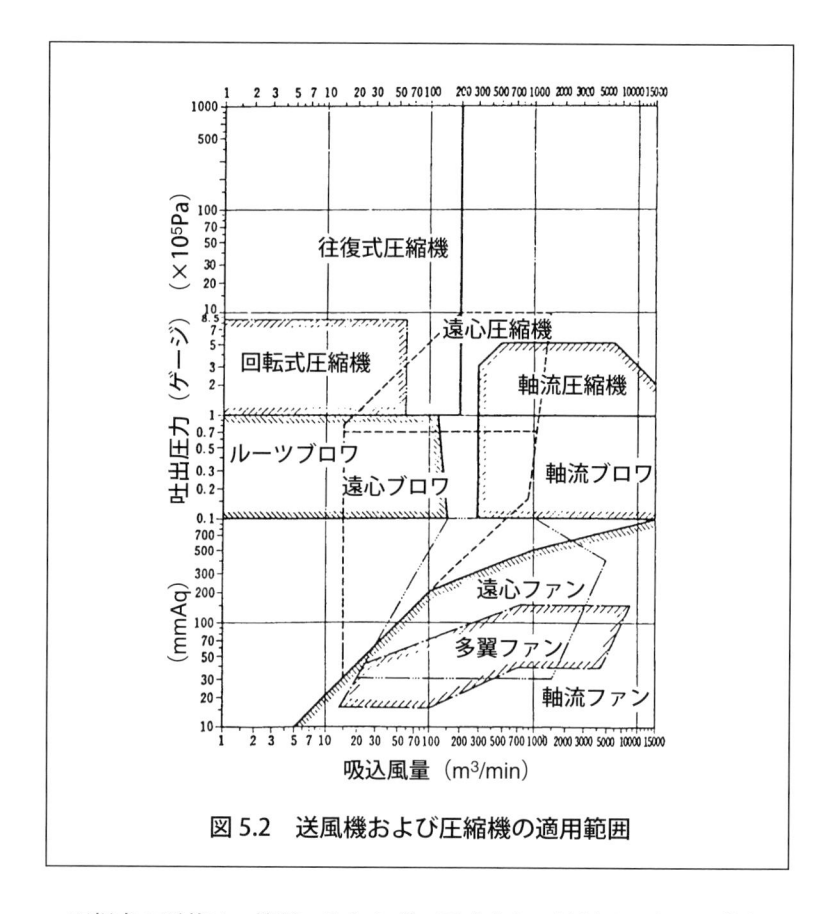

図5.2 送風機および圧縮機の適用範囲

羽根車の形状は，機種のみならず，要求される流量や圧力にも依存する。その形状の変化は，比速度に関係づけて図3.2に示してある。

5.1 ターボ送風機・圧縮機の形式と分類 ［3］

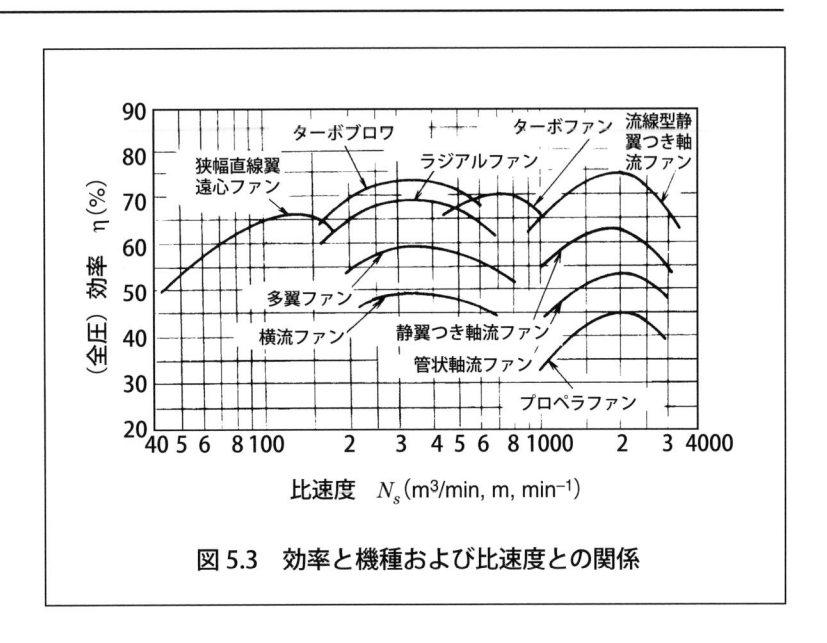

図 5.3　効率と機種および比速度との関係

5.2 理論圧力上昇および効率 [1]

5.2.1 理論圧力上昇と圧縮動力

オイラーの理論ヘッドは送風機および圧縮機に対しても適用でき，圧力上昇が小さい場合には密度 ρ を一定として扱えるので，式（1.13）から

$$\Delta P_t = g\rho H_{th} = \rho(u_2 v_{u2} - u_1 v_{u1}) \tag{5.1}$$

となる，ここで，ΔP_t：理論全圧上昇，ρ：密度

圧力上昇が大きく密度が変化するときは外部から加えられる熱の一部が仕事をするので，式（1.2）の代りに，つぎのエネルギーの式を用いねばならない。

$$\frac{1}{2}v_1^2 + i_1 + q + l = \frac{1}{2}v_2^2 + i_2 \tag{5.2}$$

ここで，i：エンタルピー，qおよびl：気体が1から2へ流れる間に外部から加えられた単位質量あたりのそれぞれ熱エネルギーおよび仕事のエネルギーである。

気体を完全ガスと仮定すると，比熱比κおよびガス定数Rを使って，$i=\{\kappa/(\kappa-1)\}RT$と表わすことができるので，式（5.2）は，式（1.7）とから

$$\begin{aligned} l = \Delta E_{th} &= u_2 v_{u2} - u_1 v_{u1} = \frac{\kappa}{\kappa-1}R(T_2 - T_1) + \frac{1}{2}(v_2^2 - v_1^2) - q \\ &= \frac{\kappa}{\kappa-1}R(T_{t2} - T_{t1}) - q \end{aligned} \tag{5.3}$$

となる。ここで，$T_t \equiv T + v^2/(2C_p)$は全温度とよばれる。

流れが断熱的であるとするとき，lは断熱圧縮動力（adiabatic compression power）と呼ばれ，

$$l_{ad} = \frac{\kappa}{\kappa-1}RT_1\left\{\left(\frac{p_2}{p_1}\right)^{\frac{\kappa-1}{\kappa}} - 1\right\} + \frac{1}{2}(v_2^2 - v_1^2) = \frac{\kappa}{\kappa-1}RT_{t1}\left\{\left(\frac{P_{t2}}{P_{t1}}\right)^{\frac{\kappa-1}{\kappa}} - 1\right\} \tag{5.4}$$

である。ここで，P_tは全圧である。また，流れがポリトロープ的であれば

$$l_{pol} = \frac{n}{n-1}RT_1\left\{\left(\frac{p_2}{p_1}\right)^{\frac{n-1}{n}} - 1\right\} + \frac{1}{2}(v_2^2 - v_1^2) = \frac{n}{n-1}RT_{t1}\left\{\left(\frac{P_{t2}}{P_{t1}}\right)^{\frac{n-1}{n}} - 1\right\} \tag{5.5}$$

となる。これをポリトロープ圧縮動力（polytropic compression power）と呼ぶ。

羽根車を通る全流量に対する理論空気動力Pは，

$$P = \rho Q l \tag{5.6}$$

である。

5.2 理論圧力上昇および効率［2］

圧縮機段内で気体に与えられる全エネルギーは内部動力と呼ばれる。この内部動力は段内で発生する損失に費やされる動力も含み，段入口と出口における気体のエンタルピーの差から，次式で与えられる。

$$l_i = \frac{\kappa}{\kappa-1} RT_{t1} \left\{ \left(\frac{P_{t2}}{P_{t1}}\right)^{\frac{n-1}{n}} - 1 \right\} \tag{5.7}$$

5.2.2 効率

断熱圧縮動力と内部動力（internal power）との比を断熱効率（adiabatic efficiency）という。

$$\eta_{ad} = \frac{l_{ad}}{l_i} = \left\{ \left(\frac{P_{t2}}{P_{t1}}\right)^{\frac{\kappa-1}{\kappa}} - 1 \right\} \Big/ \left\{ \left(\frac{P_{t2}}{P_{t1}}\right)^{\frac{n-1}{n}} - 1 \right\} \tag{5.8}$$

また，ポリトロープ圧縮動力と内部動力との比を，ポリトロープ効率（polytropic efficiency）と呼ぶ。

$$\eta_{pol} = \frac{l_{pol}}{l_i} = \frac{n(\kappa-1)}{\kappa(n-1)} \tag{5.9}$$

上の二つの効率には，増速機内の歯車や軸受けなどで発生する機械損失，および円板摩擦損失は考慮されていない。これらの損失を含んだ軸動力 P_s に対する空気動力の比で表わした効率を用いる場合もある。

$$\eta_0 = \frac{P_{ad}}{P_s} \tag{5.10}$$

この効率は全断熱効率と呼ばれる。圧縮機内の流れは段内で損失の発生があることからポリトロープ変化となる。このため，実際の段入口・出口間の温度上昇（$T_{t2}-T_{t1}$）は段内で損失が発生しないと仮定した断熱等エントロピー変化時の段入口出口間の温度上昇（$T_{t2th}-T_{t1}$）より高くなる。この異なる二つの温度上昇から求める次式の効率を，断熱温度効率（adiabatic temperature efficiency）と呼ぶ。

$$\eta_\theta = \frac{T_{t2th} - T_{t1}}{T_{t2} - T_{t1}} = \left\{ T_{t1}\left(\frac{P_{t2}}{P_{t1}}\right)^{\frac{\kappa-1}{\kappa}} - T_{t1} \right\} \Big/ (T_{t2} - T_{t1}) \tag{5.11}$$

圧縮機入口の大気の状態が変わると，その性能はどのように変化するだろうか。これらの関係は，圧縮機に関する次元解析と実験結果から，流量，圧力比および回転速度を図5.4のようにとって表わされ，吸込口の圧力や温度に関係しない性能曲線が得られる（3.1.5参照）。

5.2 理論圧力上昇および効率 [3]

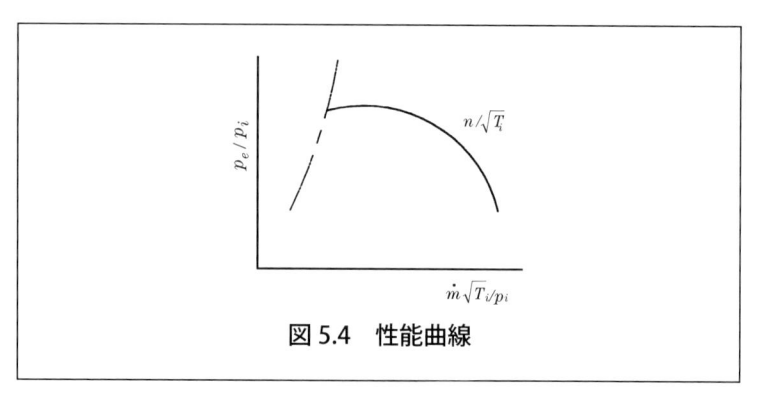

図 5.4 性能曲線

　任意の大気状態の下で行われた実験結果を標準空気状態（101.3kPa, 293K）に換算するときは，回転数 n，静圧 p，絶対温度 T，質量流量 $\dot{m}$ および動力 P につぎの関係を用いる。ここで，添字 0 は標準空気状態，i は入口，e は出口での値を表わす。

$$n_0 = n\sqrt{\frac{T_{i0}}{T_i}}, \quad p_{e0} = p_e \frac{p_{i0}}{p_i}, \quad T_{e0} = T_e \frac{T_{i0}}{T_i}$$

$$\dot{m}_0 = \dot{m}\frac{p_{i0}}{p_i}\sqrt{\frac{T_i}{T_{i0}}}, \qquad P_0 = P\frac{p_{i0}}{p_i}\sqrt{\frac{T_{i0}}{T_i}}$$

　これらの諸量を用いることで，吸込大気状態にかかわりなく，性能曲線を一意に表わせる。

5.3　遠心送風機および圧縮機［1］

5.3.1　遠心ファン

遠心ファン（centrifugal fan）構造の一例を図 5.5 に示す。吸込口から流入した気体は，その後羽根に入って半径方向に向きを変える。羽根車内で遠心力により圧力を高められてスクロール（scroll）に入り，吐出し口から流出する。図 5.5 は軸方向の片側から吸い込まれるもので，片吸込形（single suction type）と呼ばれる。風量を多くする目的から両側より吸い込むものもあり，これを両吸込形（double suction type）と呼び（図 5.6），機械質量あたりの送風量が多くなる。

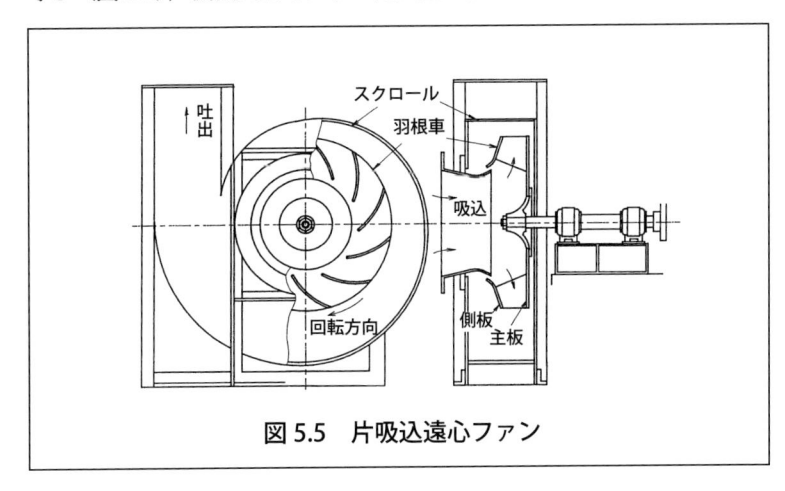

図 5.5　片吸込遠心ファン

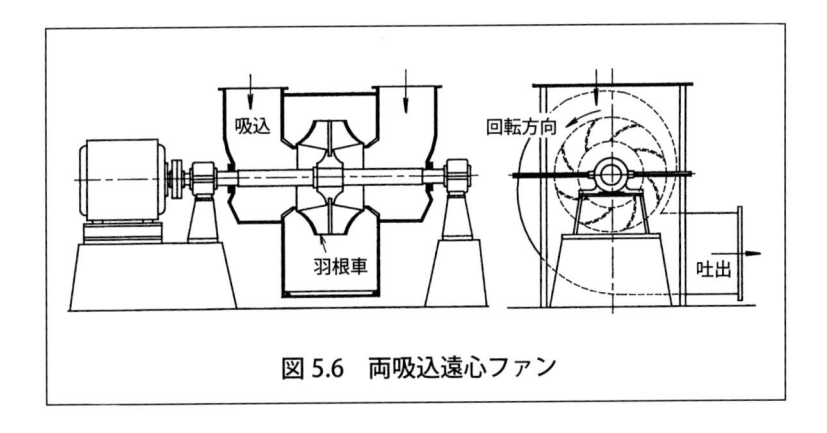

図 5.6　両吸込遠心ファン

5.3 遠心送風機および圧縮機［2］

　羽根車入口部は，回転速度と流量の関係から定まる羽根角度をもつ。これに対して，羽根車出口部では，必要に応じて羽根がいろいろの方向に向けられる（**図 5.7**）。このうち，回転方向に向けた羽根（$\beta_{2b} > 90°$）は前向き羽根と呼ばれる。（**図 5.7**(a)）。この羽根をもつファンは，他の形状の羽根に比べて，同一周速での全圧上昇が大きい。反面，その無理な圧力上昇のために，流路内の流れが乱れがちとなり，騒音は大きく効率は低い。この羽根形状を用いる際には，流れの乱れを小さくするために羽根間ピッチを小さく，つまり羽根数を多くする。このことから，この種の機械は多翼ファン（multiblade fan）と呼ばれる（**図 5.8**）。

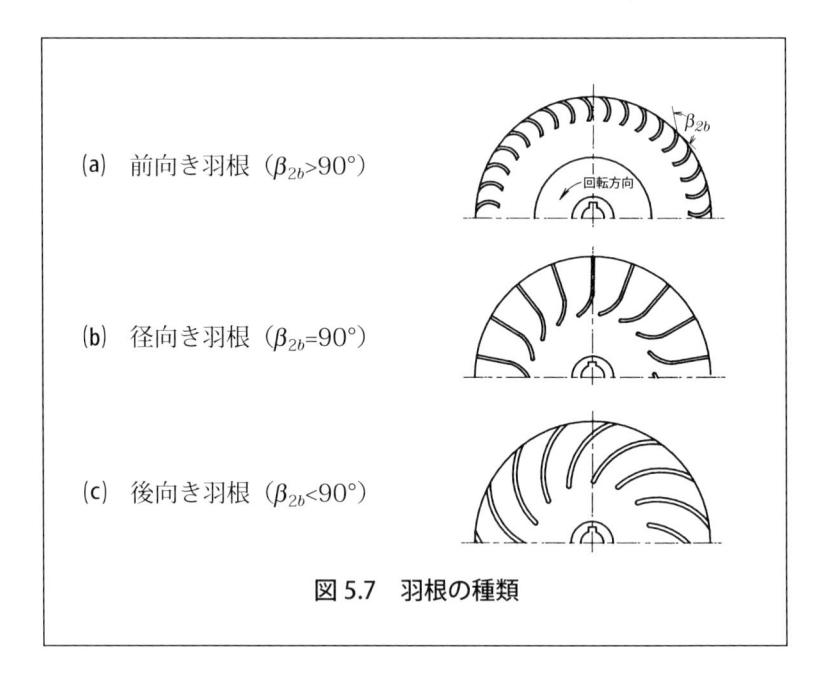

(a) 前向き羽根（$\beta_{2b} > 90°$）

(b) 径向き羽根（$\beta_{2b} = 90°$）

(c) 後向き羽根（$\beta_{2b} < 90°$）

図 5.7　羽根の種類

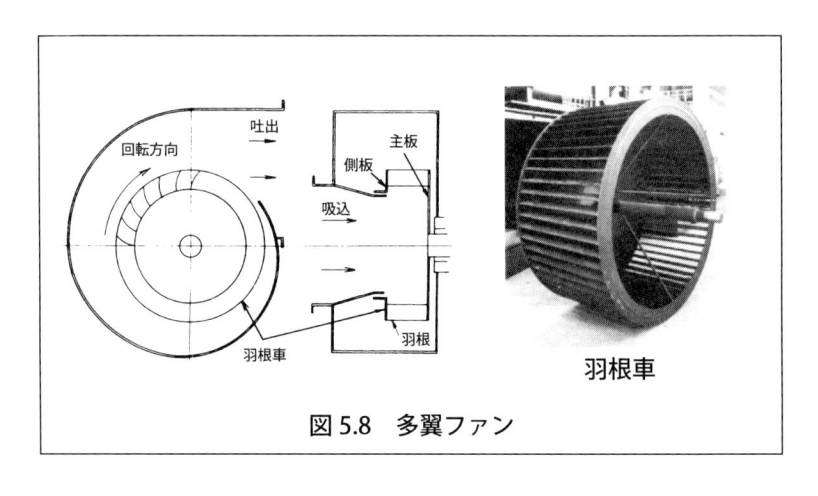

図 5.8　多翼ファン

5.3　遠心送風機および圧縮機 [3]

　多翼ファンはシロッコファンとも呼ばれ，その羽根枚数は45〜60，羽根角は$\beta_{2b}=120〜150°$程度である。このファンの羽根は長さが短かいので，構造上，羽根幅を大きくとることができ，したがって流量が大きい。このことから，多翼ファンは，効率（45〜60%程度）や騒音をさほど重要視しなくてよい場合の，換気，排気および通風等に多く用いられる。

　羽根出口が半径方向（$\beta_{2b} \fallingdotseq 90°$）を向いているものを径向き羽根といい（図5.7(b)），この羽根をもつファンをラジアルファン（radial fan）と呼ぶ（図5.9）。羽根車は回転の遠心力に対する強度が高く，より高速で回転させることができ，しかも構造が極めて単純であるため，ケーシングはもちろん，羽根車も板金材で作られ，部品の交換や修理が容易である。このことから，ラジアルファンは，気体中に含まれているダストが流路内壁面に付着して，それを除去する必要が生じる場合や，含まれている固形物が羽根に摩耗を与え，羽根車を交換する必要が起る場合に，効率（50〜70%程度）や騒音を犠牲にして用いられる。羽根枚数は5〜16程度である。

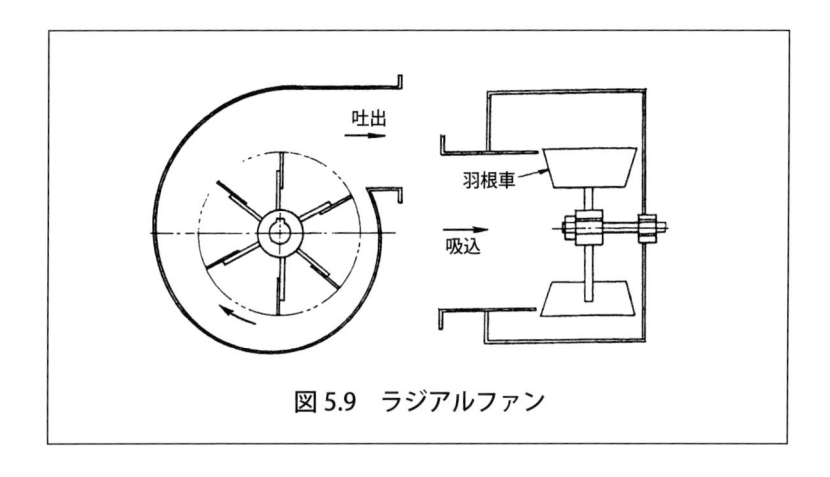

図5.9　ラジアルファン

　羽根出口を回転と逆方向に向けたもの（$\beta_{2b} < 90°$）を後向き羽根といい（図5.7(c)），この羽根を持つファンを後向きファン（backward curved fan）と呼ぶ（図5.10）。図5.7に示す3種の羽根形状のなかでは，同一周速における全圧上昇がもっとも小さく，したがって羽根車流路内の流れは滑らかである。効率は高く（65〜80%程度），騒音も比較的小さいことから広く用いられる。羽根車やケーシングは鋼板を溶接して作られるが，羽根に翼形を用いたものは，翼形ファン（aerofoil bladed fan）と呼ばれる。300℃以上の高温ガスや腐食性のあるガスに対しては，耐熱鋼やステンレス鋼など，相応した材料が選ばれる。

5.3　遠心送風機および圧縮機 [4]

図 5.10　後向きファン

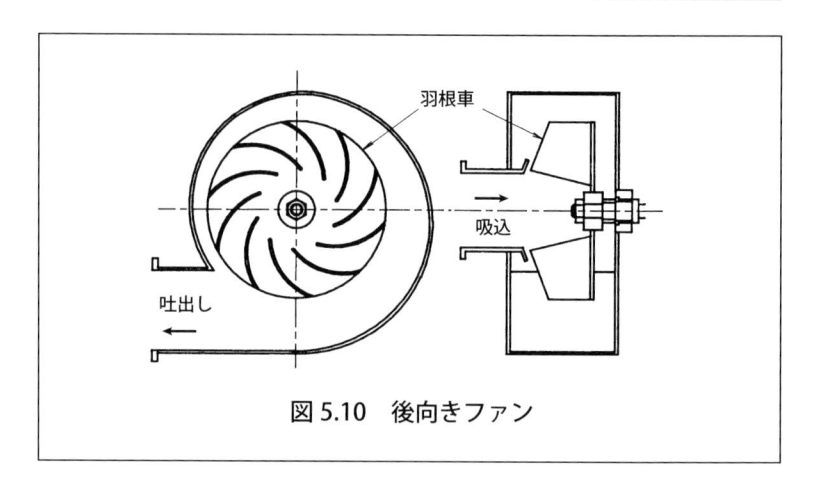

　図 5.11 に，上述 4 種の羽根形状をもつファンの特性曲線の例を示し，縦軸および横軸ともに設計点を 100% として表示している。

　一般的に，一定回転数の下での最大風圧は，設計点より少ない流量の領域にあり，設計点風圧との差は，後向きファンの場合がもっとも大きく，ラジアルファンの場合は小さい。

　軸動力は，多翼ファンの場合は流量が少なければ少ないほど小さく，流量が大きくなるにつれて 2 次曲線的に増大する。ラジアルファンにおいては，流量の増加に対して，軸動力はほぼ直線的に大きくなる。後向きファンの場合は，設計点近傍に軸動力の最大値が現われる上に凸の曲線をなす。

5.3　遠心送風機および圧縮機 [5]

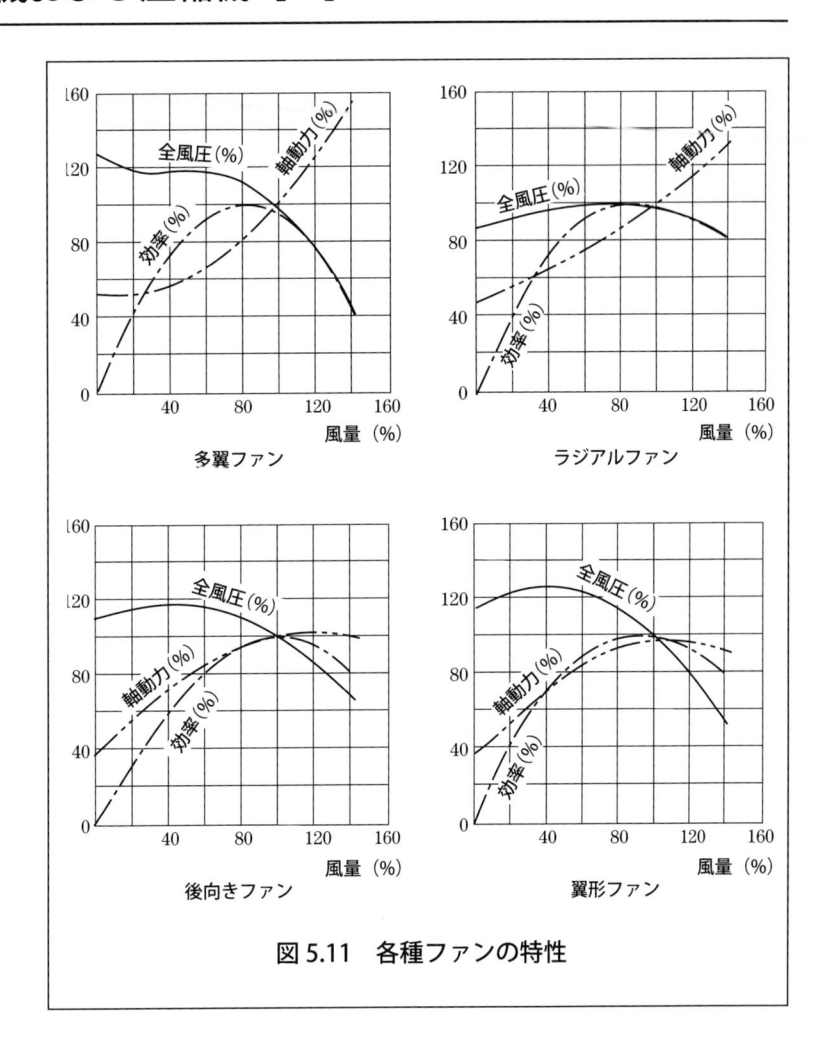

図 5.11　各種ファンの特性

5.3.2　遠心ブロワ

遠心ブロワ（centrifugal blower）のうち圧力上昇の大きいものは，羽根車出口の気体の流速が大きく，それを有効に圧力に変換するために，羽根車出口にディフューザが設けられる（図 5.12）。羽根車には一般に後向き羽根が用いられるが，径向き羽根が用いられることもある。ブロワの回転速度は，羽根車の製作方法およびそれに使用される材料によっても制限を受ける。鋼板による組立方式（図 5.13 (a)）は，製作容易で安価であるが，高速で回転させるには，強度上からも性能的にも不向きである。圧力上昇が大きい場合には，図 5.13 (b) に示す鋳造品あるいは溶接品として回転速度を高くするか，あるいは，回転速度を比較的低速にして段数を多くする（図 5.12 (b)）。ただし，後者の場合は，図に示すように，1段目ディフューザを出た気体を2段目入口に導く戻り流路，および2段目羽根車流路に滑らかに導くための戻り案内羽根を設ける。

5.3 遠心送風機および圧縮機 [6]

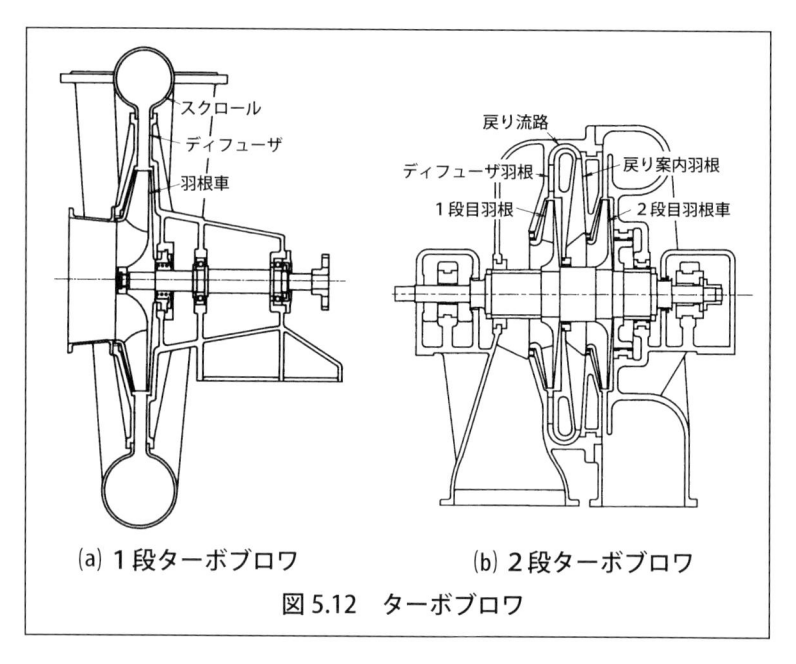

(a) 1段ターボブロワ　　(b) 2段ターボブロワ
図 5.12　ターボブロワ

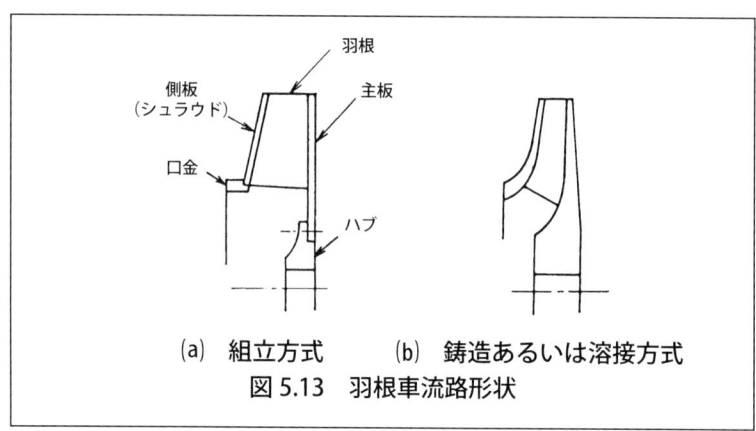

(a) 組立方式　　(b) 鋳造あるいは溶接方式
図 5.13　羽根車流路形状

5.3.3　遠心圧縮機

遠心圧縮機 (centrifugal compressor) の構造はブロワとほとんど同じであるが，より高い圧力比を得るために，より高速で運転され，したがって流路内の流れも高速となる。このような状態下では発生する損失も大きくなりがちであるので，流路は損失のより少ない形状に作られねばならない。羽根車については強度上の観点からも，精密鋳造や NC 機械での削り出し等の製作法が採用される。この場合，加工の容易さから，インデューサ (inducer) と呼ばれる羽根車流路上流部分を，羽根車本体とは別にして製作することもある（図 5.14）。

段あたりの圧力比が 10 以上に達するものもある。このときの羽根車は強度上の観点から，図 5.15(a) のクローズド羽根車 (closed impeller) に代えて，図 5.15(b) の側板なしのオープン羽根車 (open impeller) が用いられる。性能的には，後者は前者に比べて若干劣る。

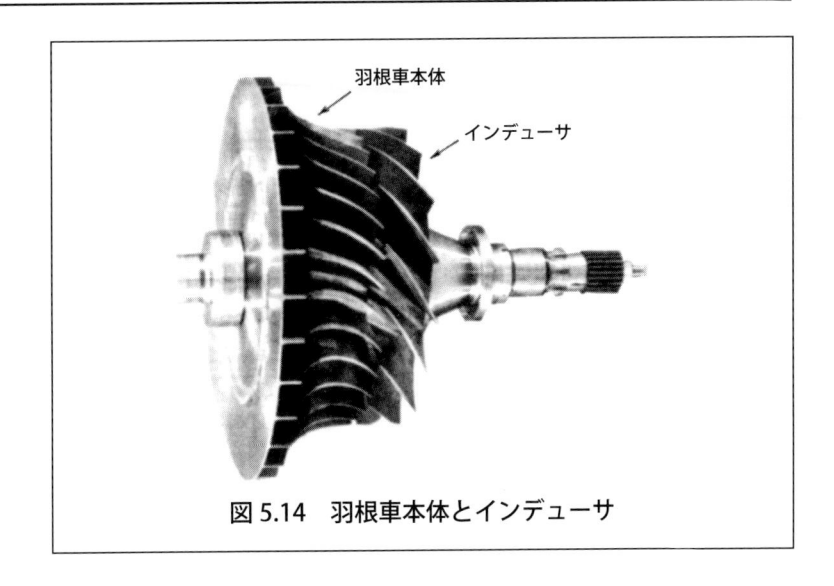

5.3 遠心送風機および圧縮機 [7]

図 5.14 羽根車本体とインデューサ

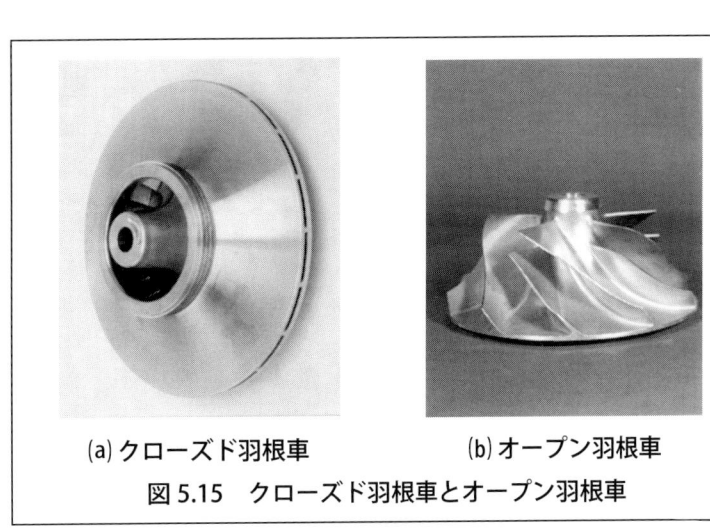

(a) クローズド羽根車　　(b) オープン羽根車
図 5.15 クローズド羽根車とオープン羽根車

　ディフューザは案内羽根付き（図 5.16）と案内羽根なし（図 5.12 (a)）とがある。一般に，設計点付近での運転では案内羽根付きが良い効率を示し，設計点から遠ざかるにつれて，案内羽根なしが良い効率を与えるようになる。
　段数を多くすることによって，300 ～ 400 気圧の高圧に圧縮する機械も製作されるが，圧力が増すと気体の温度も高くなり，羽根車やケーシングの強度ならびに潤滑材に悪い影響を与える。この場合は，ケーシングに冷却水通路を設けて冷却するか（図 5.17 (a)），ディフューザから出た高温気体を中間冷却器（intercooler）に導いて冷却した後，次の段の入口に導く方法などが取られる（図 5.17 (b)）。

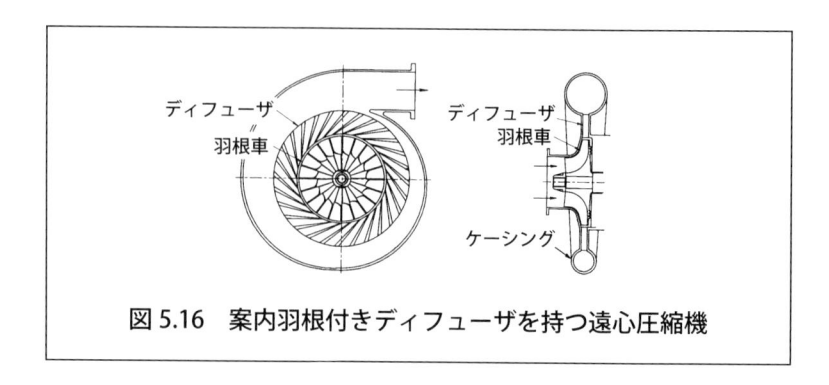

5.3 遠心送風機および圧縮機 [8]

図 5.16 案内羽根付きディフューザを持つ遠心圧縮機

(a) 内部冷却の 5 段遠心圧縮機

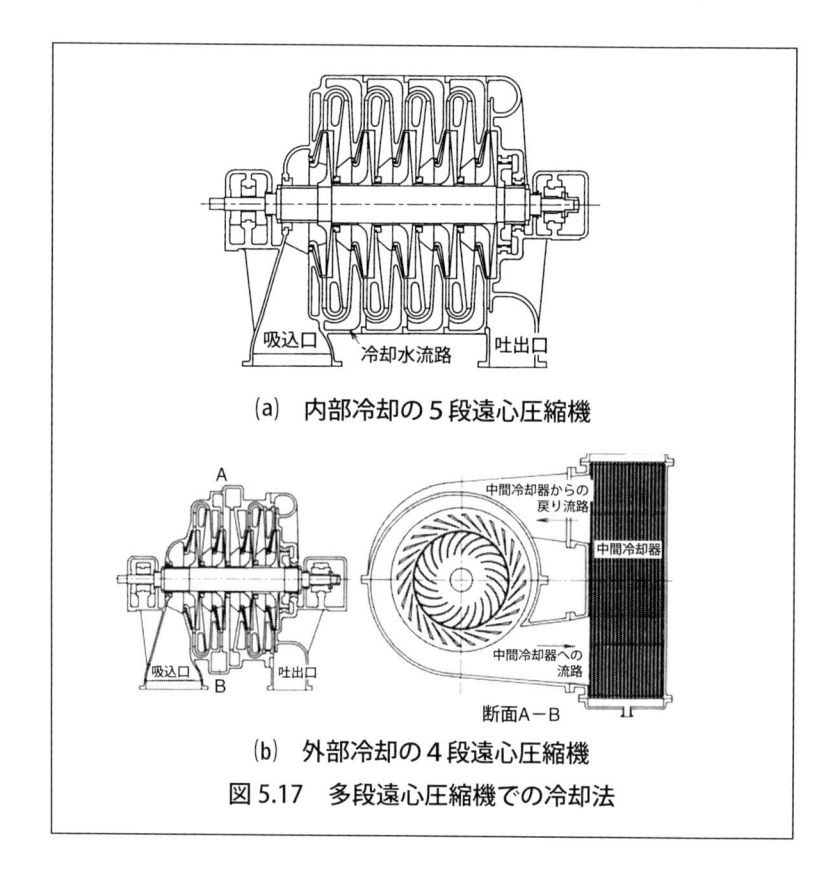

(b) 外部冷却の 4 段遠心圧縮機

図 5.17 多段遠心圧縮機での冷却法

5.4　軸流送風機および圧縮機［1］

5.4.1　軸流ファン

軸流ファン（axial fan）では気体を軸方向に流入させ，回転体の円周上に数枚から数十枚にわたって並べられた動翼（rotor blade）の揚力を利用して圧力を高め，その後に続いて設けられた案内羽根（または静翼（stator blade））によって，周方向成分を持つ流れが軸方向に向けられ，減速される。この翼の配置を後置静翼形（outlet guide vane）（図 5.18），静翼を動翼の上流側に置いたものを前置静翼形（inlet guide vane）という。

動翼とそれに続く静翼とで 1 つの段を形成し，大きな圧力上昇を必要とする場合には 2 段とすることもある。風量は遠心式より多く，駆動動力は数百ワットから 8000kW あるいはそれ以上にわたっている。口絵写真には動翼先端直径が 8m の大形ファンの例が示されている。

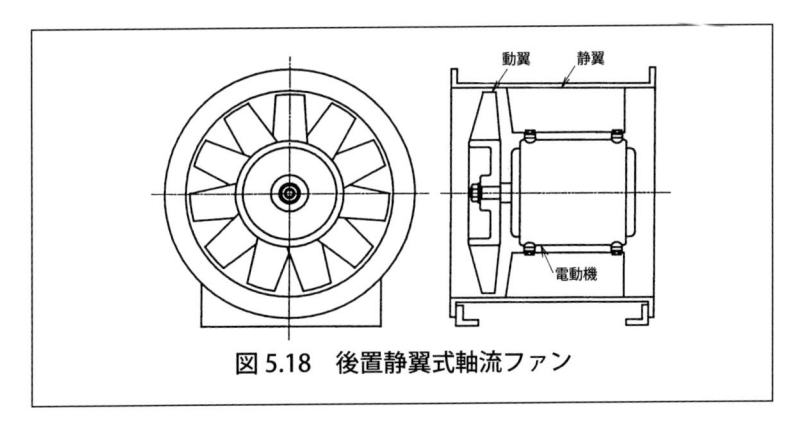

図 5.18　後置静翼式軸流ファン

動力の小さいファンは，図 5.18 に示したように，静翼を利用して電動機をケーシング内に固定し，その軸端に動翼を取りつける簡単な構造のものが多い。一方，やや大形のファンでは，図 5.19 に示すように，ケーシングを曲管形にして，その中に動翼および静翼を納め，動翼の駆動はケーシングの外側から行う。

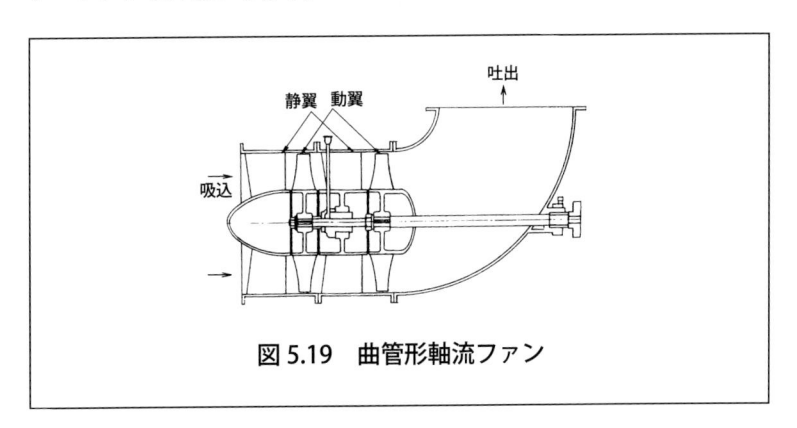

図 5.19　曲管形軸流ファン

翼の断面は翼形が多いが，板状のものもあり，これらはアルミニウムおよび銅合金の鋳物として，あるいは合成樹脂や鋼板から作られる。図 5.20 に軸流ファンの特性を示す。

5.4 軸流送風機および圧縮機［2］

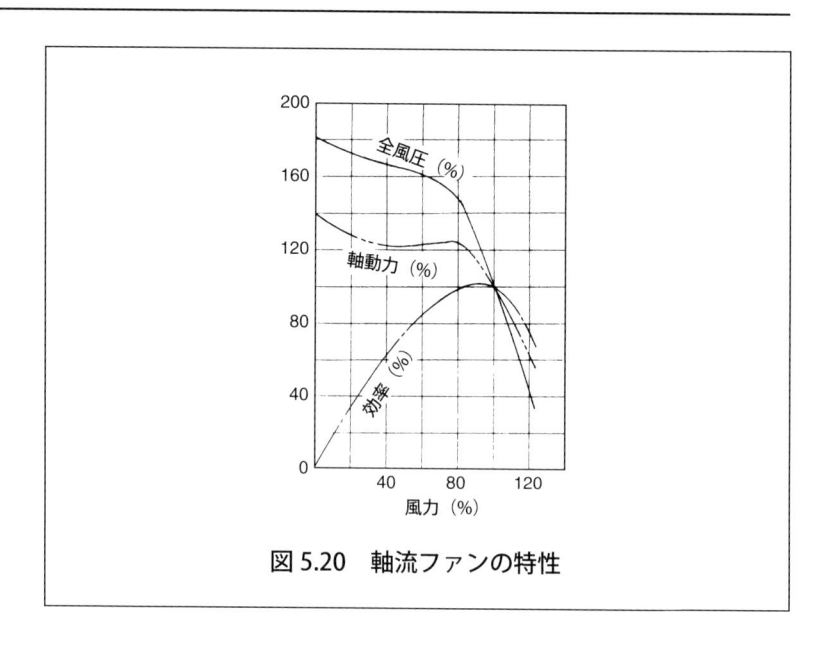

図 5.20 軸流ファンの特性

5.4.2 軸流ブロワおよび圧縮機　軸流ブロワ（axial blower）および軸流圧縮機（axial compressor）は，基本的には軸流ファンと同じ構造であるが，要求される圧力上昇に応じて段数が多くなり，翼列内の流れもそれに対応して速くなり（軸方向速度は 150m/s あるいはそれ以上），発生する損失の大きさを極力押さえる流路形状に作られる（**図 5.21**）。

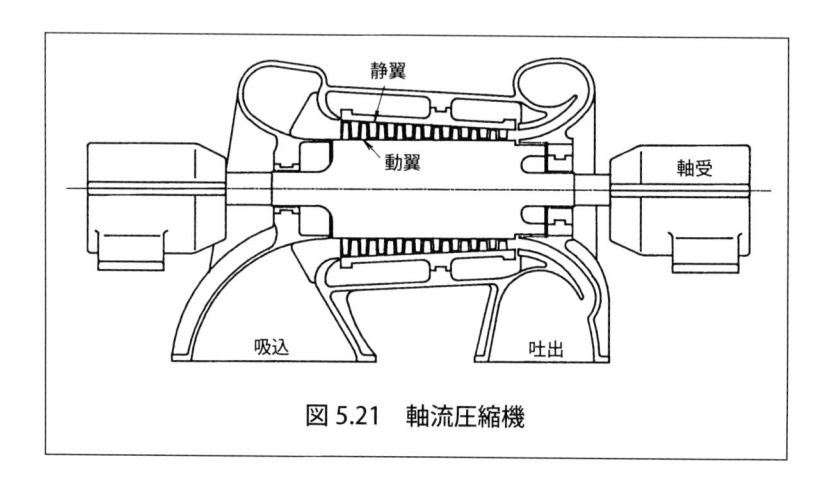

図 5.21　軸流圧縮機

気体は，最上流段から流入して下流段に向う間に圧力が上昇し，したがって密度も高くなる。このことから生じる軸方向流速の急激な減少を防ぐために，流路断面積を下流に向って小さくしてある。機械の大きさは大小さまざまであるが，大きいものでは吸込流量が数万 m^3/h，駆動動力が数万 kW に達するものもある。

高圧になるにつれて，回転軸とケーシングとのすき間からの，圧縮さ

5.4 軸流送風機および圧縮機［3］

れた気体の漏れ防止が重要になる。比較的低圧の場合には，2.6節で述べたメカニカルシールやラビリンスが用いられるが，高速，高圧の圧縮機に対して，また，毒性や可燃性のガスの圧縮に対して，図5.22のようなオイルフィルムシール（oil film seal）がよく用いられる。

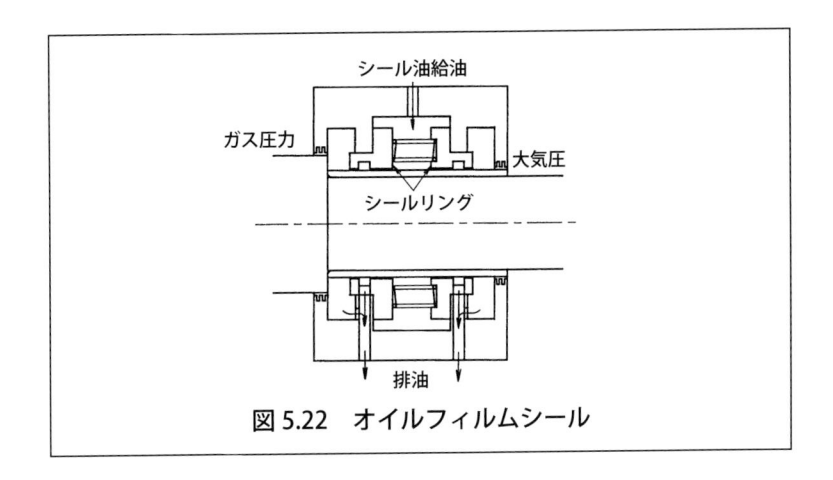

図 5.22　オイルフィルムシール

風量は遠心式の場合より大きいが，同じ圧力上昇を得るには遠心式より形が大きく高速回転となる。一方，効率は設計点近傍で軸流式が3～8％程度高いが，設計点から遠ざかるにつれてその差は小さくなり，逆転する場合もある。図5.23に軸流圧縮機（axial compressor）の特性曲線の1例を示す。上述のような軸流式の部分負荷運転での効率低下を補うため，運転中に必要に応じて翼の向きを変えることのできる，可変静翼（movable stator）（あるいは動翼）が用いられることもある。図5.24に可変静翼式で得られた特性曲線の例を示す。ここで，全等温効率

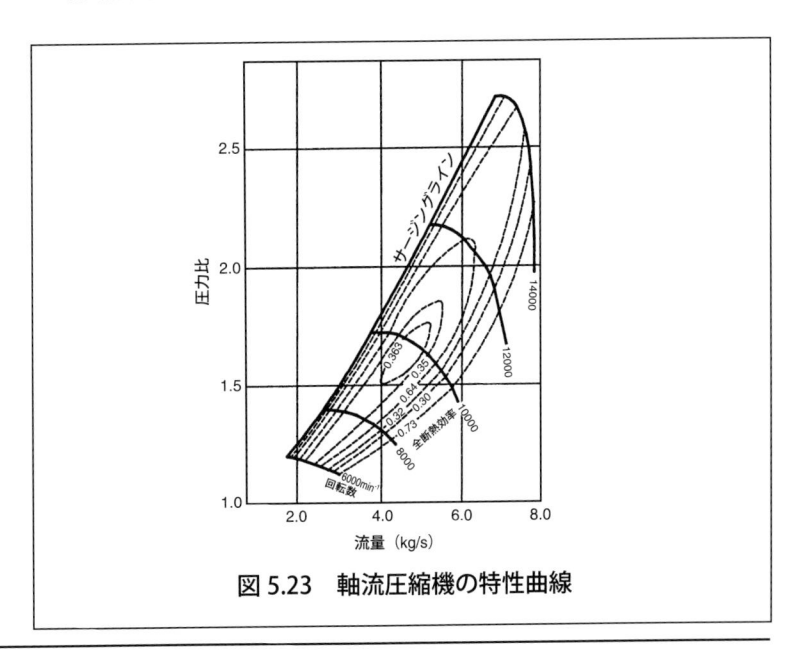

図 5.23　軸流圧縮機の特性曲線

5.4 軸流送風機および圧縮機 [4]

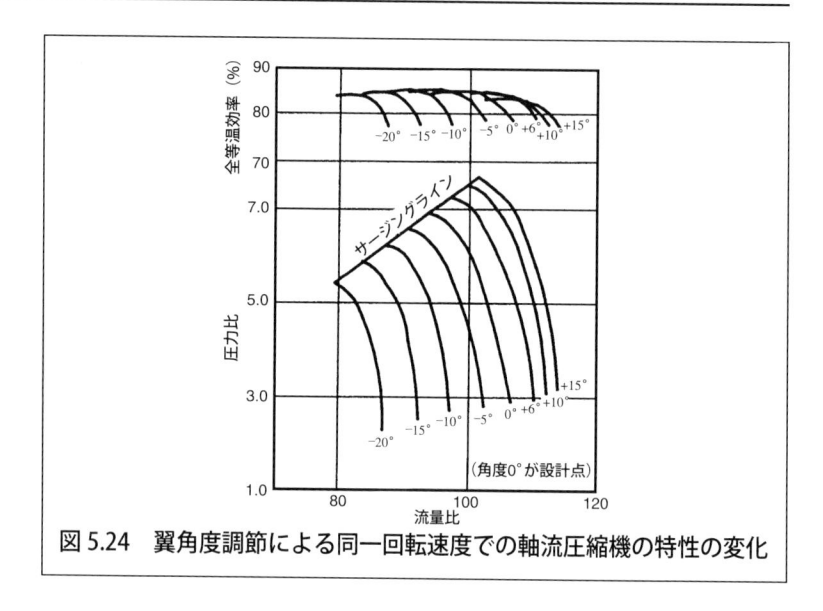

図 5.24 翼角度調節による同一回転速度での軸流圧縮機の特性の変化

（overall isothermal efficiency）は，入口全圧から出口全圧まで等温圧縮するのに必要な動力，つまり等温動力を，軸動力で除したものである。

5.5 斜流送風機

斜流ブロワ（mixed flow blower）では，羽根車出口部の子午面流れが，軸流と遠心両タイプの中間的方向に向いている（**図 5.25**）。羽根車入口部での軸方向流れから出口部での斜め方向流れへの方向変化がゆるやかに行われるので，圧力上昇や効率は一般に遠心式のものより高く，この傾向は斜流角に依存する。しかし，遠心式に比べて，同じ圧力比で機械の軸方向長さが若干長くなる欠点がある。

図 5.26 は，斜流ブロワの特性の一例を，設計点における各値との比で示したものである。

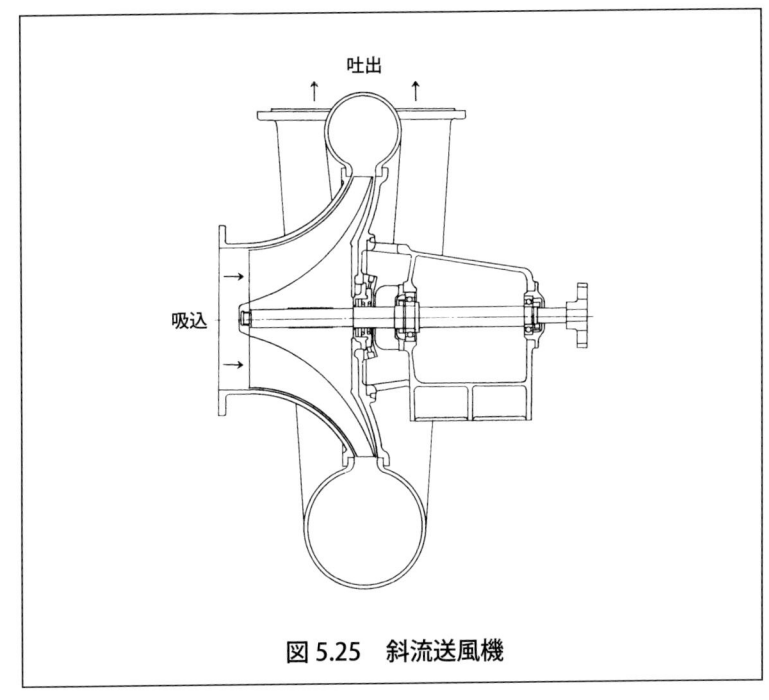

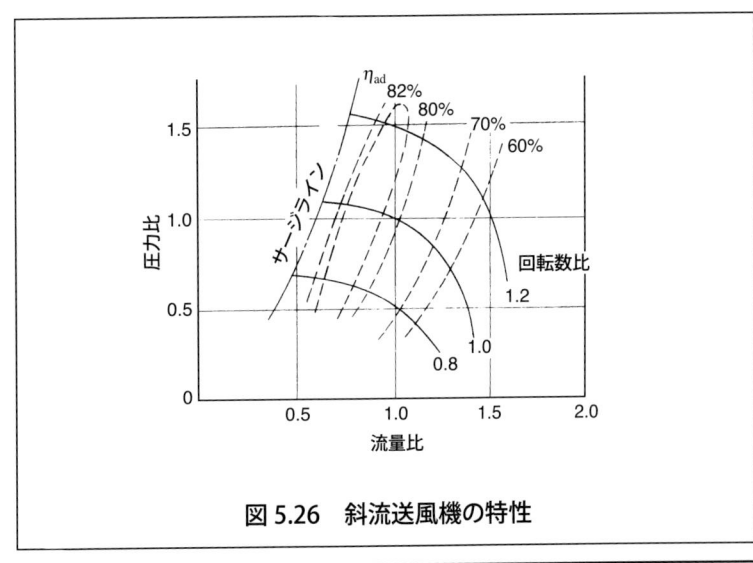

図 5.25　斜流送風機

図 5.26　斜流送風機の特性

5.6　横流ファン

横流ファン（cross flow fan）は図 5.27 のような前向き羽根を持ち，断面形状は多翼ファンに似ているが，気体の流れはまったく異なる。気体は羽根車の外周から流入し，羽根車からエネルギーを受けながら羽根間流路を流れ，羽根車の内部に入る。そして内部を横切って反対側から再び羽根間流路に入り，エネルギーを受けて外部に吐出される。このように，横流ファンでは軸方向の速度成分を持たないので，軸方向流路長さを制限するものは何もない。このことから，このファンは，サーキュレータやエアカーテンなど，横幅の広い流れ面（図 5.28）を作る必要があるときに使われる。

羽根角度 β_1 は外周部で 140〜160°，内周部で 90〜110° 程度であり，流入口と流出口の円周方向幅の大きさは，両者で等しい場合がもっとも性能が良い。図 5.29 は，横流ファン特性の一例である。

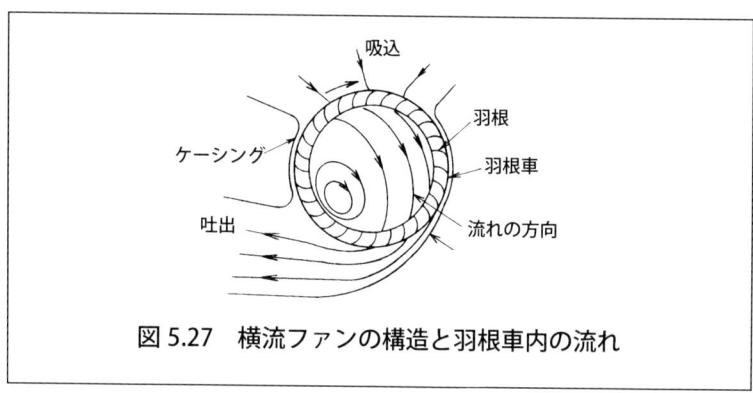

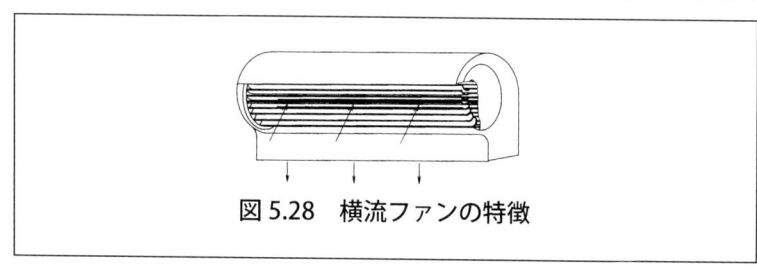

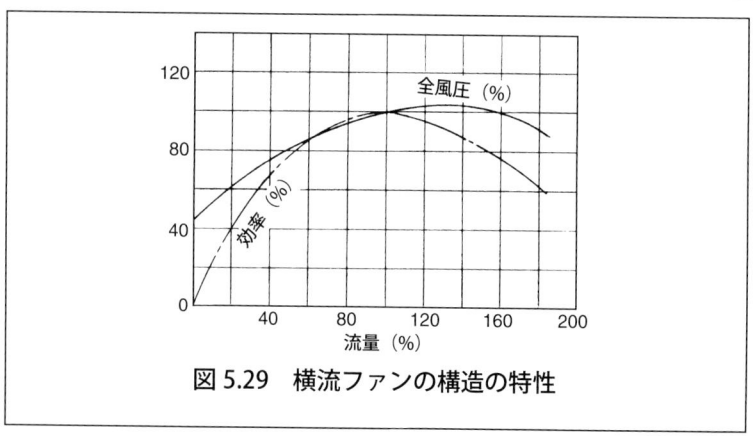

図 5.27　横流ファンの構造と羽根車内の流れ

図 5.28　横流ファンの特徴

図 5.29　横流ファンの構造の特性

5.7 プロペラファン [1]

　プロペラファン（propeller fan）は軸流ファンの一種であるが，その圧力上昇は極めて小さく，羽根枚数は3～5枚程度であり，案内羽根は設置されない。このプロペラファンは，単体として換気用ファンに，エアコンの室外機や自動車のエンジンブロックに組み込まれた熱交換器用の冷却ファン（図5.30(a)）に，コンピュータなど電子機器用の冷却ファン（図5.30(b)）など身近に広く使用されている。その性能特性は，図5.20に示された軸流ファンと同様であり，中流量域の圧力—流量特性に不安定領域（右上がり特性）をもつ。

　プロペラファンでは，その用途上からスペースの制約を受けることが多く，軸方向長さが短いケーシングが装着される。特に，熱交換器用冷却ファン（図5.30(a)）は，図5.31に示すとおり，機器に組み込まれて使用され，省スペース上からベルマウス状の極めて短いケーシングが取

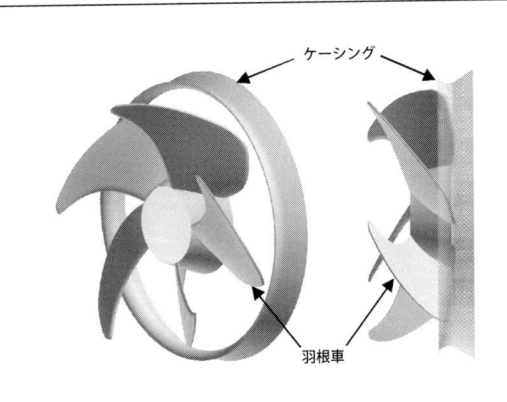

(a) 熱交換器用冷却ファン

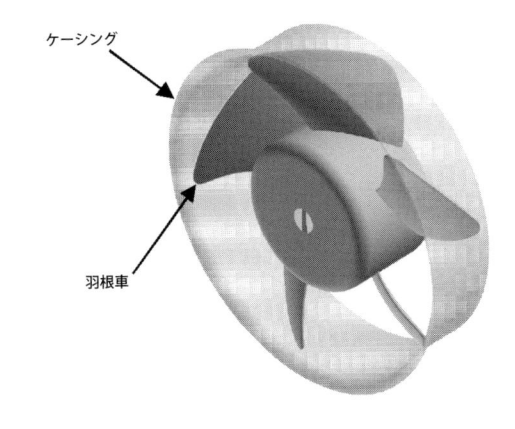

(b) 電子機器用小型冷却ファン

図5.30　プロペラファンの羽根車

5.7 プロペラファン [2]

り付けられている。この場合，羽根先端の大部分がケーシングに覆われず，外部流れ場に開放された形態となり，羽根先端がケーシングで完全に覆われた軸流ファンと比較して，羽根車まわりの流れ場が極めて複雑な三次元性を呈する。

　プロペラファンは人間の居住環境内で作動するため，その空力特性には高効率のみならず，低騒音が求められる。プロペラファンでは，前述のように羽根先端がケーシングに覆われず半開放形となっていること，さらに組み立て精度の観点より羽根先端とケーシングとの間のすき間（翼先端すき間）が大きく設定されることから，一般の軸流ファンよりも強い翼端渦が羽根先端部から放出される。この強い翼端渦はプロペラファンの羽根先端流れ場で大規模な縦渦構造を形成し，空力性能および騒音特性を支配する。その結果，プロペラファンの騒音特性は，ケーシングの形状や羽根先端とケーシングの相対位置などに大きく依存している。

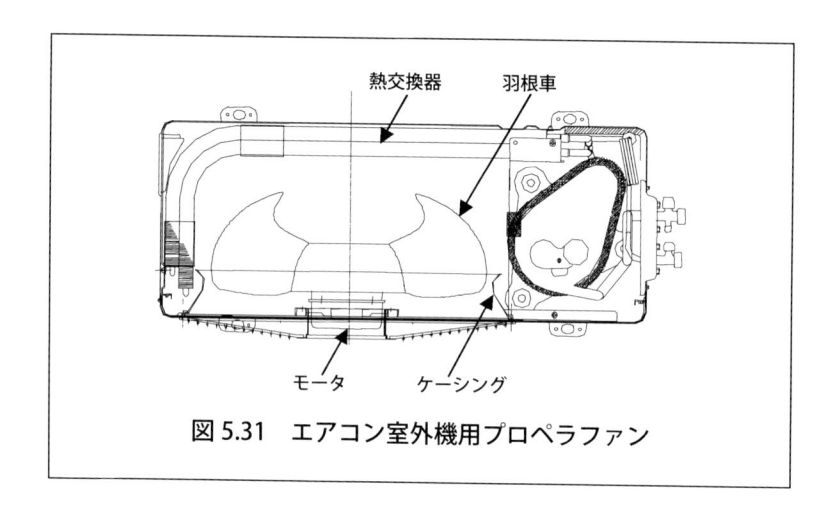

図 5.31　エアコン室外機用プロペラファン

5．例題【1】

〔5.1〕大気圧 $p_a = 101\text{kPa}$，温度20℃の下で，羽根車外径300mmの径向き羽根を持つ羽根車を 15000min^{-1} で回転させた。圧縮が断熱的であるとして，この送風機の理論吐出全圧および全温度を求めよ。また，すべり係数が0.15であるとすると，これらの値はいくらになるか。ただし，羽根車入口における絶対速度は半径方向に流れているものとし，気体の比熱比は $\kappa=1.4$，ガス定数は $R=287(\text{J}/(\text{kg}\cdot\text{K}))$ とする。

（解答）
式（5.3）において，$q=0$ とおき，式（5.4）を用いれば

$$u_2 v_{u2} - u_1 v_{u1} = \frac{\kappa}{\kappa-1} R T_{t1} \left\{ \left(\frac{T_{t2}}{T_{t1}}\right) - 1 \right\}$$

$$= \frac{\kappa}{\kappa-1} R T_{t1} \left\{ \left(\frac{P_{t2}}{P_{t1}}\right)^{\frac{\kappa-1}{\kappa}} - 1 \right\}$$

題意より，$v_{u1}=0,\ v_{u2}=u_2,\ u_2=\dfrac{2\pi r n}{60}=236\text{m}/\text{s}$

よって，

$$\frac{T_{t2}}{T_{t1}} = \left(\frac{P_{t2}}{P_{t1}}\right)^{\frac{\kappa-1}{\kappa}} = 1 + \frac{\kappa-1}{\kappa R T_{t1}} u_2^2$$

$$= 1 + \frac{0.4}{1.4 \times 287 \times 293}(236)^2 = 1.19$$

よって，T_{t2}=349K，P_{t2}=186kPa
すべり係数が0.15のとき，羽根車が気体になす仕事は $0.85 u_2^2$
よって，T_{t2}=340K，P_{t2}=170kPa

〔5.2〕p_a=99.7kPa，t_a=28℃の大気状態で圧縮機を運転して，入口静圧力 p_1=86.2kPa，吸込風量 Q_1=85.4m³/min，出口全圧力 $=P_{t2}$=283kPa，出口全温度 t_{t2}=156℃，駆動動力 P_s=196kW をえた。全断熱効率および断熱温度効率を求めよ。

（解答）
大気における密度は

$$\rho_a = \frac{p_a}{RT_a} = \frac{99700}{287 \times 301} = 1.15\text{kg}/\text{m}^3$$

5．例題【2】

大気圧 p_a から入口圧力 p_1 への状態変化は断熱的であるから，

$$\rho_1 = \rho_a \left(\frac{p_1}{p_a}\right)^{\frac{1}{\kappa}} = 1.15 \left(\frac{86200}{99700}\right)^{\frac{1}{1.4}} = 1.04 \text{kg}/\text{m}^3$$

圧縮機に吸入される質量流量 $\dot{m}$ は

$$\dot{m} = \rho_1 Q_1 = 1.04 \times 85.4 = 88.8 \text{kg/min} = 1.48 \text{kg/s}$$

断熱圧縮動力は，式（5.4）および（5.6）より

$$P_{ad} = \dot{m} \frac{\kappa}{\kappa - 1} R T_a \left\{ \left(\frac{P_{t2}}{P_a}\right)^{\frac{\kappa-1}{\kappa}} - 1 \right\}$$

$$= 1.48 \times \frac{1.4}{1.4 - 1} \times 287 \times 301 \left\{ \left(\frac{283000}{99700}\right)^{\frac{1.4-1}{1.4}} - 1 \right\}$$

$$= 155 \text{kw}$$

駆動力は P_s=196kW であるから，全断熱効率は式（5.10）より

$$\eta_0 = \frac{155}{196} = 0.791$$

断熱温度効率は，式（5.11）を用いて，

$$\eta_\theta = \frac{T_a \left(\frac{P_{t2}}{P_a}\right)^{\frac{\kappa-1}{\kappa}} - T_a}{T_{t2} - T_a}$$

$$= \frac{301 \left(\frac{283000}{99700}\right)^{\frac{1.4-1}{1.4}} - 301}{429 - 301} = 0.817$$

となる。

6. 水車およびポンプ水車
6.1 水力発電所・揚水発電所 [1]

6.1.1 水力発電

有史以前から人類が利用してきた水は蒸発と降雨を持続的に繰り返す循環型自然エネルギー資源，枯渇しない再生可能エネルギー資源，気象や地理的条件に左右されるが日本にも多く存在する純国産エネルギー資源である。高い所から低い所に流れる水のエネルギーを電気エネルギーに変換する水力発電において，水の力で回転して発電機を駆動するターボ機械が水車である。第4章で学んだポンプはこの逆であり，電動機で羽根車を駆動して水にエネルギーを与える。

6.1.2 発電所

水力発電施設には文字通りの水力発電所（hydraulic power station）と揚水能力を備えた揚水発電所（pumped storage power station）がある。

水力発電所は発電のみを目的としており，陸地に降った雨水の位置エネルギーを有効に回収するため，発電所より高所に貯水部を設け，水圧管（penstock）を通して水のエネルギーを水車（hydraulic turbine, hydroturbine）に与えるのが一般的である（図6.1）。ランナ（runner, 水車では羽根車をランナと呼ぶ）も水車運転専用として設計される。

これに対し，揚水発電所は上下に貯水池を設け，昼と夜の電力需要差を調整する役目を担う。すなわち，昼間の電力需要ピーク時には上部貯水池の水を下部貯水池に流して発電し，電力需要が少ない深夜には出力調整が難しい原子力発電所からの余剰電力を利用して下部貯水池から上部貯水池に揚水して明日の発電に備える。上部貯水池と下部貯水池への自然の降雨による流入量がほとんどないものを純揚水，降雨による流入量もあわせて利用するものを混合揚水と呼ぶ。

ポンプと電動機，水車と発電機の両設備を設置した別置式（separate type），ポンプと水車は別置であるが電動機と発電機は兼用の発電電動

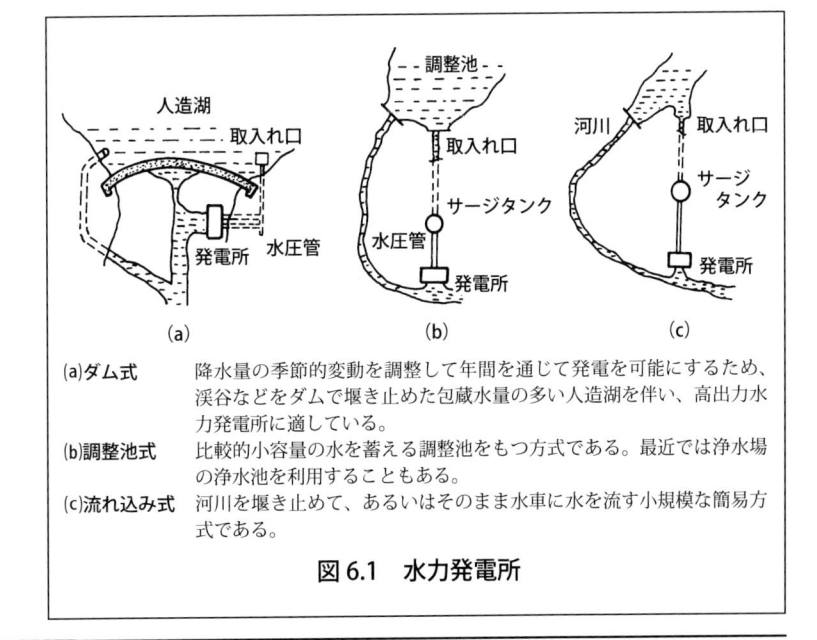

(a)ダム式　降水量の季節的変動を調整して年間を通じて発電を可能にするため，渓谷などをダムで堰き止めた包蔵水量の多い人造湖を伴い，高出力水力発電所に適している。

(b)調整池式　比較的小容量の水を蓄える調整池をもつ方式である。最近では浄水場の浄水池を利用することもある。

(c)流れ込み式　河川を堰き止めて，あるいはそのまま水車に水を流す小規模な簡易方式である。

図6.1　水力発電所

6.1　水力発電所・揚水発電所 ［2］

機を備えたタンデム式（tandem type），およびポンプ水車と発電電動機一式を設置した可逆式（reversible type）があり，最近の大容量揚水発電所のほとんどは可逆式である。この場合，ランナは，1個で発電（水車）および揚水（ポンプ）それぞれに回転方向を変えて使用できるように設計される。

6.2 水車の出力と性能曲線 [1]

6.2.1 有効落差

水車は**表6.1**に示すように衝動形水車と反動形水車に大別され，水車に利用される全ヘッドを有効落差（effective head）と呼ぶ。**図6.2**に示すような吸出し管を設ける反動形水車に対する有効落差は式（6.1）から求められる。

$$H = H_G - (H_1 + H_2) \quad (\text{m}) \tag{6.1}$$

ここに，H ：有効落差（m）
H_G：総落差（取水口水面と放水口水面との高低差）（m）
H_1：取水口水面から水車入口1までの損失ヘッド（m）
H_2：水車出口2から放水口水面までの損失ヘッド（m）

なお，吸出し管を設けず放水口水面より上部にランナを設ける一般的な衝動形水車に対する有効落差はノズル入口における全ヘッド（圧力ヘッドと速度ヘッドの和）から求められる。

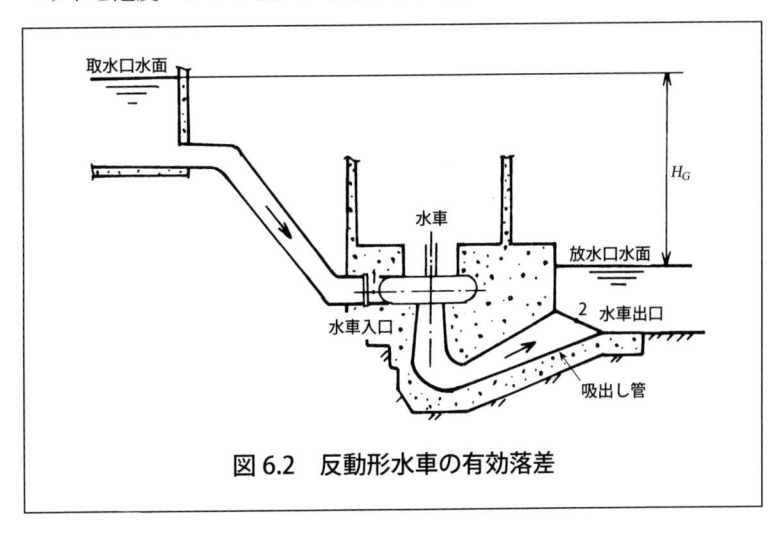

図6.2 反動形水車の有効落差

6.2.2 水車の出力

流れの運動量変化を利用する衝動形水車（**図6.4, 6.5**参照）のランナは多くのバケットを有しており，ノズルからの噴流は総てバケットに当たり有効に作用するから，噴流がバケットに与える単位時間当たりの仕事すなわち出力（output）は式（6.2）で与えられる。

$$P = \rho Q u (v_1 - u)(1 - k\cos\beta_2) \times 10^{-3} \quad (\text{kW}) \tag{6.2}$$

ここに，P ：水車出力（kW）
ρ ：水の密度（kg/m³）
Q ：流量（m³/s）
u ：バケットの周速度（m/s）
v_1 ：噴流の速度（m/s）
k ：バケット出入口の相対速度比（$= w_2/w_1$）
β_2 ：噴流方向から測ったバケットの出口角度

6.2 水車の出力と性能曲線 [2]

である。$u = v_1/2$ で P は最大となり，とくに，$k = 1$，$\beta_2 = \pi$ のときは質量流量 $\rho g Q$ の噴流がもつ全速度ヘッド $\rho Q v_1^2/2$ をバケットが吸収する。言い替えると，衝動形水車は水の速度エネルギーを吸収する。

これに対し，速度エネルギーと圧力エネルギーを吸収する反動形水車の出力は，水車効率を η_T とすれば式 (6.3) から求められる。

$$P = \eta_T \rho g Q H \times 10^{-3} \text{(kW)} \tag{6.3}$$

出力を水力の動力量でみると，
- 大水力 (large hydropower)　　　　：100MW 以上
- 中水力 (medium hydropower)　　：100MW 〜 10MW
- 小水力 (small hydropower)　　　　：10MW 〜 1MW
- ミニ水力 (mini hydropower)　　　：1MW 〜 100kW
- マイクロ水力 (micro hydropower)：100kW 以下

に分類される[6-1]。第 6.3 節の大半は経済的と言われている 100kW 以上の水力に適用する水車を取り上げており，マイクロ水力の利用については最後の項で触れる。

6.2.3 性能曲線

反動形水車の性能曲線 (performance curve) の例を図 6.3 に示す。一定の有効落差とガイドベーン開度 (流量) で運転されるとき，回転速度 n に対して，トルク T, 出力 P, および効率 η_T は図 6.3 (a) のようになる。また，流量 Q と回転速度 n に対して，ガイドベーン開度と水車効率 η_T の関係 (目玉カーブ, hill chart, shell curve) は図 6.3 (b) のようになる。図 6.3 (a) でわかるように，水車軸にかかるトルクが減少すれば回転速度は早くなり，トルクが零になったときが無負荷運転状態であり，このときの回転速度 n_R を無拘束速度 (runaway speed) と呼ぶ。無拘束速度は機種によって異なるが，定格回転速度の 3 倍近くにも達するものもある。現実には無拘束速度まで回転速度が上昇することはほとんどないが，この場合でも水車および発電機の回転部分が強度的に十分耐えられるように設計製作する必要がある。

水車の性能曲線は，ランナの代表径 D と有効落差 H を単位量とみなしたときの下記の諸量；

- 単位回転速度 (unit rotational speed)：$n_{11} = nD/H^{1/2}$
- 単位流量 (unit discharge)　　　　　：$Q_{11} = Q/(D^2 H^{1/2})$
- 単位トルク (unit torque)　　　　　：$T_{11} = T/(D^3 H)$ 　　(6.4)
- 単位出力 (unit output)　　　　　　：$P_{11} = P/(D^2 H^{3/2})$

を用いて表示するのが一般的であり，単位回転速度に対する諸特性を変落差特性 (variable head characteristics)*，単位流量に対する諸特性を

[6-1] 茅陽一監修，新エネルギー大事典，562 頁，工業調査会。

6.2 水車の出力と性能曲線［3］

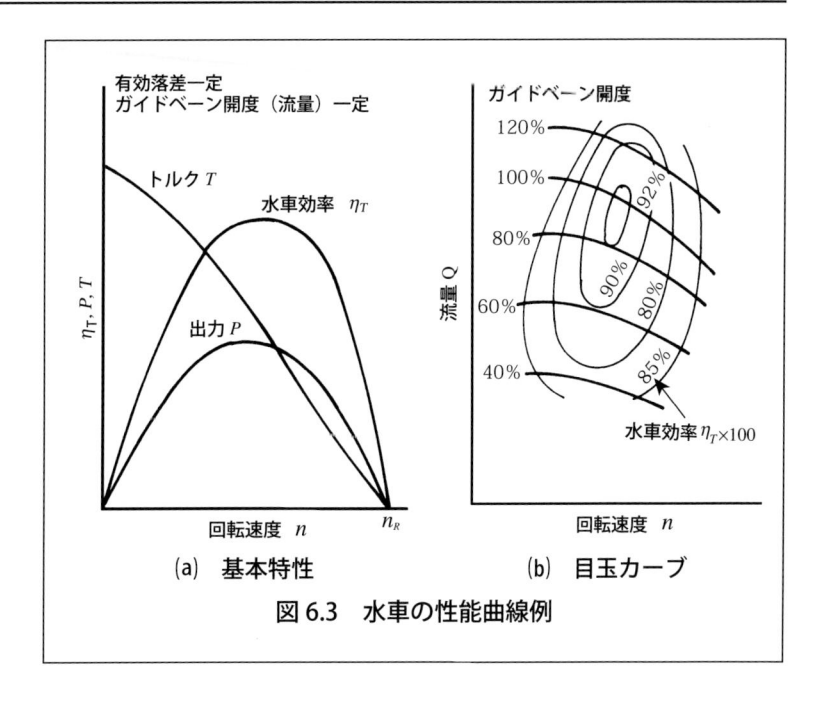

図 6.3 水車の性能曲線例
(a) 基本特性
(b) 目玉カーブ

変流量特性（variable discharge characteristics）と呼ぶ。なお，ポンプ水車のポンプ運転ではポンプと同様な性能表示が行われる。

注＊) 系統連系（grid connection）をする水車すなわち発電機の回転速度は系統の周波数 f（Hz）によって決められ，$n = 120f /$ 極数（min^{-1}）で与えられる。したがって，単位回転速度 n_{11} の相違は有効落差 H の相違に相当する。

6.3 水車の形式と構造 [1]

6.3.1 水車の分類

水力発電所に現在設置されている主な水車を適用範囲とともに**表6.1**に示す。ここに，一般的に水車の比速度はとくに指定がない限り有効落差と出力を用いて式（6.5）で定義される。

$$N_{SP} = \frac{nP^{1/2}}{H^{5/4}} \tag{6.5}$$

ここに，N_{SP}：水車比速度 （min^{-1}, kW, m）
　　　　n：定格回転速度（min^{-1}）
　　　　P：水車出力　　（kW）
　　　　H：有効落差　　（m）

である。出力 P は衝動形ペルトン水車の場合ノズル1個あたりの値，反動形水車の場合ランナ1段あたりの値を用いる。

表6.1 水車の分類と適用範囲

形式		水車	適用有効落差 H (m)	適用比速度 N_{SP} (min^{-1}, kW, m)
衝動形		ペルトン水車	150〜800	8〜25
反動形	遠心式	フランシス水車	40〜500	50〜350
	斜流式	斜流（デリア）水車	40〜180	100〜350
	軸流式	カプラン水車 チューブラ（バルブ）水車	5〜80	200〜900 500以上

水車は絶対速度に基づく運動エネルギーを変換する衝動形水車（impulse turbine）と，運動エネルギーと圧力エネルギーを変換する反動形水車（reaction turbine）に大別される。反動形水車はランナ形状，すなわちランナを通る際の流れの方向変化によって，半径流を軸方向に変える遠心式，斜流を軸方向に変える斜流式，軸方向流れを保つ軸流式に細分される。これらは立軸／横軸，あるいは可動／固定羽根，流水路形状などによって呼称が異なるものもあるが，詳細は専門書[6-2]を参照されたい。例えば，斜流式と軸流式の内，立軸で可動ランナ羽根のものをそれぞれデリア水車，カプラン水車と呼んでいる。また，横軸水車は立軸水車より低落差に適用され，チューブラ水車の内，発電機を流水路内に設けたものをとくにバルブ水車と呼んでいる。

6.3.2 ペルトン水車

ペルトン水車（Pelton turbine）は衝動形水車の一種であり，ランナの据え付け状態と数，ノズル（nozzle）の数によって分類され，一例として図6.4に横軸単輪二射ペルトン水車の構造例を示す。一般的に小容量機は横軸，大容量機は立軸が採用される。

ノズルには流量調整用のニードルと負荷遮断用のデフレクタが設けら

[6-2] ターボ機械協会編，ハイドロタービン，日本工業出版

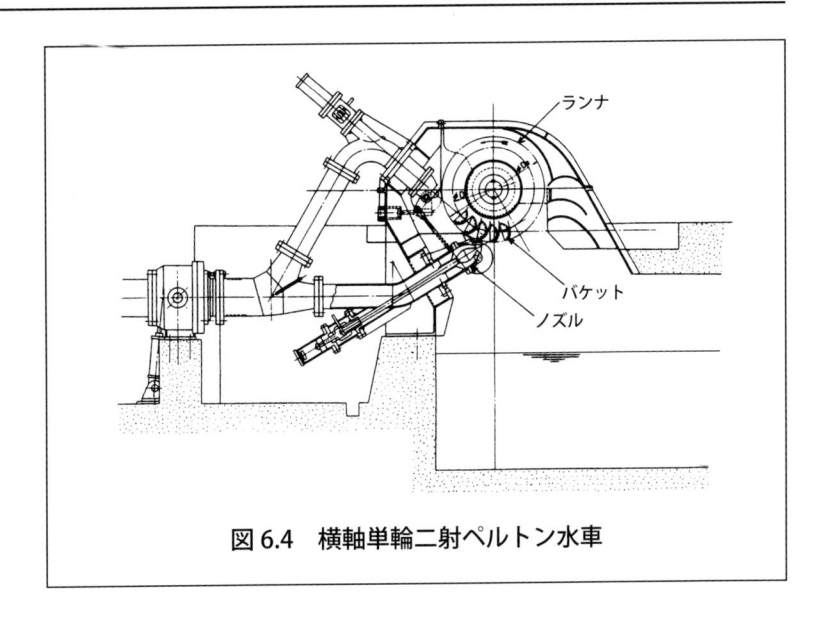

6.3 水車の形式と構造［2］

図 6.4 横軸単輪二射ペルトン水車

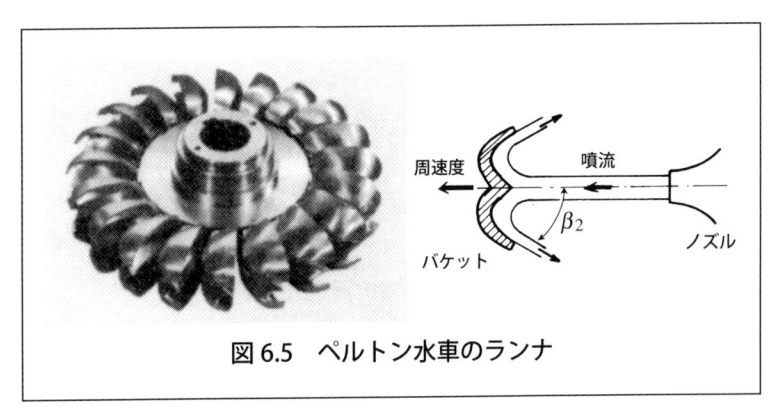

図 6.5 ペルトン水車のランナ

れており，ノズルを出た噴流は図 6.5 のようにランナバケット（runner bucket）に衝突し，流れの運動量変化によってランナに仕事を与える。

6.3.3 フランシス水車

遠心式のフランシス水車（Francis turbine）は大容量に適しており，現在稼働中の出力 10 万 kW 以上のほとんどはフランシス水車である。

立軸（vertical shaft）フランシス水車の構造例を図 6.6 に示す。遠心ポンプの構造と類似しており，流れの方向とランナの回転方向がポンプとは逆になり，主軸（main/turbine shaft）に直結された発電機から電力を取り出す。

水圧管から導かれた高圧水は渦巻ケーシング（spiral casing），ステーベーン（stay vane），ガイドベーン（guide vane）を通り，ランナに導かれる。ランナ内で水車作用を行った水は吸出し管（draft tube）を通り放水口に流出する。ここに，ステーベーンは内圧による流路の変形を防ぐ役目を担うとともに渦巻ケーシングからの流れを整流する。また，

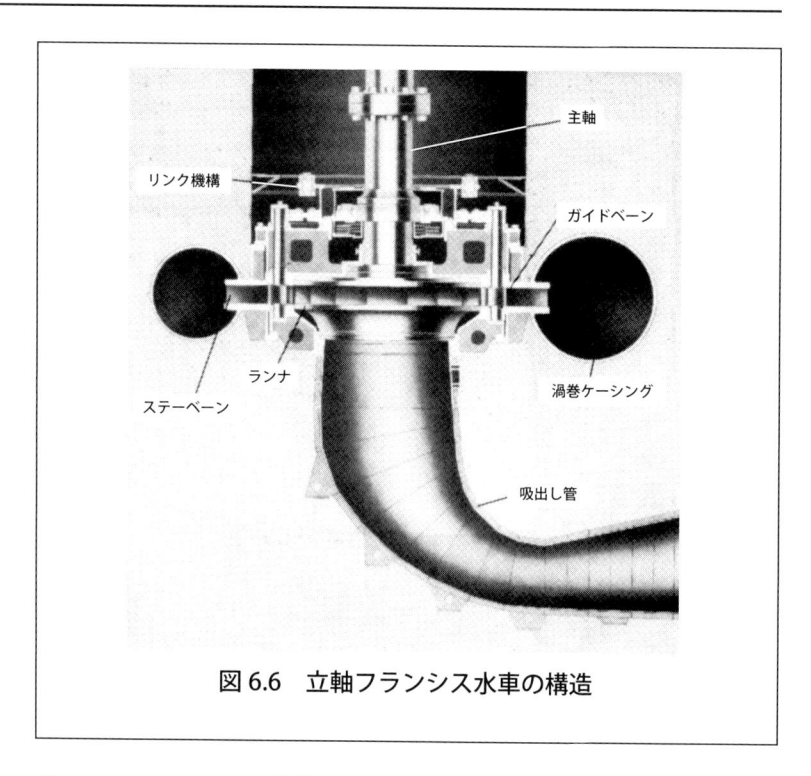

6.3　水車の形式と構造［3］

図 6.6　立軸フランシス水車の構造

ガイドベーンはリンク機構によりその取付け角が可変になっており，その開度調整によって流量すなわち出力調整が行われる。ランナ出口の流れがもつ速度エネルギーをそのまま放水すると廃棄損失（discharge loss）が大きくなるから，反動形水車では広がり流路である吸出し管を設け，廃棄損失を低減させる。さらに，ランナ位置より放水口水面のほうが低い場合，吸出し管はその落差を有効に利用する役目も担う。

ランナはポンプの羽根車（**図 3.2** 参照）と同じように比速度によってその形状が変わり，**図 6.7** に示すように高比速度ほどランナ径に対して流路幅が相対的に広くなる。

低比速度ランナ
（落差 411m，出力 26.6 万 kW）

高比速度ランナ
（落差 41.5m，出力 5.14 万 kW）

図 6.7　フランシス水車のランナ

6.3　水車の形式と構造　[4]

6.3.4　斜流水車

斜流水車（mixed-flow/diagonal-flow turbine）は斜流ポンプと同じように有効落差，比速度など，上述した遠心式水車と下述する軸流式水車の中間的な位置を占めている。ランナの例を**図 6.8** に示す。一般には，広い負荷範囲で高い効率を得るためにランナ羽根（runner vane/blade）の取付け角はガイドベーン開度に対応して変えられる構造（可動羽根，movable blade）になっており，デリア水車（Deriaz turbine）の別名がある。このように，流量に応じた好適な羽根角度（迎え角）で運転することをオンカム運転（on-cam operation）と呼んでいる。

渦巻きケーシング，ステーベーン，ガイドベーンなどの構造は前述のフランシス水車の構造とほとんど同じである。

図 6.8　デリア水車のランナ

6.3.5　カプラン水車

軸流ポンプの羽根車に似たランナを有する軸流式水車を総称してプロペラ水車（propeller turbine）と呼んでいる。大容量のものは上述したデリア水車と同様に，ランナ羽根の取付け角が変えられる立軸のものがほとんどで，カプラン水車（Kaplan turbine）と呼ばれている。そのランナ例を**図 6.9** に示す。ランナ以外の構造はフランシス水車とほとんど同じである。

なお，低落差，中小容量で発電負荷が少ない場合には固定ランナ羽根が採用され，固定羽根（fixed blade）プロペラ水車と呼ばれている。

6.3.6　チューブラ水車

上述に対して横軸形プロペラ水車は約 20m 以下の低落差に適用され，横軸円筒プロペラ水車，一般的にはチューブラ水車（tubular turbine）と呼ばれている。チューブラ水車には，**図 6.10** に示すように発電機を流水路内に設けたバルブ水車，上部が開放したピット内に発電機を設けるピット形チューブラ水車，吸出し管を屈曲させて流水路外に発電機を設けるＳ形チューブラ水車などがある。

6.3 水車の形式と構造 [5]

図 6.9 カプラン水車のランナ

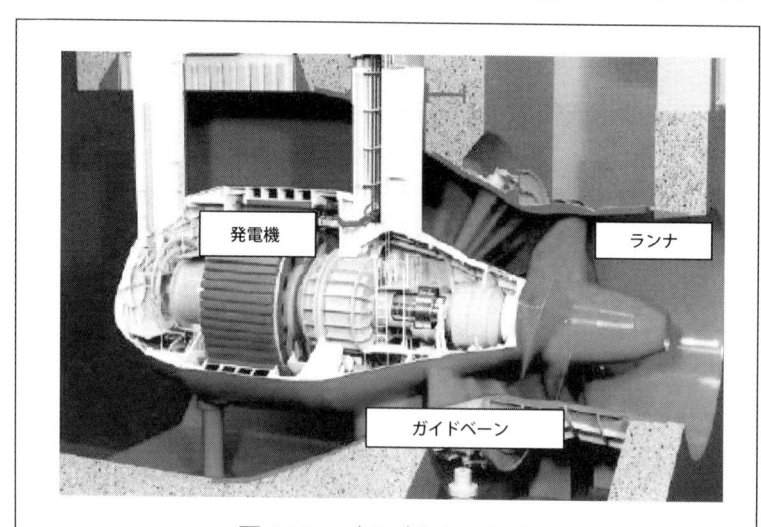

図 6.10 バルブ水車の構造

6.3.7 マイクロ水車

日本では大容量水力発電地点が残り少ないことと，循環型社会構築の要求が相俟って，マイクロ水力資源を有効利用する水車の開発も盛んに行われている。

(1) 従来技術の適用

従来技術の延長線上にあるマイクロ水車の例を図 6.11 に示す。前述した各水車を改良・簡素化してマイクロ水力に適用するものがほとんどであるが，ポンプをそのまま水車に用いる例もある。

(2) クロスフロー水車（貫流水車，cross flow turbine）

歴史は古く，中程度の落差に対して既に発電実績がある。図 6.12 に示すように，エアコンなどに使用されるの横流ファンに似たランナからなり，構造は幾分複雑である。ランナを軸方向に分割して流量すなわち出力に応じて使用範囲を変えることが可能であり，さらに各分割流路に設けられたガイドベーン（案内羽根）によって連続的に流量調節ができる。

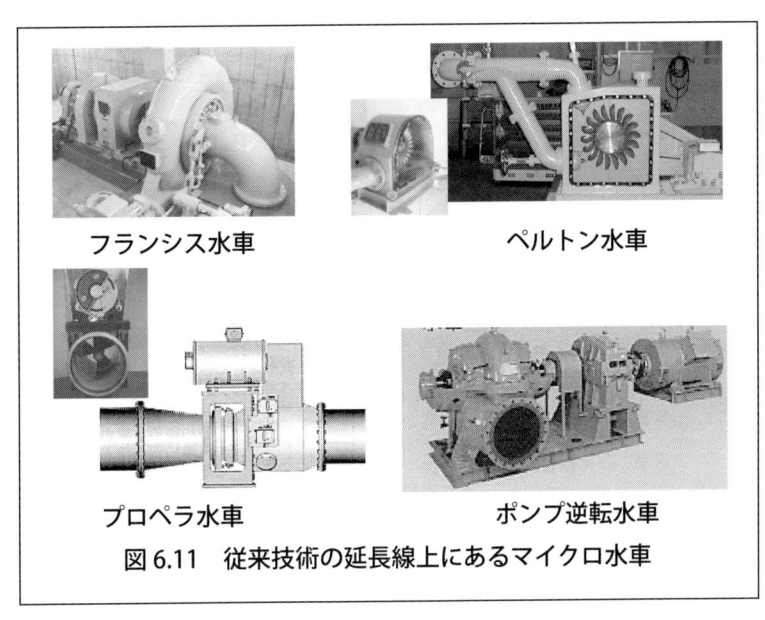

6.3　水車の形式と構造 [6]

図 6.11　従来技術の延長線上にあるマイクロ水車

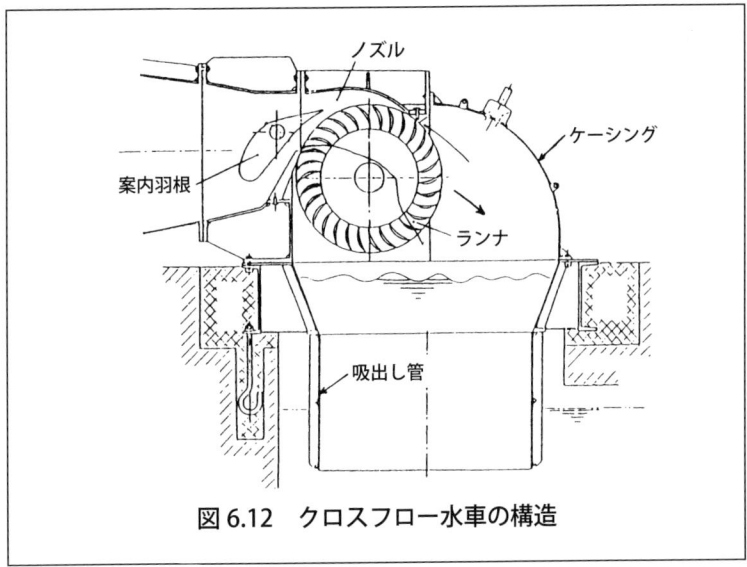

フランシス水車　　ペルトン水車
プロペラ水車　　ポンプ逆転水車

図 6.12　クロスフロー水車の構造

(3)　ダリウス水車（Darrieus turbine）

　ダリウス形風車の水車版である。横流形ゆえに一回転中に翼への迎え角が刻々変わるので回転力に幾分変動があるものの，起動力を有するランナの好適形状が明らかにされている[6-3]。構造が極めて簡単なことが特筆すべき点で，ダクト付き（図 6.13）は $H < 1.5\text{m}$ の超低落差大流量の水力に適し，魚道を兼ねて農業用水路などにそのまま設置できる。またダクトなしの場合は横流形ゆえに流れの方向に関係なく動作し，潮流発電での実用試験が行われている。

[6-3]　古川明徳・大熊九州男・竹之内和樹，エネルギー・資源，23-2，2002 年，pp.151～155.

6.3 水車の形式と構造 [7]

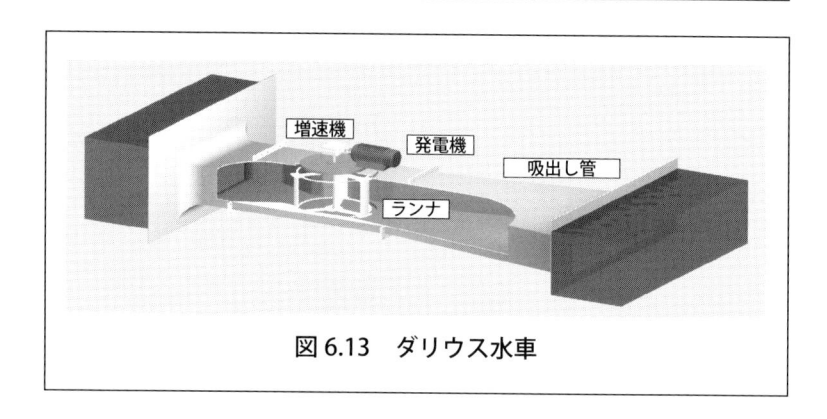

図 6.13 ダリウス水車

(4) 相反転方式水力発電機 (counter-rotating type hydroelectric unit)

発電機の起電圧は回転子が磁界を切る速度に比例するが，ランナの回転速度をむやみに速くできないため，発電機径を大きくとるかあるいは増速機を設ける必要がある。これを克服したものが相反転方式水力発電機であり（図 6.14），互いに逆方向に回転する前後二段のランナが内外二重回転子をそれぞれ駆動する[6-4]。発電負荷に応じる回転トルクは両回転部間で相殺されるから，ケーシングの支持が容易となり，据付けベッドの敷設などの土木工事を要せず，河川，渓流，海峡などにワイヤ 1 本で簡単に係留できる。

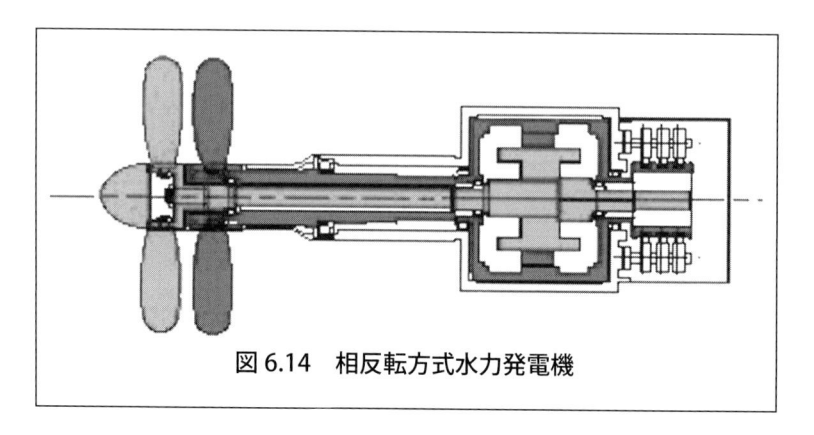

図 6.14 相反転方式水力発電機

(5) ジャイロ形水車 (gyro-type turbine)

渓流や河川などの極浅水流を最大限有効に利用できる簡易水車である[6-5]。ロータ（羽根車）の回転面は流れに対してほぼ平行なので一つのロータで川幅一杯のエネルギーが吸収できる（図 6.15）。ロータの回転による水流の撹乱はほとんどなく，配管や水路も要しないので魚類などの水中

[6-4] 金元敏明・金子稔・田中大輔・八木努，日本機械学会論文集，66-644, pp.1140 〜 1146.

[6-5] 金元敏明・稲垣晃・三角春樹・木下浩彰，日本機械学会論文集，70-690, 2004 年，pp.413 〜 418.

6.3　水車の形式と構造 [8]

生物への影響も少ない。また，発電機は水面より上方に設けるので既設の橋梁などを利用して簡単に設置することができ，モニュメントとしての利用価値もある。

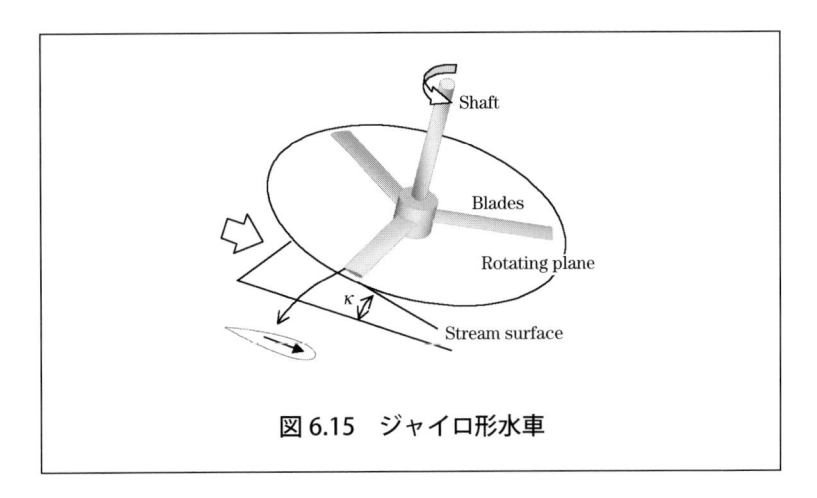

図 6.15　ジャイロ形水車

(6) **容積形水車**（positive displacement turbine）

配管の途中に設け，流量調節弁の役割を兼ね備える水車である。水道などの流量計に類似しており，**図 6.16** に示すように，二つのロータが互いに逆方向に回転することにより出力をえる。このとき，水はロータとケーシングで囲まれる容量部を流れる。

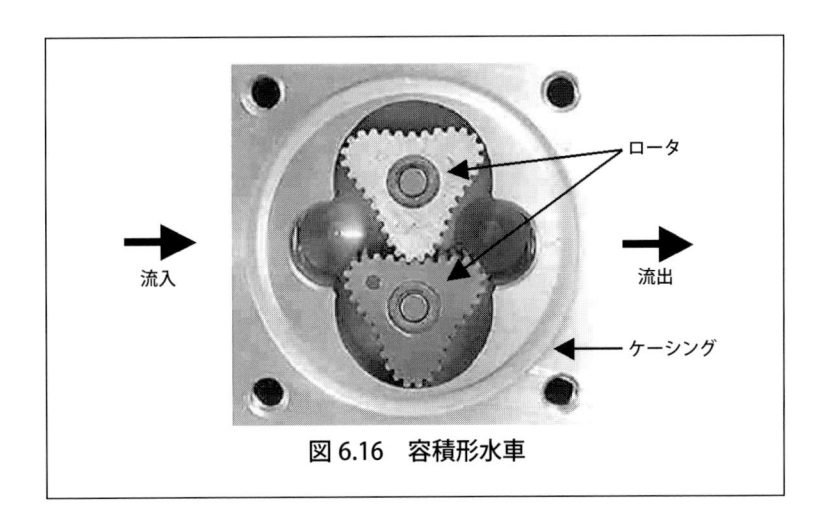

図 6.16　容積形水車

6.4 ポンプ水車の形式と構造

ポンプ水車のほとんどは100MW以上の大容量機であり、現在稼動中の揚水発電所には**表6.2**に示すような可逆式ポンプ水車（reversible pump-turbine）が採用されている。水車と同様に適用落差は軸流形、斜流形、フランシス形の順に高落差に適用でき、さらに高落差用として一部では多段フランシス形ポンプ水車が用いられている。

表6.2 ポンプ水車の形式と適用範囲

形式	適用全揚程 H_P (m)	適用比速度 N_{SQ} (min⁻¹, m³/s, m)
フランシス形ポンプ水車	40〜800	15〜80
斜流形ポンプ水車	25〜200	30〜100
軸流（プロペラ）形ポンプ水車	5〜25	30〜100

ポンプ水車の比速度は、式（6.5）で定義した水車比速度 N_{SP} の代わりに次式で示すポンプ運転時のポンプ比速度すなわち流量比速度 N_{SQ}（min⁻¹, m³/s, m）を用いることが多い。

$$N_{SQ} = \frac{nQ^{1/2}}{H_P^{3/4}} \tag{6.6}$$

ここに、 n ：定格回転速度 （min⁻¹）
Q ：揚水量（m³/s）
H_P ：全揚程（m）

であり、両者の比速度には $N_{SP} = 3.13 N_{SQ}$ の関係がある。ここに、全揚程は式（6.1）の総落差に損失ヘッドを加えた次式で求める。

$$H_P = H_G + (H_1 + H_2) \text{ (m)} \tag{6.7}$$

ポンプ水車は同形式の水車の構造とほとんど同じである。可逆式ポンプ水車はランナの回転方向を変えて水車運転とポンプ運転を行うが、上部ダムに揚水する能力が重要なのでランナは主としてポンプ作用を考慮した設計にする。したがって、フランシス形ポンプ水車のランナは遠心ポンプの羽根車と類似した形状である。

6．例題【1】

[6.1] 総落差200m，流量5m³/sが得られる発電所建設地点があったとき，どのような水車を計画すればよいか。

（解答）
総落差から発電に有効に利用できる落差の割合が95%とすると，有効落差は$H = 0.95 \times 200 = 190$mである。いま，水車効率を92%とすると，出力は式（6.3）より

$P = \eta_T \rho g Q H \times 10^{-3} = 0.92 \times 10^3 \times 9.81 \times 5 \times 190 \times 10^{-3}$
$= 8.57$MW$(\rho = 10^3$kg/m³$)$

同期発電機に10極（50Hz）を用い$n=600$min^{-1}を仮定すると水車比速度は式（6.5）より

$N_{sp} = nP^{1/2}/H^{5/4}$
$= 600 \times (8.57 \times 10^3)^{1/2}/190^{5/4}$
$= 78.7$(min^{-1}, kW, m)

したがって，**表6.1**からフランシス水車になる。

[6.2] ポンプ水車の設置を計画する。流量Q，総落差H_G，水圧管などの全損失ヘッドH_L，ポンプ水車の効率ηは水車運転とポンプ運転で同じとしたとき，ランナ入口（幅b_1）の半径r_1と周方向から測った羽根角度β_1の関係を求めよ。なお，羽根数は無限とし，周波数60Hzで系統連系された交流発電機は3相8極である。

（解答）
ポンプ運転が重要なのでポンプの羽根車を考える。総落差に全損失ヘッドを加えた全揚程を$H_P (= H_G + H_L)$としたとき，必要なオイラー揚程H_Eは羽根車入口（ランナ出口）で予旋回がないとみなして，
$H_E = H_P/\eta = u_1 v_{u1}/g$
これを書きかえて
$(H_G + H_L)/\eta = u_1(u_1 - v_{m1}\cot\beta_1)/g$
$= (\pi r_1 n/30)[\pi r_1 n/30 - Q\cos\beta_1/(2\pi r_1 b_1)]$
ここに，回転速度nは
$n = 120 \cdot 60/8 = 900$ (min^{-1})

[6.3] 式（6.2）において，$u = v_1/2$で出力Pは最大となり，$k = 1$，$\beta_2 = \pi$のとき噴流がもつ全速度ヘッド$\rho Q v_1^2/2$をバケットが吸収することを示せ。

6．例題【2】

（解答）

式（6.2）を u で微分して

$dP/du = \rho Q(1 - k\cos\beta_2)(v_1 - 2u) \times 10^{-3}$

$dP/du = 0$ より $u = v_1/2$

式（6.2）に $u = v_1/2,\ k = 1,\ \beta_2 = \pi$ を代入して

$P = \rho Q u(v_1 - u)(1 - k\cos\beta_2) \times 10^{-3}$

$\quad = \rho Q v_1/2 \cdot (v_1 - v_1/2)(1 - \cos\pi) \times 10^{-3}$

$\quad = \rho Q v_1^2/2 \times 10^{-3}$

[6.4] $N_{SP} = 3.13 N_{SQ}$ を証明せよ。

（解答）

$N_{SP} = nP^{1/2}/H^{5/4}$

$\quad\quad = n(\rho g Q H/1000)^{1/2}/H^{5/4} = (\rho g/1000)^{1/2} n Q^{1/2}/H^{3/4}$

$\quad\quad = 3.13 N_{SQ}$

7. 流体継手とトルクコンバータ
7.1 流体継手の作用

機械的動力を一度，流体エネルギーに変換し，これを再び機械的動力に戻して動力の伝達を実現する装置を一般に流体伝動装置（hydraulic power transmission）と呼ぶ。流体エネルギーは流量 Q と圧力差 Δp の積 $Q\Delta p$ で表わされるので，一定の動力を伝達することを考えるとき Δp を小さく設定し Q を大きくとる方式（ターボ形流体伝動装置）と Δp を大きくとり Q を小さくする方式（油圧伝動装置）を選択することになる。流体継手（fluid coupling）もトルクコンバータ（正確には流体トルクコンバータ：hydraulic torque converter）もターボ形流体伝動装置に属する。このターボ形流体伝動装置はターボ形ポンプとタービンを組み合わせて動力を伝達するもので，1905 年にドイツの Hermann Föttinger によって発明された。

流体継手の基本構造は**図 7.1** に示すように，入力軸と出力軸を同一軸上に置き，入力軸にポンプ羽根車を，出力軸にタービン羽根車を結合して対向させ，その内部に流体を充てんしたものである。入力軸の回転によってポンプ羽根車内の流体（一般には鉱物油）は遠心力を受けて外方に押し出され，タービン羽根車内を矢印の方向に流れることによって出力軸を回すことになる。

流体継手は流体を介して回転動力を伝達するので，機械式クラッチに比べて軸のねじり振動や衝撃力を緩和する作用があり，歯車変速機と組み合わせて内燃機関や電動機の回転動力伝達に用いられている。

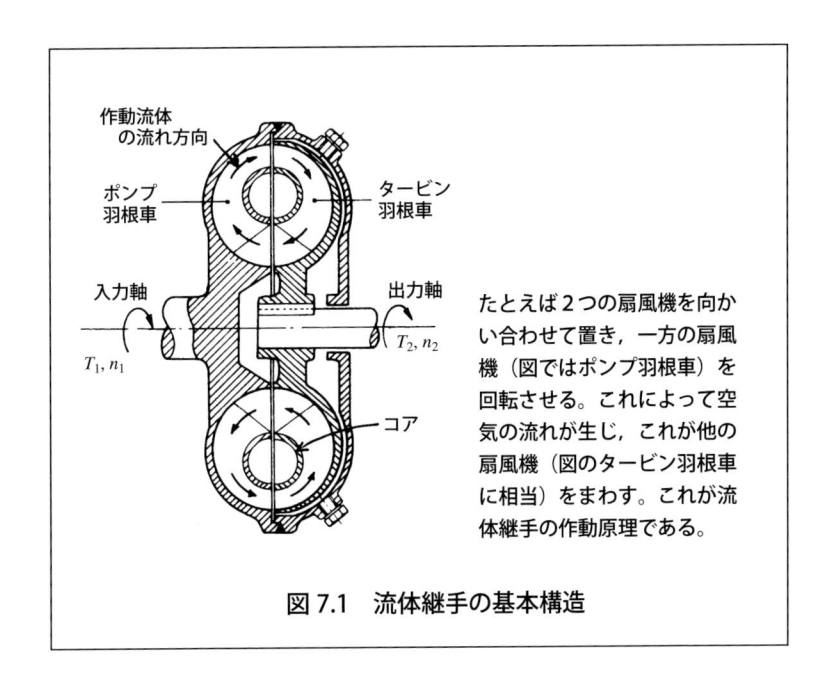

図 7.1 流体継手の基本構造

7.2 流体継手の性能 [1]

軸出力 P (kW) と軸トルク T (N·m), 軸の回転速度 n (min^{-1}) との間には

$$P = \frac{2\pi Tn}{60} \times 10^{-3} \, [\text{kW}]$$

の関係が成立する。流体継手ではトルクを受けもつものはポンプ羽根車とタービン羽根車だけであり，定常状態では流体の受けるトルクの総和は0であるので，ポンプ羽根車が流体に与えるトルク（一般には入力軸トルク T_1 に等しい）は流体がタービン羽根車に与えるトルク（一般には出力軸トルク T_2 に等しい）と一致する。すなわち $T_1 = T_2$ である。

したがって，動力伝達の効率は出力 P_2 と入力 P_1 の比であるから，入力軸回転速度 n_1 に対する出力軸回転速度 n_2 の比となって現われる。速度比（speed ratio）を $e = n_2/n_1$, トルク比（torque ratio）を $t = T_2/T_1$, 効率を η とすると流体継手の性能は

$$t = 1, \quad \eta = e = 1 - \frac{s}{100}$$

となる。ここに $s = \{(n_1 - n_2)/n_1\} \times 100$ （%）で，これをすべり（slip）とよぶ。すなわち，流体継手の特徴は入力軸トルクと出力軸トルクが等しいこと，および効率は速度比に等しく，すべりに比例して低下することである。実際には速度比が1の場合を考えると，装置内の流体の流れがなくなり循環しなくなるために流量が0となって，流体を介しての動力の伝達ができなくなる。したがってこのとき，伝達トルクも0となる。実際には，軸受などの摩擦損失が存在するので，回転速度比 $e = 0.95 \sim 0.98$ のところで効率 η は最大となり，e がそれより大きくなると η は急激に減少して0に近づくことになる（図 7.2 参照）。

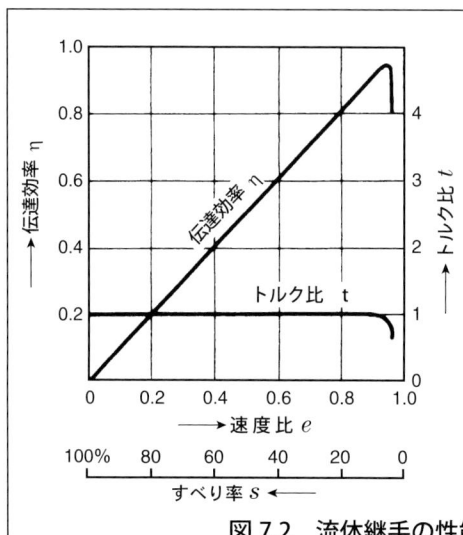

流体継手は特殊な場合を除いて"すべり"が0に近いところで常用され，設計点として，$e=0.95 \sim 0.98$ に選ばれることが多い。また $e=0$ の状態を失速状態，このときのトルクをドラグトルクとよぶ。設計点トルクに対してドラグトルクを小さくすることが要求される。

図7.2 流体継手の性能曲線

7.2　流体継手の性能 [2]

　現在実用されている流体継手は構造上から，一定充てん式（一定油量式）と可変充てん式（可変油量式）に分類される。前者は回路内に常に一定量の流体を充てんしておく方式で，ドラグトルクを下げるためにじゃま板を付けた形式，環状弁を付けた形式，貯油槽をもつ形式および回路形状を特殊な構造にしたものがある。図 7.3 にじゃま板・貯油槽つき流体継手の例を示す。

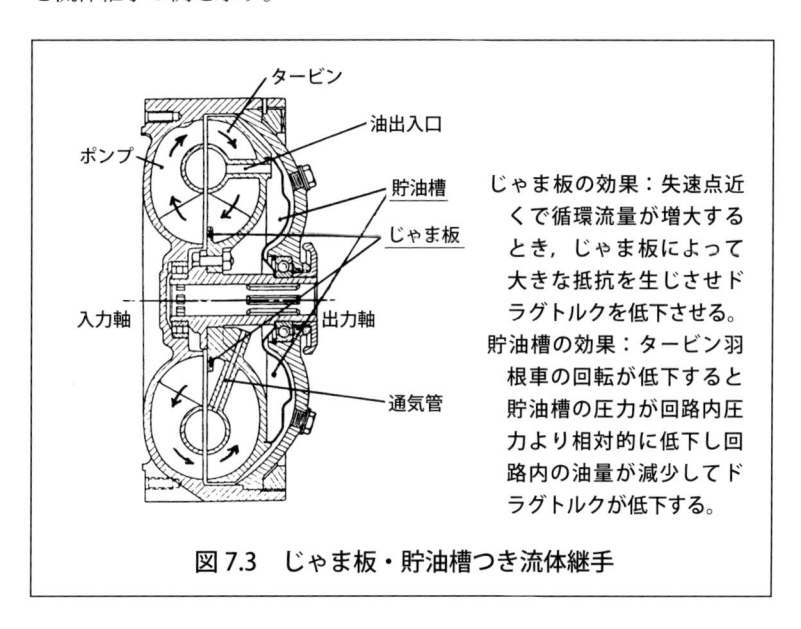

じゃま板の効果：失速点近くで循環流量が増大するとき，じゃま板によって大きな抵抗を生じさせドラグトルクを低下させる。
貯油槽の効果：タービン羽根車の回転が低下すると貯油槽の圧力が回路内圧力より相対的に低下し回路内の油量が減少してドラグトルクが低下する。

図 7.3　じゃま板・貯油槽つき流体継手

　可変充てん式流体継手は回路内の流体量を自由に加減できる構造のもので，充てん量調整によって伝達トルクを任意に変えられる。この充てん量調節によって入力軸の回転を一定に保ちつつ，出力軸の回転を停止状態から全速状態までなめらかに自由に変えることができる。図 7.4 に可変充てん式流体継手の特性図を示す。

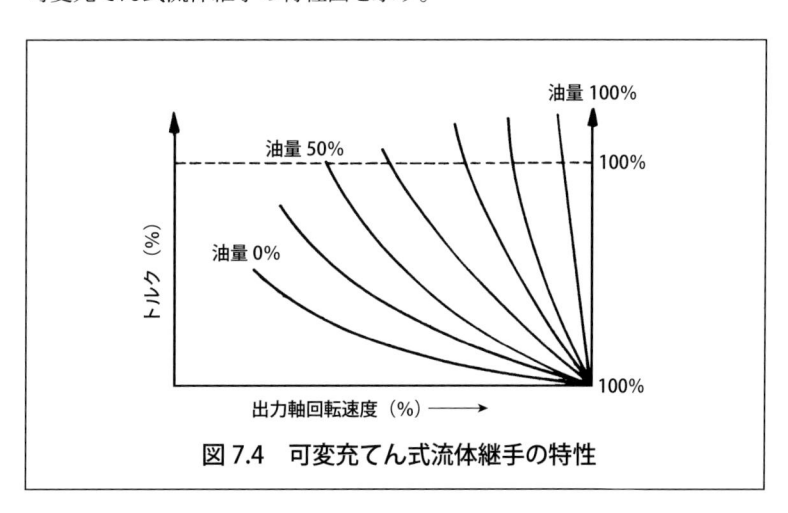

図 7.4　可変充てん式流体継手の特性

7.3　流体継手の内部流れ

　流体継手の性能に影響を与える流体力学的諸因子には回路断面形状，羽根枚数，作動流体，充てん流体量などがある。

　流体継手回路内の流れの様子は透明な模型による外部からの観察と油膜法，油点法による羽根面・流路壁面上の油膜パターンの観察とによって総合的に推測されている。図7.5 に単純化された流体継手のポンプ部分の流れ模様を示す。この流体継手は図(a)に示すように右側のポンプ羽根車，左側のタービン羽根車ともに長方形断面の回路形状の中に 24 枚の直線羽根をもっている。これをポンプ側回転速度 300min^{-1} で回転したときのポンプ羽根車の隣り合う羽根間の流路を展開して油膜パターンを記録した結果およびそのスケッチが図(b)および図(c)である。流体継手回路内の流れはこのように極めて複雑なため，性能に及ぼす諸因子の影響は数多くの実験から評価されている。

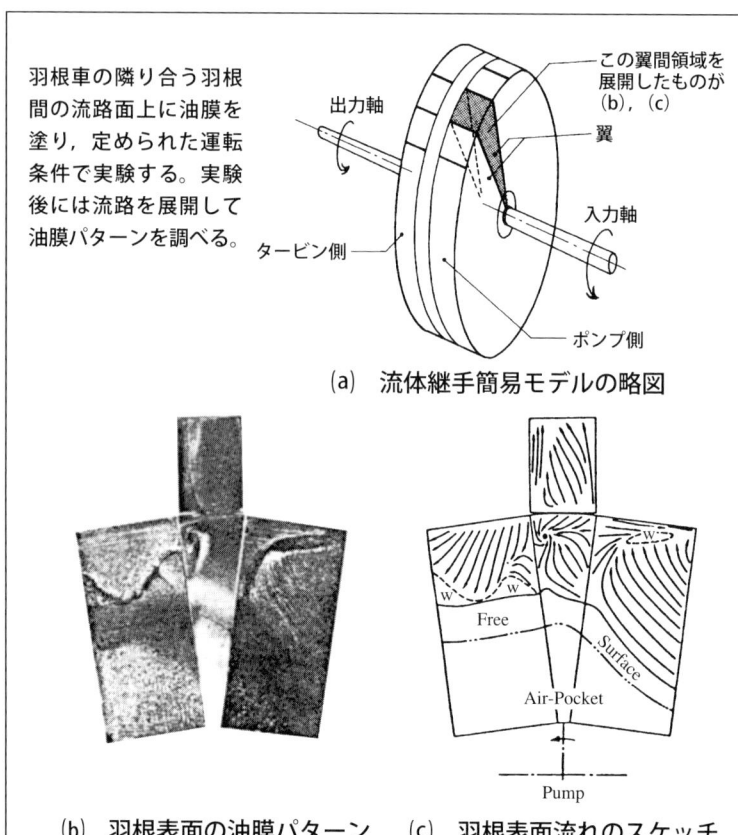

(a)　流体継手簡易モデルの略図

(b)　羽根表面の油膜パターン　(c)　羽根表面流れのスケッチ

Air-Pocket：空気の塊の存在箇所
Free-Surface：空気と水の境界
W = Wake：死水域，剥離域あるいは極めて低速の領域
実験の充てん量は 80%，速度比は 0.75，ポンプ，タービン羽根枚数はいずれも 24 枚，入力軸回転速度 300min^{-1}，羽根車径 250mm

図 7.5　回路内の流れ模様

7.4 流体トルクコンバータ［1］

　流体トルクコンバータは流体のエネルギーを利用してトルクの変換を行うもので，入力軸に結合されたポンプ羽根車，出力軸に結合されたタービン羽根車とケースに固定されたステータ（案内羽根）から成り，内部に作動流体としての油が充満されている。**図7.6**にトルクコンバータの基本構造例を示す。流体継手との違いは，タービンとポンプの間にステータが備えられ，一方向クラッチによって固定ケースに取り付けられていること，羽根形状が3次元的にわん曲しており複雑である（流体継手の場合は平板羽根が放射状に取り付けられている）ことである。

　後述するようにこのステータの作用により，出力軸に負荷がかかって回転速度が低下した場合にはトルクを連続的に増大させる特徴から，自動車はもとより，ディーゼル機関車，建設機械，産業機械などに用いられている。

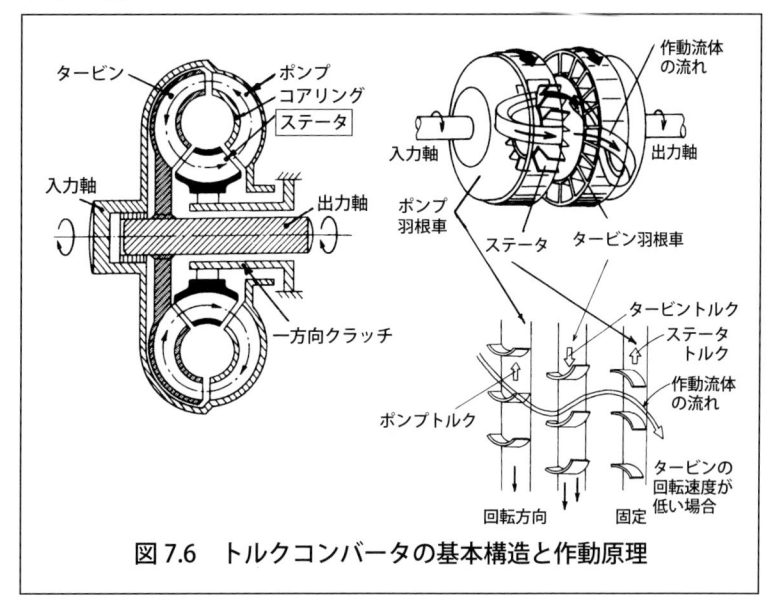

図7.6　トルクコンバータの基本構造と作動原理

　トルクコンバータの作動原理は次のとおりである。ポンプ羽根車はエンジンによって駆動され，内部の流体はコアリングに沿って外方向に押し出され，**図7.6**の矢印の方向に流れてタービンに流入する。この流体の運動エネルギーによってタービンにトルクを与えて回転させ，その後にステータを通って再びポンプに流入する。

　トルクコンバータの各羽根車内の流体の流れを模式的に表現すると，**図7.6**右図のようになる。回転しているポンプ，タービンの絶対流れの経路をみると，たとえばタービンの回転速度が低速の場合には，各羽根列でそれぞれ方向が変えられ，ステータ羽根列を出た後は再び元のポンプ羽根列に戻る。絶対流れの方向が羽根列によって変えられると，各羽根列はその反作用としてトルクを受ける。タービントルク T_2 の方向を正とするとこの場合，ポンプトルク T_1 とステータトルク T_3 は負の方向になる。このようにトルクコンバータでは流体が与えるトルクはポンプ，タービン，ステータの3個の羽根車に対するものだけであり，また，流

7.4　流体トルクコンバータ［2］

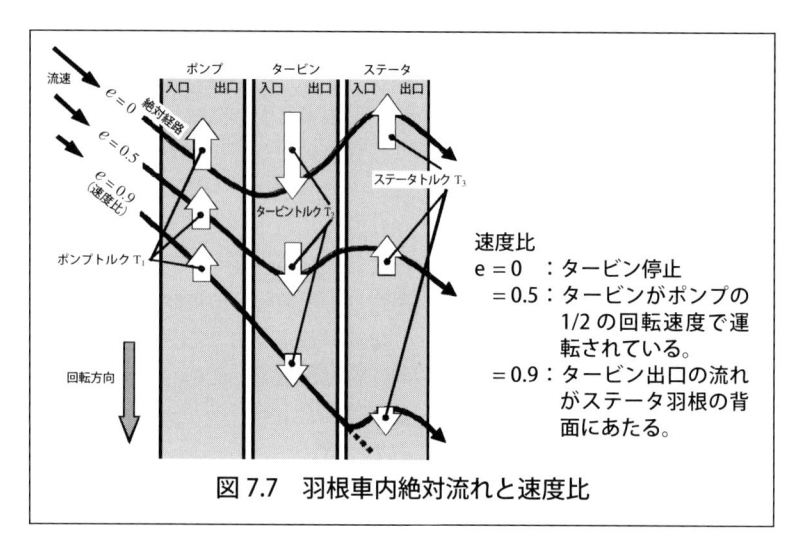

図 7.7　羽根車内絶対流れと速度比

速度比
e = 0　：タービン停止
　= 0.5：タービンがポンプの1/2の回転速度で運転されている。
　= 0.9：タービン出口の流れがステータ羽根の背面にあたる。

体は回路を一巡して元の状態に戻るので，3個の羽根車の受けるトルクの総和は0となる。すなわち，

$$T_2 = T_1 + T_3$$

したがって，タービンが流体から受けるトルクはポンプを回転させるに要するトルクよりも，ステータが流体から受けるトルクの分だけ増加することになる。

さて，タービン回転速度 n_2 のポンプ回転速度 n_1 に対する割合（速度比 $e = n_2/n_1$）が変化すると流れの状態も変化する。この変化の様子を図7.7に示す。図においてタービン回転速度が大きくなると（$e = 0.9$ の場合）タービン出口の流れがステータ羽根の背面にあたり，$T_3 < 0$ となる。したがって，このとき T_2 は T_1 より小さくなる。タービン回転速度が小さくなると（$e = 0.5$ の場合）タービン羽根列における流れの転向が生じ $T_3 > 0$ となり，T_2 は T_1 よりも大きくなる。更にタービン回転速度が小さくなり，タービンが停止するようなケース（$e = 0$）ではタービンおよびステータ羽根列での流れの転向は大きくなり，T_2 は最大となる。

トルクコンバータのトルク，速度比および効率は一般に次式で表わされる。

$$T_1 = K_1 n_1^2 D^5, \quad T_2 = K_2 n_1^2 D^5$$
$$t = K_2/K_1, \quad \eta = t \times e = (K_2/K_1)e$$

ここで，T_1：入力軸（ポンプ）トルク，T_2：出力軸（タービン）トルク，$t = T_2/T_1$：トルク比，η：効率，比例係数 K_1，K_2 は回路部分の構造，作動流体の種類と状態および速度比によって変化する（厳密には表面粗さや流れのレイノルズ数などの影響も受ける）。D はトルクコンバータの代表寸法（例えばポンプ，タービンの外径）である。

7.5　トルクコンバータの種類と性能 [1]

　トルクコンバータはそのトルク比を上げ，効率を向上させ，異なる特性を得るために多くの種類・型式が提案されている。この型式の表示法としては，要素（element），段（stage）と相（phase）とが用いられる。要素は羽根車の総数を表わす。段はポンプとタービンの組合せの段を意味し，タービン羽根車の数と一致する。また，本来は固定されているステータをある作動点から空転させてステータの作用をなくすような機構を設ける場合がある。ステータの固定・空転により，特性が2通りに変化する。このように異なる特性の運転範囲の数を表わすのが相である。回転可能なステータは一方向クラッチで出力軸の回転方向には回転し，逆方向には固定される。このクラッチ点を境に特性が変化することになる。したがってクラッチ点が1つのときはその前後で2相，クラッチ点が2つのときは3相となる。また，ステータに可変翼を用いて連続的に特性を変える場合や，ステータを逆転駆動してストールトルク比の増大を図る例もある。図7.8に自動車用のトルクコンバータの型式例を示す。現在の自動車用自動変速機には3要素1段2相型トルクコンバータが多く使用されている。

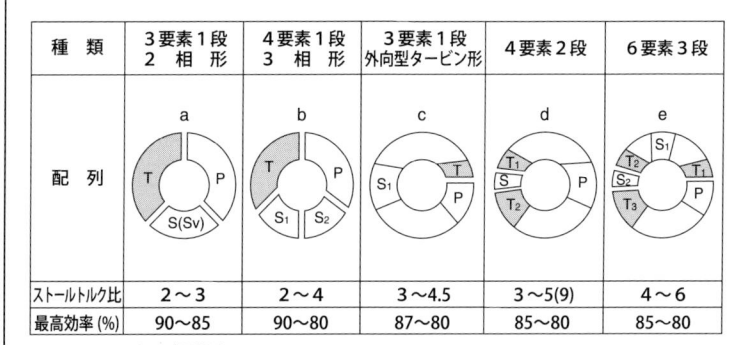

種類	3要素1段 2 相 形	4要素1段 3 相 形	3要素1段 外向型タービン形	4要素2段	6要素3段
配列	a T, P, S(Sv)	b T, P, S₁, S₂	c S₁, T, P	d S, T₁, T₂, P	e S₁, S₂, T₁, T₂, T₃, P
ストールトルク比	2〜3	2〜4	3〜4.5	3〜5(9)	4〜6
最高効率 (%)	90〜85	90〜80	87〜80	85〜80	85〜80

P：ポンプ羽根車
T：タービン羽根車
S：ステータ羽根
Sv：可変翼ステータ羽根

図7.8　自動車用トルクコンバータの型式模型

　このように型式や羽根車の配置・形状を変化させることにより異なる特性のトルクコンバータが得られる。その一例として図7.9に(a)3要素1段2相形と(b)4要素1段3相形トルクコンバータの特性図を示しておく。効率特性に破線で各相の特性の一部を示してあるが，異なる相の境界で特性が変化しているのが分かる。一方向クラッチの作用でステータを空転することにより広範囲での効率向上が可能となる。

7.5 トルクコンバータの種類と性能 [2]

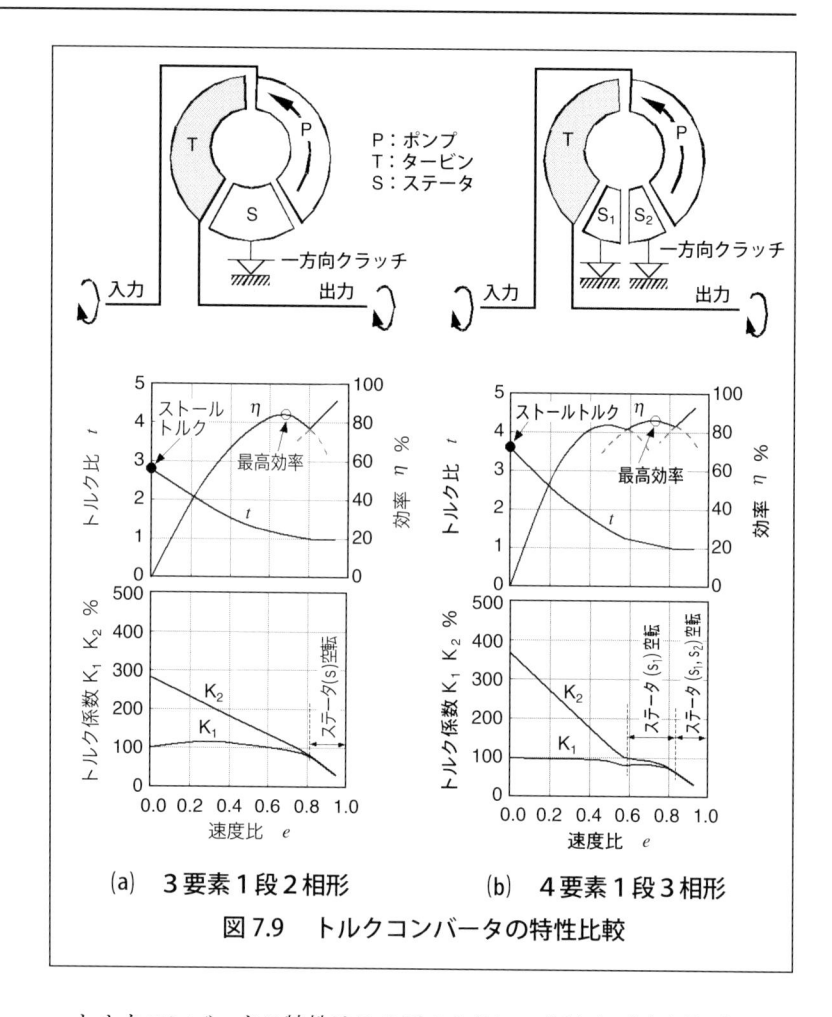

図7.9 トルクコンバータの特性比較
(a) 3要素1段2相形
(b) 4要素1段3相形

トルクコンバータの特性はこの図のように，失速点（速度比0）を含めて広範囲の速度比で入力軸トルク係数 K_1 の変化が少なく，出力軸トルク係数 K_2 は速度比の減少につれて増加する。このような特性から，負荷トルクに変化があれば出力軸回転速度が自動的に変化することになる。トルクコンバータの最高効率は80％前後で流体継手の設計点効率に比べて多少劣るが，効率曲線が速度比に対してふくらみを持っているので，流体継手が速度比1付近で常用運転されるのに対してトルクコンバータは広範囲の速度比で運転され，設計点は明確ではない。

トルクコンバータの性能で重要視される事項は，① 効率の高い範囲が広いこと。② 失速トルク比 t_s（ストールトルク比とも言い，失速点でのトルク比）が大きいこと。③ 入力軸トルク係数 K_1 と速度比との関係が原動機の負荷特性に適合することである。一般に最高効率 η_m と失速トルク比 t_s との関係は t_s を高めれば η_m が低下し，η_m を高めれば t_s が低下する傾向にある。η_m を高く維持しつつ t_s を高めるためにはタービン羽根車を分離して多段にすることや回路形状を特殊な構造にするなどの工夫が必要である。

7.6　トルクコンバータ羽根列における流れと性能 [1]

　　トルクコンバータの各翼列における流れを予測することは流体継手の場合と同様に困難であるが，コンピュータを利用して要素別の翼列における流れの数値解析が試みられている。流れ解析の結果は二次流れが生じないような翼形状を求めるための基礎データとして活用され，全体性能の予測は平均流速を定義してその流線上での一次元計算等を実行し，必要に応じて流路幅の影響を実験的に考慮して求められる。

　　各翼列における流れ模様を知ることは当然，トルクコンバータの性能向上に大きな影響を与える。その例としてステータ空転による性能改善を取り上げる。ステータは本来，固定状態で使用されてタービントルクの増大に寄与するものであるが，図7.10 に示すように，速度比が大きくなるとタービン羽根車内の流れはステータ羽根に対して負の大きな迎え角をもつことになり，ステータトルクは負となる。このとき特性曲線は図7.11 に破線で示すようにトルク比は1より小さくなり，効率も低下する。そこで，ステータをタービンと同方向に回転する一方向クラッチを設け，負のステータトルクが発生するような場合にはステータが空転するような構造にすればステータトルクは0となり，流体継手として作動することになる。したがって $T_1 = T_2$, $t = 1$ で効率 $\eta = t \cdot e = e$ となり，図7.11 の実線に示すように性能は大幅に改善される。このときステータ内の流れは図7.12 に示すようにステータ空転の場合の方が損失が少なく，回路を循環する流れの速度は向上し，ポンプトルクも増加することとなる。

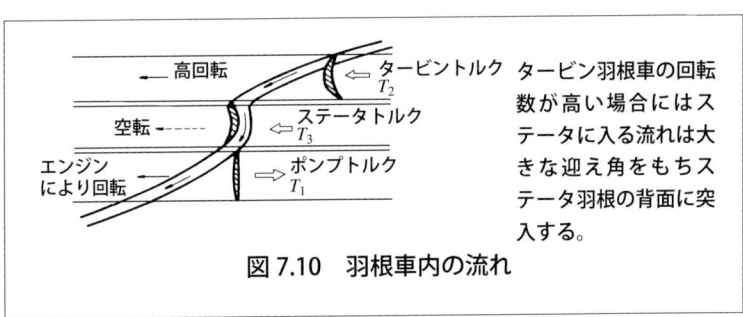

図 7.10　羽根車内の流れ

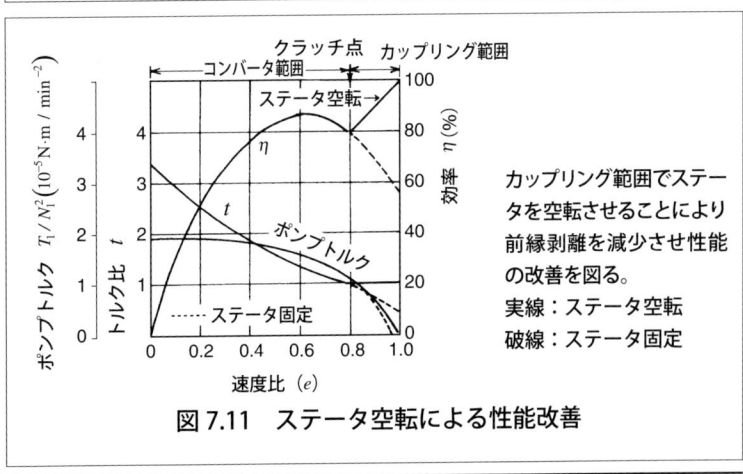

タービン羽根車の回転数が高い場合にはステータに入る流れは大きな迎え角をもちステータ羽根の背面に突入する。

図 7.11　ステータ空転による性能改善

カップリング範囲でステータを空転させることにより前縁剥離を減少させ性能の改善を図る。
実線：ステータ空転
破線：ステータ固定

7.6　トルクコンバータ羽根列における流れと性能［2］

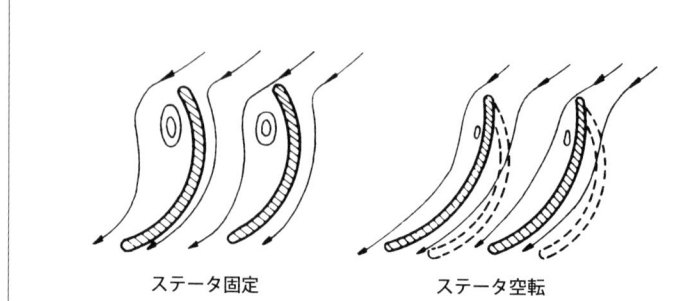

ステータ固定　　　　　ステータ空転

ステータ固定の場合は前縁剥離が大きいが，ステータを空転させることによって，流れ場の大幅な改善が自動的になされる。

図7.12　ステータ内の流れの模式図

8. ターボチャージャ
8.1 過給の種類と歴史

　内燃機関は1876年Otto，1895年Dieselにより，それぞれガソリンエンジン，ディーゼルエンジンの原形が作られ，その後出力増加の努力が続けられた。エンジン出力は燃料の量とサイクルの熱効率によって決まり，燃料の増加は完全燃焼に必要な空気量から限界がある。あらかじめ圧縮して密度の高い空気をエンジンへ供給すれば，その分だけ燃料の増加が可能であり，エンジンの出力を増加させることが出来る。これが過給（supercharging）であり，過給の概念は1885年のGottlieb Daimlerの特許に現れており古い歴史を持っている。

　過給の方式は圧縮機の駆動方式によって機械駆動過給方式と排気タービン過給方式（turbocharger）の2種類に大別される。機械駆動過給方式は1920年代に入るとレーシングカー，市販のスポーツカーにおいて実用化され1930年代には過給エンジンでなければレーシングエンジンではないと言われるほど普及した。排気タービン過給方式は1905年スイス人のAlfled Büchiが特許を取得したが実用化は遅れ，第一次世界大戦で開発が促進された航空エンジンの分野でさえ，1917年にターボ過給のルノーエンジンを搭載した試験飛行が登場した程度である。この方式の最大の問題点は高温の排気ガスに常時さらされるタービンブレードの材質であり，耐熱性にすぐれた加工性の良い材料の登場を待たねばならなかった。本格的なターボ過給を実現したのは1938年のボーイングB17搭載のエンジンであり，その後は航空機，建設機械，舶用，工業用，機関車用エンジンへと普及し，1960～70年には一般乗用車にも搭載され始め広く適用されている。**表8.1**に最近提案されている方式も含めて，各種の過給方式の概要を示す。

表8.1 各種の過給方式

		圧縮方式		
		ターボ型圧縮機	容積型圧縮機	その他， （圧力波など）
駆動動力	排気 エネルギー	排気タービン過給方式 ● 半径流タービンが多いが，舶用等の大型機種では軸流もある。 ● エンジン低速域では排気エネルギーを十分に利用できないので過給圧が不足する。 ● 大気に捨てる排気エネルギーをある程度利用するのでエンジンの動力損失は比較的小さい。	（実例は少ない）	コンプレックス (Comprex) ● スイスBBC社（現ABB）が開発した方式で，排気脈動の圧力波を利用して給気を圧縮するよう工夫したもの。
	エンジン動力	機械駆動式ターボ過給 ● 実例は少ないが遠心式ターボコンプレッサをエンジン出力軸で駆動した例がある。この場合，大きな増速比が必要となる。	機械駆動過給方式 ● 圧縮機はルーツ型，スクロール型，スクリュー（リショルム）型などを使用。 ● エンジン低速域での過給に有利。 ● エンジンの動力損失が大。	給気配管系での過給効果 ● 直接の過給方式ではないが，給気配管の長さなどの調整で，給気脈動の慣性効果，共鳴効果を利用して，あるエンジン回転速度での給気効率を高める。
	その他， （電力など）	電動ターボ過給方式 ● 必要な電力が大きくて補助的な過給。 ● 排気タービンと併用して，発電を兼ねたものも発表されている。	（別置きの圧縮機になり実例は少ない）	

8.2 ターボチャージャの原理

エンジン出力の増加には燃料の増量が必要であるが，前節で述べたように燃焼には空気量が不可欠で，吸入空気を圧縮してシリンダへ給気する方式が過給であり，ターボチャージャはこの過給方式の中で排気タービンで駆動する過給機を指している。**図 8.1** にターボチャージャの作動原理を示す。すなわち，エンジンの排気エネルギーでタービンを駆動し，その回転力で同軸のコンプレッサを回転させて空気を圧縮し，エンジンに高密度の空気を供給する方式である。圧縮により吸入空気の温度が上昇するので図のように圧縮空気をインタークーラで冷却すれば，エンジン給気の密度が大きくなり，空気量を更に増加させることが可能となる。

ターボチャージャの方式には，静圧方式，動圧方式およびパルスコンバータ方式がある。静圧方式は排気管の容積を大きくして圧力変動を少なくして全周流入の定圧型タービンとして作動させようとするもので，動圧方式は主にエンジンの排気行程の初期に発生するブローダウンエネルギーを利用するもので，比較的高い過給率が要求されるバス，トラックなどの大型エンジンにこの方式が用いられることが多い。乗用車用エンジンでも最近では排気管を短くして動圧でエンジン低速域でのタービン特性を改善している。パルスコンバータ方式は動圧，静圧方式の両方の利点を利用しようとするもので，多気筒エンジンでは気筒間の圧力波の干渉を防ぐために利用される。たとえば6気筒エンジンでは排気バルブの開閉タイミングを考慮して3気筒ずつ2系統の排気管に分けて排気を過給機に導く方式であり，タービンケーシングも2分割したスクロールにしてそれぞれの排気管に連通させることが多い（ツインスクロール）。

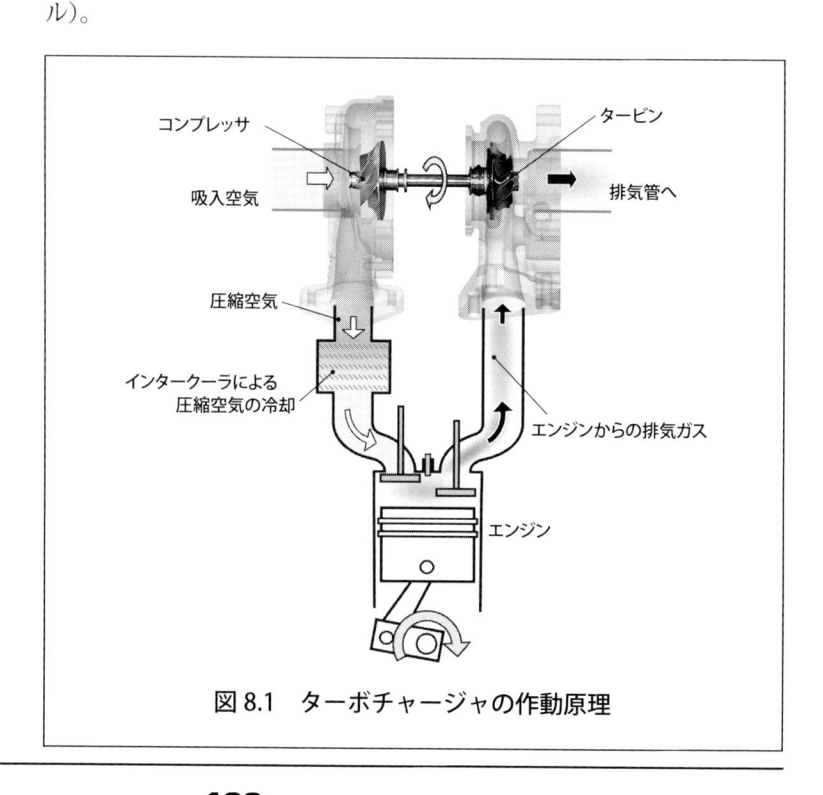

図 8.1 ターボチャージャの作動原理

8.3 ターボチャージャの構造

　自動車用の小型のターボチャージャの構造例を図8.2に示す。舶用の大型エンジン用のターボチャージャでは軸受の支持位置が異なる場合もあり、軸流タービンを使用する場合もある。主要な構成要素はタービン、コンプレッサと軸受の3要素である。

　タービン側はタービンハウジングとタービン翼車で構成され、耐熱性を考慮した設計がなされる。タービンハウジングは一般に図のようなスクロール形状により旋回流をタービン翼車に与える構造となっている。

　コンプレッサ側はコンプレッサハウジングとコンプレッサ翼車からなり、一般にはアルミニウム合金が使われる。コンプレッサハウジングもスクロール形状になっていて、コンプレッサ翼車で得られた速度エネルギーを減速して圧力に変える作用を利用している。図中の排気バイパス弁はエンジン高速域で排気ガスの一部をタービンを迂回させるための制御弁である。これはコンプレッサの出口圧力でダイアフラム式のアクチュエータを作動させてエンジン高速域で過給圧力が過大にならないよう制御するもので、自動車用ターボチャージャでは大部分がこの方式である。

　ラジアル軸受は高速安定性の良い点からフルフローティング軸受が小型ターボチャージャでよく用いられるが、ボール軸受が使われる場合もある。潤滑油はエンジンオイルが兼用され、タービン側は高温になるので、この例のようにタービン側の熱から潤滑油を保護するために冷却水流路を設ける場合もある。

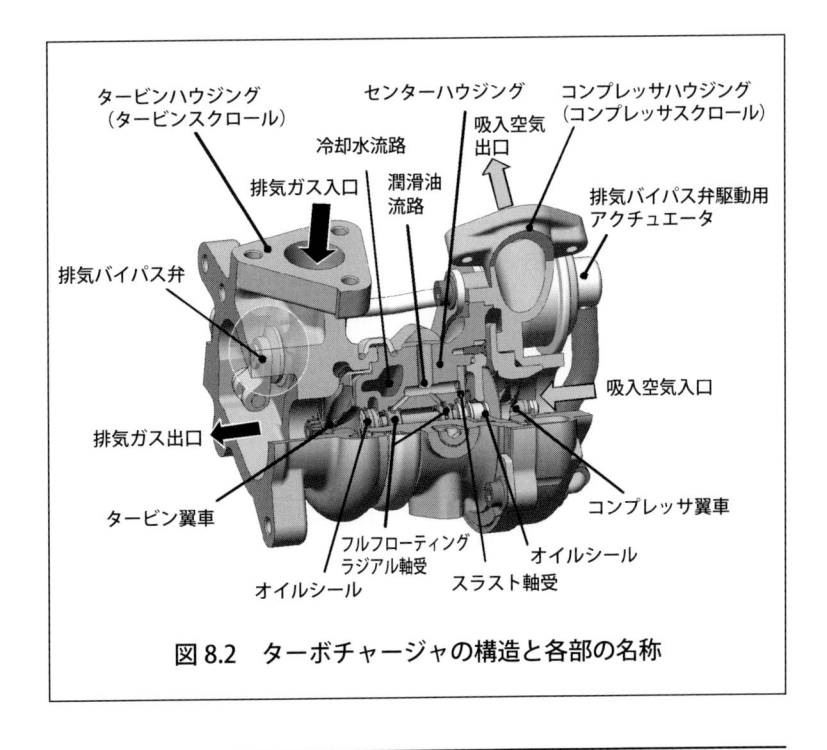

図8.2　ターボチャージャの構造と各部の名称

8.4 ターボチャージャの性能 [1]

8.4.1 コンプレッサ性能

コンプレッサの駆動動力 P_c は断熱ヘッド H_{adc}、断熱効率 η_c、吸入空気の重量流量 G_c から次式で与えられる。広範囲で η_c が高いことが少ない排気エネルギーで過給が可能となり、過給性能の向上につながる。

$$P_c = G_c H_{adc}/\eta_c \tag{8.1}$$

なおここで、H_{adc} はガス定数を R_c、比熱比を κ_c として、コンプレッサ入口温度 T_{c1} と圧力比 π_c から次式で与えられる（5.2節参照）。

$$H_{adc} = \frac{\kappa_c}{\kappa_c - 1} \frac{R_c T_{c1}}{g} \left(\pi_c^{\frac{\kappa_c - 1}{\kappa_c}} - 1 \right) \tag{8.2}$$

コンプレッサの特性は図8.3のように出口羽根角度の影響が大きい。径向き羽根の特徴は同一回転速度（周速）で圧力が高く、高速回転時に遠心強度上有利であるが、作動範囲が狭い。後向き羽根は圧力は低いが作動範囲が広い利点がある。翼形状は使用目的によって使い分けられ、自動車用ターボチャージャの場合には、エンジンの運転域が広いので、コンプレッサの作動範囲が広い後向き羽根が多く用いられている。コンプレッサの最大流量は入口翼の流路面積が支配的であるので入口の翼を1枚おきに短羽根にしたスプリット翼もよく使われる。舶用エンジンなど高圧力比で定格点での運転が多い場合には径向き羽根も使われ、過給効率を上げるために羽根出口のディフューザに案内翼を設ける場合もある。

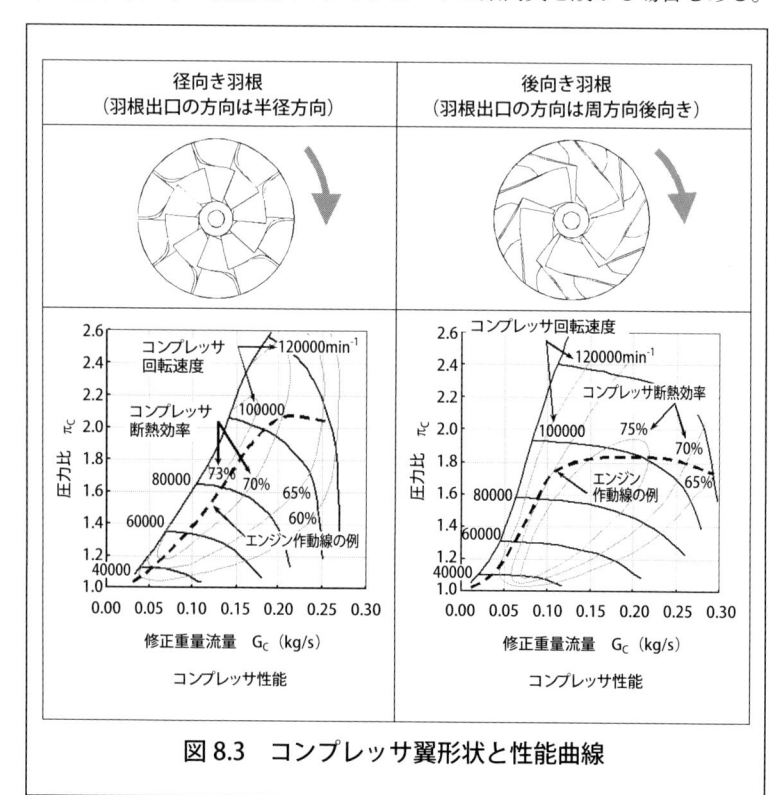

図8.3 コンプレッサ翼形状と性能曲線

8.4 ターボチャージャの性能 [2]

8.4.2 タービン性能

タービン性能の例を図 8.4 に示す。タービンの出力 P_t は，断熱ヘッド H_{adt}，断熱効率 η_t，排気ガスの重量流量 G_t から

$$P_t = G_t H_{adt} \eta_t \tag{8.3}$$

と求められる。従ってタービン出力を増加させて過給圧力を上げるのには効率もさることながら，断熱ヘッド H_{adt} が必要である。H_{adt} は，ガス定数 R_t，比熱比 κ_t として，排気ガスの温度 T_{t1}，タービンの膨張比（入口出口の圧力比）π_t から

$$H_{adt} = \frac{\kappa_t}{\kappa_t - 1} \frac{R_t T_{t1}}{g} \left\{ 1 - \left(\frac{1}{\pi_t} \right)^{\frac{\kappa_t - 1}{\kappa_t}} \right\} \tag{8.4}$$

とあらわされ，膨張比 π_t が支配的となる。タービンでの膨張は翼車上流部と翼車内部に分けられる。翼車上流部の膨張では旋回流を翼車に与えて回転トルクを得るために，翼車入口直前にノズル翼（案内翼）を配置する場合とスクロールハウジングで旋回流を与える場合がある（両者の併用もある）。翼車内での膨張は翼車からの流出ガスの反動による回転トルク利用するものである。翼車上流部での膨張が主なものを衝動タービン，翼車内での膨張が主なものを反動タービンと呼ぶ。自動車用の半径流タービンでは翼車上流部と翼車内の膨張は同程度である。排気ガスは脈動しており，この動圧の衝突エネルギーを有効に利用すべく，エンジンからタービンへの配管系や翼車形状に種々工夫がなされている。図 8.5 に翼車形状の例を示す。左側の翼車は排気ガスがブレードにあたる流入部分が平面上の翼形状で，右側は流入部分がわん曲状をした翼車で

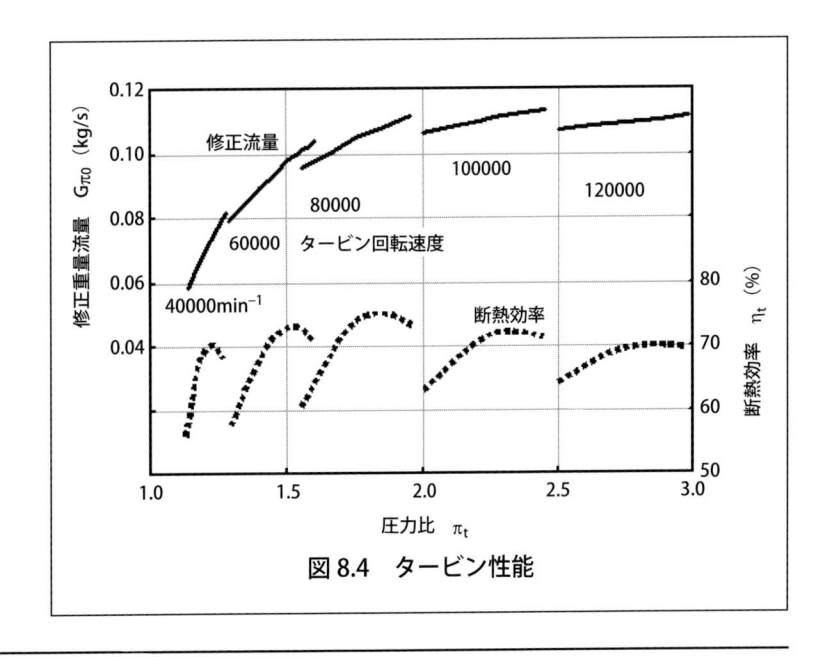

図 8.4 タービン性能

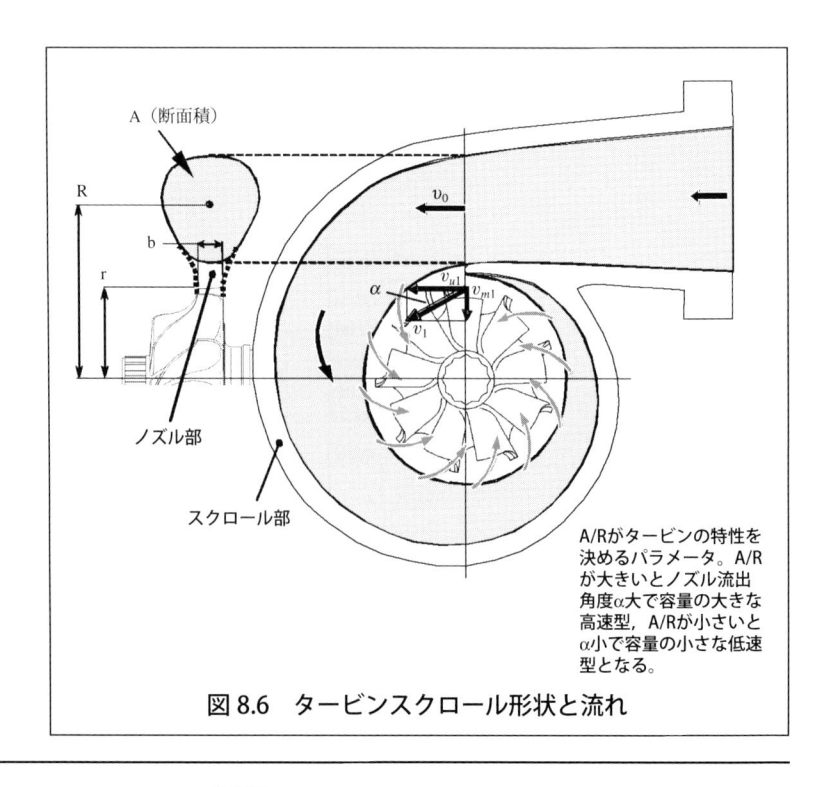

8.4 ターボチャージャの性能 [3]

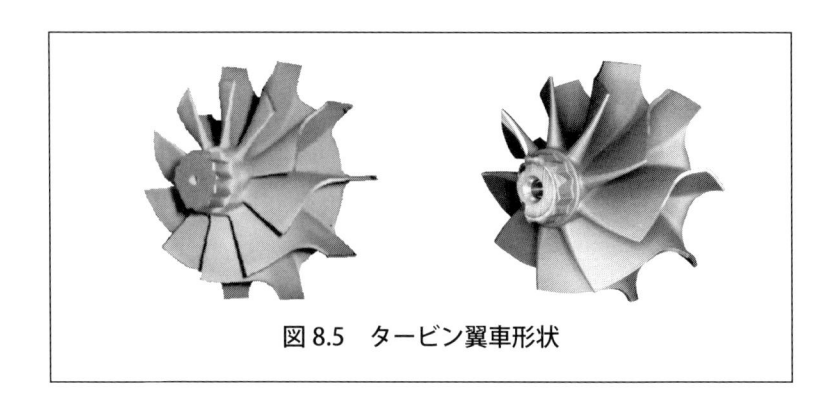

図 8.5 タービン翼車形状

ある。ガソリンエンジンでは排気温度が 1000℃ 程度にまで上昇する場合があるので、一般には Ni 基の耐熱合金が使用されている。

8.4.3 タービン容量と過給特性

タービンの流量特性は過給特性に大きな影響を与える。8.4.2 節で述べたようにタービン翼車上流で流体に高速の旋回流を与える必要があり、大型のターボチャージャではタービンにノズル翼（案内翼）を使用するが、小型の自動車用ターボチャージャでは一般にノズル翼なしのスクロールが用いられる。以下このスクロールの特性を検討する。図 8.6 のように、スクロール入口の断面積を A、半径を R、流速を v_0 とする。タービン翼車入口の半径を r、入口幅を b、翼車に流入する流速 v_1 の周方向成分を v_{u1}、半径方向成分を v_{m1} とする。簡単のために圧縮性を無視して質

A/R がタービンの特性を決めるパラメータ。A/R が大きいとノズル流出角度 α 大で容量の大きな高速型、A/R が小さいと α 小で容量の小さな低速型となる。

図 8.6 タービンスクロール形状と流れ

8.4 ターボチャージャの性能 [4]

量と角運動量の保存を仮定すれば，それぞれ

$$v_0 \cdot A = v_{m1} \cdot 2\pi rb, \quad v_0 \cdot R = v_{u1} \cdot r \tag{8.5}$$

となる。これらの関係からノズル部の流出角度 α は，

$$\alpha = \tan^{-1}\frac{v_{m1}}{v_{u1}} = \tan^{-1}\left(\frac{1}{2\pi b}\frac{A}{R}\right) \tag{8.6}$$

と求められる。この式からスクロールのA/R値によって α が変化し，流量特性が変化することが分かる。

このようにA/Rは等価的にノズル翼の流出角度 α に対応し，スクロールの容量を表す重要なパラメータとなる。エンジン低速域では排気ガス量が少ないのでタービンで十分な膨張比がとれず，タービン出力が不足する。そこで低速域の過給特性を向上させるにはA/Rの小さなスクロールを適用する。すると高速域でタービン出力が過大となり，回転速度と過給圧が上がりすぎる。これを避けるために一般には，高速域で排気ガスをバイパスさせる排気バイパス弁（図8.2参照）を組み合わせる。しかし排気バイパスシステムはA/Rを小さくして加速応答性などの低速性能の向上には有効であるが，高速域ではバイパスで捨てた排気ガスがエネルギー損失となる欠点がある。

8.4.4 可変容量タービン

エンジンの運転状況に応じてタービンの流量特性を変えることができれば広範囲で過給特性を向上できる。タービン容量はスクロール面積または翼車入口のノズル面積で変えることが可能であり，図8.7のように種々の工夫がなされている。可変フラップ式はスクロール入口の面積を可動式フラップで連続可変にするものであり，流路切替方式はスクロールを2分割にして排気ガスを片側，両側に切り替える方式である。可変ノズル幅式はタービン入口のノズル幅をリング状の板の出入で可変にするものであり，可変ノズル翼式は翼車入口に設けた可変ノズル翼（案内翼）を回転させてノズル面積と流れ方向を変える方式である。可変容量タービンの性能は容量を絞った場合の効率低下が少ないことが重要であり，可動ノズル翼式は可変機構が複雑になるが，広い範囲で効率低下が少ないため，トラックなどのエンジンで多く用いられている。この他にも2台のターボチャージャをエンジンの状態で切り替えたり，電動モータを補助的に利用するなど低速，加速時の過給特性改善の試みは尽きない。

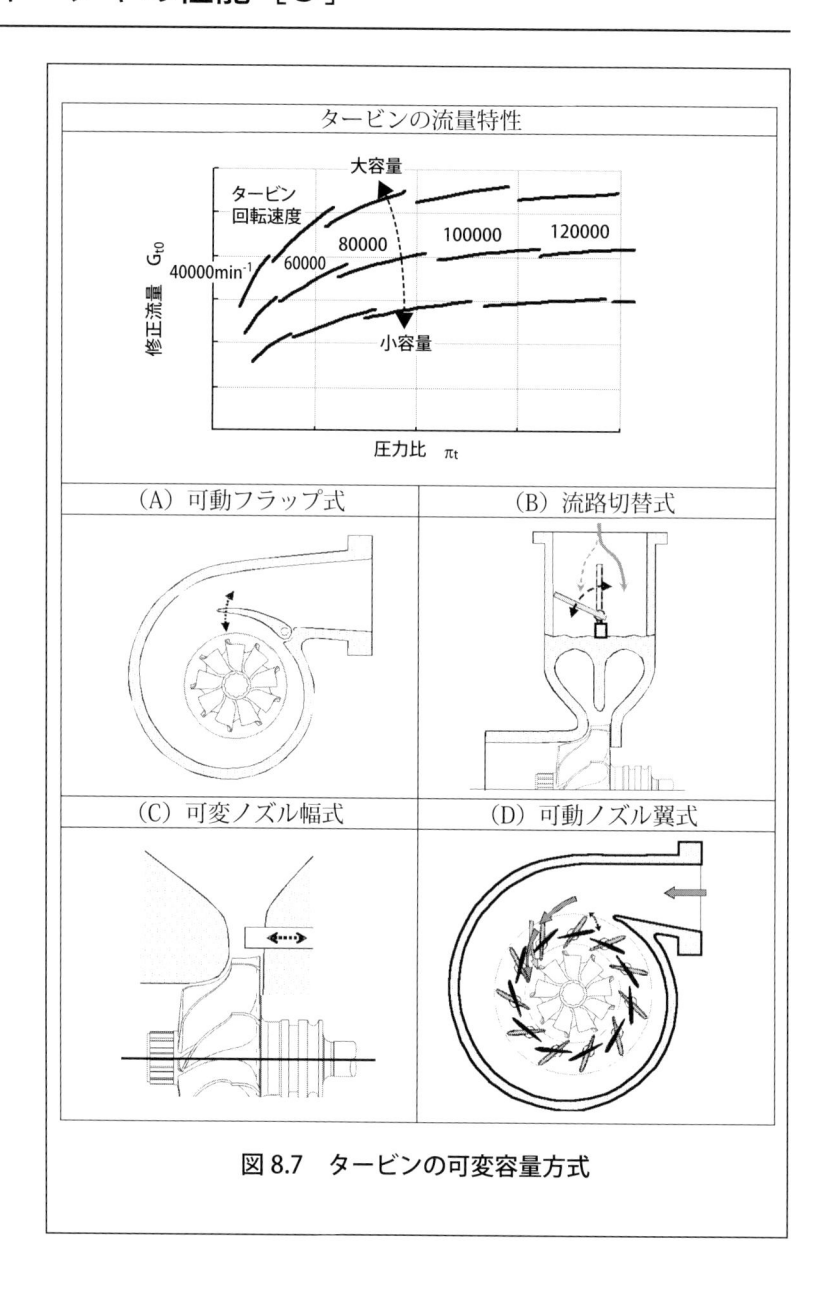

8.4 ターボチャージャの性能 [5]

図8.7 タービンの可変容量方式

8.5 エンジンとターボチャージャのマッチング [1]

ターボチャージャの作動点はタービン出力を P_t，コンプレッサ動力を P_c，回転軸の軸受損失を P_m とすれば，

$$P_t = P_c + P_m \tag{8.7}$$

なる点で釣り合う。軸受損失 P_m を軸受効率 η_m で表せば，

$$P_m = P_t \cdot (1 - \eta_m) \tag{8.8}$$

となるから，P_t，P_c に前に求めた (8.1) 式，(8.3) 式を使い，

$$\frac{G_c H_{adc}}{G_t H_{adt}} = \eta_c \eta_t \eta_m = \eta_a \tag{8.9}$$

なる関係式が得られ，η_a は過給の総合効率と呼ばれる。排気バイパスなしの場合には G_f を燃料流量として，$G_t = G_c + G_f$ であり，エンジンの空燃比 G_c/G_f が一定の時は G_c/G_t も一定となり，$\eta_a \propto H_{adc}/H_{adt}$ となる。H_{adc}，H_{adt} はそれぞれコンプレッサ，タービンの圧力比の関数であるから，総合効率が高ければ過給圧に対してタービン入口圧（エンジン排圧）が低くなり，その分エンジン性能が向上する。排気バイパス時には見かけのタービン効率が下がり，その分過給性能が低下する。タービン容量の大小に対するエンジンでの各部圧力とエンジントルクを図 8.8，図 8.9 に示す。エンジンの高速，低速性能はタービン容量の大小に対し背反する関係にあり，両立させることは困難である。そのために，エンジンとターボチャージャとのマッチングは机上計算，ベンチ試験，実車試験で繰り返し検討される。

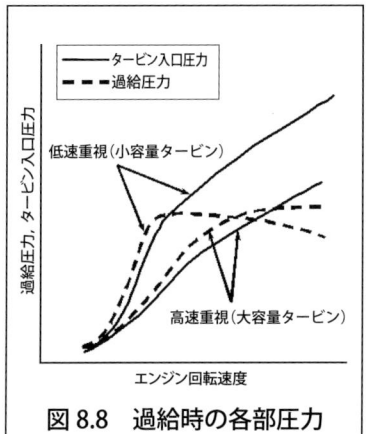

図 8.8 過給時の各部圧力

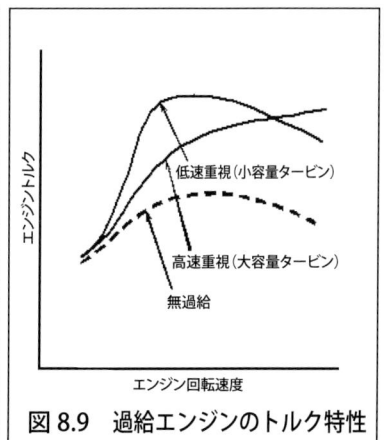

図 8.9 過給エンジンのトルク特性

8.5 エンジンとターボチャージャのマッチング［2］

　排気タービンではエンジンの捨てている排気エネルギー全てを過給に利用しているわけではない。タービンでの排気エネルギーの利用には膨張比が必要であり，そのためのタービンでの絞り面積はエンジンから見れば排圧上昇となって，燃費悪化の要因となる。特にガソリンエンジンの過給ではノッキングが起きやすくなるのでエンジンの圧縮比を下げる場合が多く，熱サイクル効率の低下から燃費が低下することが多い。しかしターボチャージャは使い方によってはエンジンの燃焼の改善に有効であり，排出ガスの環境対策で低下した出力をターボ過給で補うなど，総合的な燃費の改善に必要なデバイスとして注目されている。このためには単体性能の向上とエンジンシステム全体を含めたマッチングが必要である。

コラム　初代ターボチャージャ

　ターボチャージャは今から約100年前，1905年にスイス人のAlfled Büchiが発明した。**Fig.1**の中央が星型8気筒のエンジン（**Fig.2**）で，その両側に軸流コンプレッサ（g）と軸流タービン（p）があり，回転軸（b）はエンジンの出力軸と同一軸上につながっている。コンプレッサ出口にはインタークーラ（k）もある。コンセプトは，排気ガスタービンでコンプレッサを駆動して過給した上に，余剰動力をエンジンに回収するという，現在のコンパウンドエンジンに相当する。実際には十分な過給圧が得られず失敗に終わり，当初は疑いの目で見られたが，その後1926年に排気管系を含めた改良で脈動の干渉問題を解決してパルスシステムなる方式で日の目を見た。最初の構想から実用化に20年を費やしている。

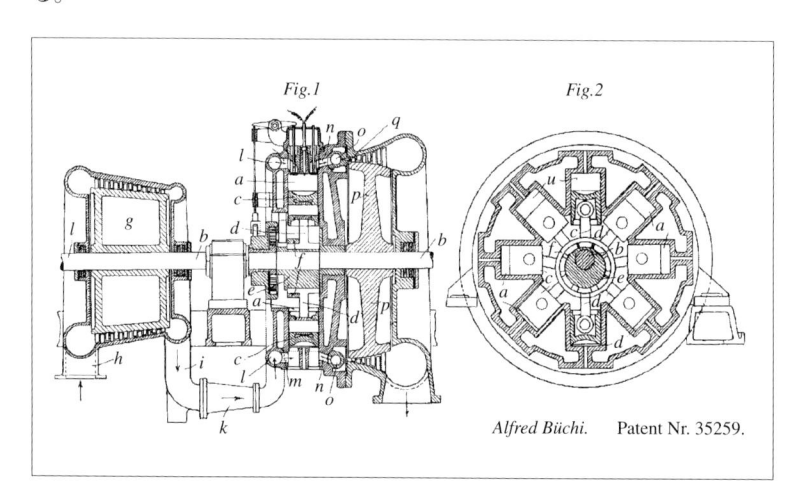

9. 風車
9.1 風力エネルギーの利用

　風車（風力タービン，wind turbine）は世界で最も古いターボ機械の一つであろう。蒸気機関にとって代わるまでに1000年以上ものあいだ動力機関（原動機）として使われてきた。はじめて風をエネルギー源として利用したのは船の帆であると考えられ，エジプトでは5000年近くも前，紀元前2800年頃からナイル川やエジプト沿岸で帆船が使用された。エジプトのダウ（単純な三角帆を取り付けた船，図9.1）から大きな四角形の帆をつけたフェニキアの大形帆船ヒッポ（図9.2）など，さまざまな民族が風を利用した船によって新しい土地を発見し，世界を広げていった。地中海の帆船に使われていた三角帆が風車（セイルウィング形風車）に使われるようになったとも言われている。同様に，中国における灌漑用の横流風車に使用されている翼も帆船の帆によく似ている。船の帆と風車翼の類似性は，両者が自然風の持つ風力エネルギーを利用（エネルギー変換）する装置としてごく自然な形で発達したことを表している。

　風車による風力エネルギー利用においては，先ず風の持つ運動エネルギーを風車翼車により機械的エネルギー（動力，回転エネルギー）に変換し，この機械的エネルギーを直接利用するか，もしくは電気・熱などの他のエネルギーへと変換して利用することが一般的である。現代では風力エネルギー利用は電気的エネルギーへの変換すなわち風力発電が主体であり，地球温暖化対策，エネルギー資源開発の点から，今後ますます発電用風車の導入が期待される。本章では，風車の種類・特徴を紹介すると共に，風車の理論（作動原理）などについても簡単に記述する。

図9.1　エジプトの帆船ダウ

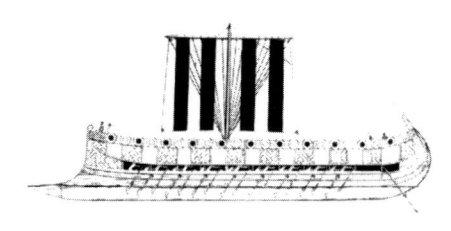

図9.2　フェニキアの大形帆船ヒッポ

9.2 風車の分類

　風車は風の持つ運動エネルギーを回転翼車（ロータ，rotor）により機械的エネルギー（回転エネルギー）に変換するターボ機械であり，空気機械における原動機の一種と見なされる。ただし，その発展の歴史は前節で述べた通り極めて古く，したがって，さまざまな翼車の形態とそれに対応した特徴・作動原理を備える。本節では，エネルギー変換に関わる流体力の種類と翼車形態に基づき，風車を大別する。

【流体力の種類に基づく分類】
　流れ場内に設置された物体には，物体表面の圧力分布とせん断応力分布に基づき流体力が作用し，相対流れの方向に垂直な流体力の成分は揚力，相対流れ方向の成分は抗力と分類される。一方，風車翼車のエネルギー変換には翼車に働く流体力の回転方向成分が関わるが，これを発生する流体力が主に揚力成分である場合と，抗力成分である場合で，大別することができる。前者を揚力形風車（lift type wind turbine），後者を抗力形風車（drag type wind turbine）と呼ぶ。一般に，揚力形風車は抗力形風車に比べてエネルギー変換効率は高いが，低風速時における発生トルクが低い。

【翼車形態に基づく分類】
　翼車回転軸の方向に基づき風車を大別すると水平軸風車（horizontal axis wind turbine；HAWT），垂直軸風車（vertical axis wind turbine；VAWT）に分けられ，さらに翼車の形状により，**表9.1**の通り分類される。なお，プロペラ形風車は，近年の大形発電用風車に多く見られるが，翼車支持構造（例えばマスト）に対して翼車（プロペラ）が上流側にあるものを上流形風車（upwind type wind turbine），下流側にあるものを下流形風車（downwind type wind turbine）と呼ぶ。

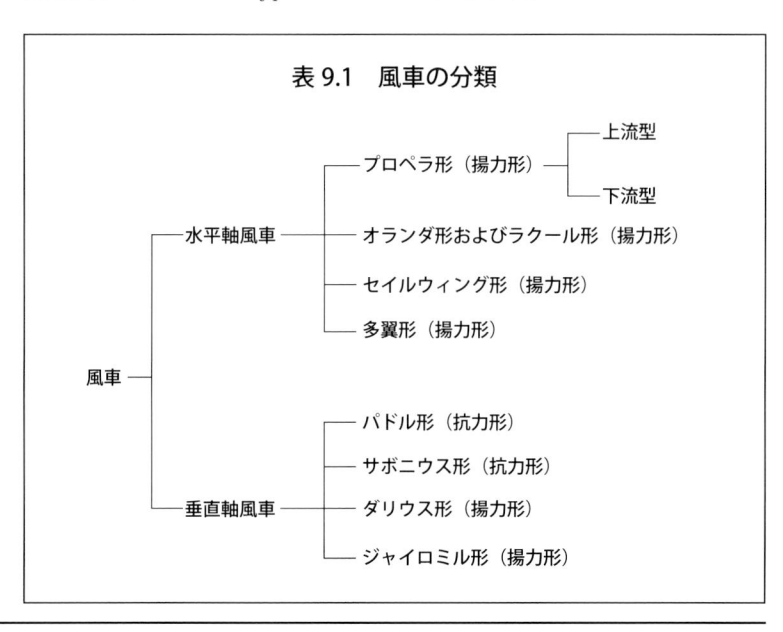

表 9.1　風車の分類

- 風車
  - 水平軸風車
    - プロペラ形（揚力形）
      - 上流型
      - 下流型
    - オランダ形およびラクール形（揚力形）
    - セイルウィング形（揚力形）
    - 多翼形（揚力形）
  - 垂直軸風車
    - パドル形（抗力形）
    - サボニウス形（抗力形）
    - ダリウス形（揚力形）
    - ジャイロミル形（揚力形）

9.3 風車の理論 [1]

9.3.1 風車の解析手法

前節で分類した風車は，風の運動エネルギーを機械的エネルギーに変換する点ではいずれも同じであるが，翼車形状の設計および特性解析において利用される流体モデル，解析手法はさまざまである．本節ではプロペラ形の水平軸風車を対象に，風車翼車の特性解析手法，翼車周りの流動解析手法を概説するとともに，最も基礎となる風車の理論を紹介する．

水平軸風車の特性解析手法は，ヘリコプタ，プロペラの分野で発展した空気力学の知識・経験を応用したものであり，例えば表9.2の示すように，運動量理論，渦理論等の非粘性解析手法と，k-ε モデル，LES等の乱流モデルを用いた粘性解析手法に分類される．いずれの解析手法においても重要な点は，翼車通過時の風速減少量をいかに推定するかである．また，他のターボ機械とは異なり，翼車周りの流れが外部流れであるため，解析領域が大きくなる点，および境界条件の与え方にも注意が必要である．

表9.2 風車の解析手法

非粘性解析手法
■ 運動量理論：運動量・角運動量の法則に基づき構築
　● 作動円盤理論
　● 環状運動量理論
■ 渦理論：ビオサバールの法則に基づき構築
　● 揚力線理論
　● 揚力面理論（渦格子モデル）
　△自由後流モデル　　△固定後流モデル

粘性解析手法
■ CFD：RANS方程式等を対象とし，乱流モデルを利用
　● k-ε モデル
　● LES
　● 渦法　等

運動量理論（momentum theory）は，翼車（回転翼）全体を作動円盤（actuator disk）もしくは環状部（annulus）の集合に置き換えて，翼車前後での流れの運動量・角運動量の変化を調べることにより，回転翼に働く軸推力（axial thrust），翼車の出力を求めるものである．最も単純な作動円盤理論においては，翼車を通過する流れを一次元軸方向流れ（回転軸方向のみの変化）とみなし，翼車上流・下流流れと翼車通過流れの関係を導く．その詳細については，9.3.2節で述べる．翼車を作動環状部として取り扱う場合には，翼車を通過する流れは速度2成分（軸方向と周方向速度）を対象に，2次元流れ（軸方向と半径方向に変化）とみなされる．また，各翼は翼幅方向の細帯，すなわち翼素（blade element）に分割され，各翼素における空力学的特性は局所相対流れに対して2次元的に取り扱う．

9.3 風車の理論 [2]

　渦理論（vortex theory）はビオサバールの法則に基づき，風車翼ならびに翼から発生する後流を渦要素により表現する考え方である。翼周りには揚力 L の大きさに対応する循環量 Γ（束縛渦もしくは束縛渦列で表現，「$L=\rho U\Gamma$」，ρ：空気密度，U：相対速度）が存在し，翼幅方向にその大きさは変化する。この循環量の変化に応じて流れ場には翼幅方向の速度差が生じ，これが後流中への縦渦となる。また，翼周りの循環量が時間的に変化した場合には横渦として後流中に流出する。渦理論は，これら全体の渦系を取り扱うことにより風車翼周りの流れ場を求める方法である。後流中の縦渦は，風車回転面に流入する風速を減速させるように誘起するため，この減速量を誘導速度（induced velocity）と呼ぶ。風車翼の表現の仕方により渦理論は２つに分類され，各翼を翼幅方向への一本の渦線（束縛渦）により表現する揚力線理論（lifting line theory）と，翼弦方向への負荷分布を考慮するため複数の渦線（束縛渦列）を配置する揚力面理論（lifting surface theory）に分けられる。また，後流の渦構造は翼回転の影響により螺旋構造となるが，この形状を予め指定する固定後流モデル（fixed wake model, prescribed wake model）と，流出した各渦要素を局所速度で移動させることにより渦形状を決定する自由後流モデル（free wake model）にも分類することができる。図 9.3 に自由後流モデルを用いた後流渦構造の解析結果の例を示す。物理現象に近く，非定常現象などにも対応できる点で，自由後流モデルが優れている。ただし，後流渦が風車回転面にもたらす誘導速度の影響を正確に見積もるためには，風車直径の３〜５倍の下流域まで渦構造を発展させる必要があるため，渦要素の数が大きくなり，自由後流モデルにおいては計算負荷が大きくなる短所が存在する。

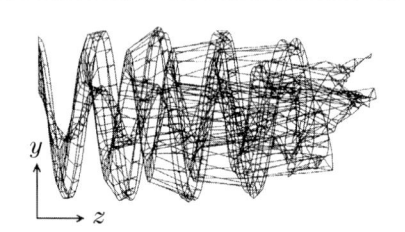

図 9.3　自由後流モデルの解析例
風車翼１枚（左端）から放出される後流渦の形状を示す。風車翼回転に伴い螺旋形状を示し，右端は出発渦の影響が現れている。

　近年の計算機能力の向上に伴い，風車の特性解析ならびに風車周りの流れ場解析に対して，粘性を考慮した数値流体解析（CFD）が試みられるようになってきた。今後これらの成果に期待するところは大であるが，風車周りの流れ場が外部流れであり計算領域が極めて広くなること，高レイノルズ数流れであること，翼弦長から風車直径まで様々な長さの渦スケールが存在すること等が，その進展の障害となっている。

9.3 風車の理論 [3]

9.3.2 作動円盤理論

作動円盤理論（actuator disk theory）に基づき風車翼車（ロータ）を通過する流管内の流れを調べるとともに，翼車に働く軸推力・トルクを算定する。ここで採用される仮定は以下の通りである。

- 翼車上流流れは定常一様な回転軸方向流れ
- 翼車の作用は作動円盤により表される
- 作動円盤前後で流れは連続的に変化する
- 作動円盤を通過する流体は流管により外部の流れと区別される
- 流管の各断面内で流れは一様であり，回転軸方向の成分のみを持つ
- 流れは非圧縮・非粘性とする

流管内の流れを調べるに当たり，図 9.4 に示す通り破線で示す空間に固定された断面積一定の領域を検査体積に取る。

翼車に対して十分上流と下流の断面をそれぞれ 0, 3 とし，作動円盤の直前・直後の断面をそれぞれ 1, 2 とする。また，それぞれの断面における流管の断面積を A_0, A_1, A_2, A_3 ($A_1 = A_2 = A$) とするとともに，検査体積の断面積を S で表す。

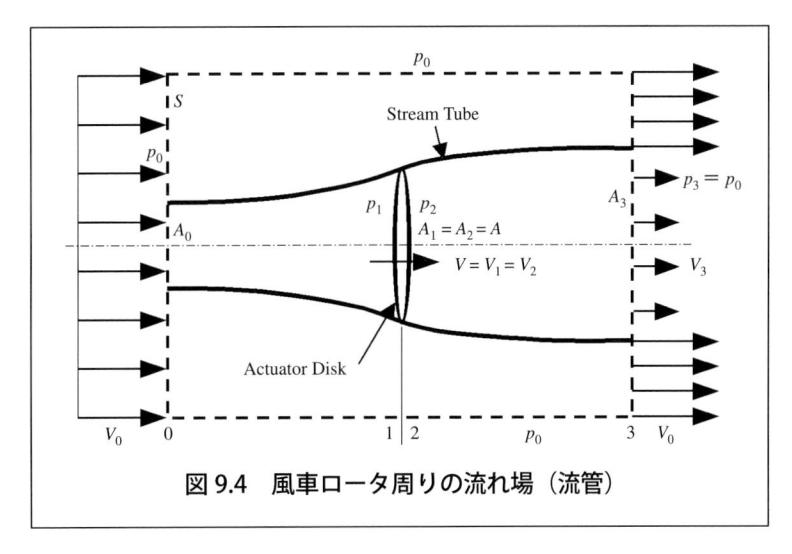

図 9.4 風車ロータ周りの流れ場（流管）

上流断面からの流入速度は V_0 で一様であるが，下流断面からの流出速度は流管内で V_3 ($< V_0$) であるので，連続の条件より検査体積の側面から流出する流量は次式となる。

$$\Delta Q = V_0[(S - A_0) - (S - A_3)] = V_0(A_3 - A_0) \tag{9.1}$$

翼車に対して十分大きな検査体積を取ると，検査体積表面上の圧力はどこでも（十分下流の断面においても）大気圧 p_0 となる。また，検査表面上のせん断応力の影響は十分小さいものとして無視することができる。

検査体積に対して運動量の法則を適用すると，流入・流出する運動量流束と作動円盤に下流側へ働く軸推力 D との関係が以下の通り求められる。

$$\rho V_0^2 S - D = \rho V_0^2 (S - A_3) + \rho V_3^2 A_3 + \rho \Delta Q V_0 \tag{9.2}$$

9.3 風車の理論 [4]

ここで, ρ は空気の密度である. したがって, 連続の条件 $A_0V_0 = A_3V_3 = AV$ を用いることにより, 軸推力は次式となる.

$$D = \rho A_3 V_3 (V_0 - V_3) = \rho A V (V_0 - V_3) \quad (\text{N}) \tag{9.3}$$

流管内の流れは翼車前後の断面1, 2間で圧力ならびに全エネルギーの不連続が存在し, 全エネルギーの差が作動円盤に吸収される. 流管内の断面0〜1, 2〜3の間に対してベルヌーイの定理を適用し, $V_1 = V_2 = V$ とおくと次式となる.

$$\rho V_0^2/2 + p_0 = \rho V^2/2 + p_1$$
$$\rho V^2/2 + p_2 = \rho V_3^2/2 + p_0 \tag{9.4}$$

軸推力 D は風車前後の圧力差から求めることもでき, $D = A(p_1 - p_2)$ とかけるので, 上式を利用して次式となる.

$$D = \rho A (V_0^2 - V_3^2)/2 \quad (\text{N}) \tag{9.5}$$

式 (9.3), (9.5) より, 風車翼車を通過する流速 V は次式で表され,

$$V = \frac{V_0 + V_3}{2} \quad (\text{m/s}) \tag{9.6}$$

すなわち, 十分上流と下流での速度の平均値となる.

次に翼車通過時に流体が失うエネルギーを全て風車が吸収するものとして, 風車の理論仕事率 P_{th} を推定する. 作動円盤を通過する際に単位質量あたりの流体が失うエネルギーは, 断面1〜2間の全エネルギーの差 $(p_1 - p_2)$ であるから, 式 (9.4) より次式となり,

$$\Delta E = (V_0^2 - V_3^2)/2 \quad (\text{J/kg}) \tag{9.7}$$

単位時間に通過する質量流量が ρAV により与えられるので, 式 (9.6) を用いて風車の理論仕事率 (理論動力) P_{th} は次式となる.

$$P_{th} = \Delta E \rho A V = \rho A (V_0 - V_3)(V_0 + V_3)^2/4 \quad (\text{W}) \tag{9.8}$$

ここで, $(V_0 - V)$ は軸方向誘導速度 (誘導速度) であり, 翼車通過時の減速量を表す. また, 翼車通過時に上流風速 V_0 から減速しないと仮定すると, 風車回転面 (面積 A) を単位時間に通過する運動エネルギー流束 (利用可能な全エネルギー) P_W は次式で与えられる.

$$P_W = \rho A V_0^3/2 \quad (\text{W}) \tag{9.9}$$

9.3 風車の理論 [5]

すなわち，利用しうる風の運動エネルギー流束（風の持つパワー）は，空気密度 ρ，翼車回転面積 A に比例し，風速 V_0 の3乗に比例することがわかる。

9.3.3 回転翼への相対流れ／翼との相互作用

前節では作動円盤理論に基づき風車の理論仕事率 P_{th} と風車前後の流速・翼車通過時の流速の関係を導いたが，風車回転角速度などの運転条件ならびに翼車形状との関係について何の情報も与えていない。本節では，回転翼に対する翼車通過流れの相対速度を調べることにより，翼と通過流れの相互作用についての基本的な考え方を示す。

風車の翼断面を含む平面内において翼に対する相対流れは図 9.5 に示す通り，減速した軸方向速度 V と翼断面の周速度 $r\omega$ により決定される（実際には周方向への誘導速度成分も存在するがここでは小さいものとして無視する）。翼断面に働く流体力は，揚力と抗力の合力として作用し，その大きさと方向は，主に相対速度の大きさと向き，翼断面形状（すなわち翼形特性），迎え角（翼弦線に対する相対流れ角度）により決まる。合力の軸方向成分の積分量は風車軸推力 D となり，周方向成分は風車トルク T を生み出す。

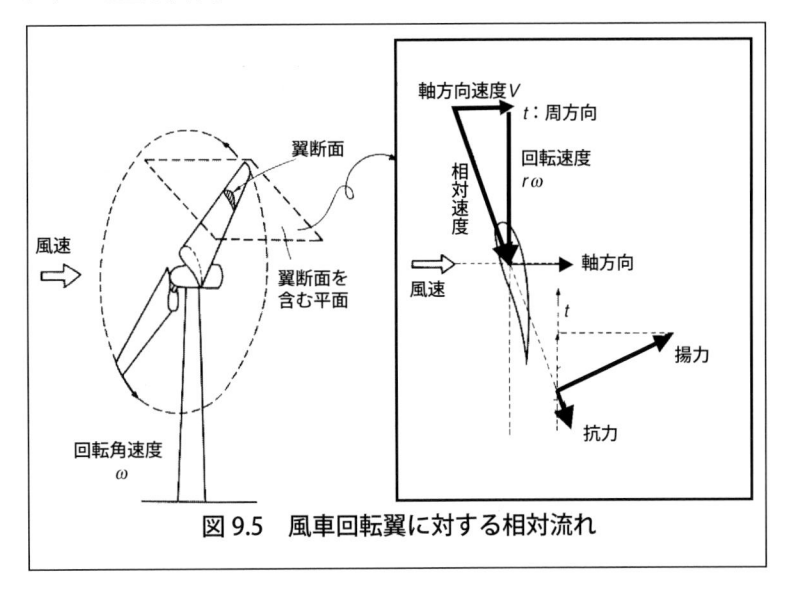

図 9.5　風車回転翼に対する相対流れ

風車周りの流れ解析に対して環状運動量理論を採用した場合，流れの軸方向速度成分（軸方向運動量）と周方向速度成分（角運動量）を併せて取り扱うため，環状部を通過する流れとトルク・軸推力との関係が導き出される。一方，上述の相対流れの考え方を環状部に相当する翼素に適応することにより，翼形状・運転条件がトルク・軸推力に及ぼす影響が得られる。

以上の考え方に基づき，風車特性解析を行う手法が翼素／運動量理論（blade element/momentum theory）と呼ばれ，風車設計・特性解析における基本的なツールとなっている。

9.4 風車の特性 [1]

9.4.1 無次元特性表示

風車の動力（仕事率）P と風の持つ運動エネルギー流束 P_W との比は出力係数（Power coefficient）C_P と呼ばれ，次式により定義される。

$$C_P = \frac{P}{\rho A V_0^3 / 2} \tag{9.10}$$

また，風車の運転状態・出力特性を比較・評価する上で，翼車外周端の周速度 $R\omega$，風車軸トルク T，軸推力 D も重要である。これらを無次元表示したものは，それぞれ周速比 λ，トルク係数 C_Q，軸推力係数 C_D として以下のように表される。

$$\lambda = \frac{R\omega}{V_0} \tag{9.11}$$

$$C_Q = \frac{T}{\rho A V_0^2 R / 2} \tag{9.12}$$

$$C_D = \frac{D}{\rho A V_0^2 / 2} \tag{9.13}$$

A：風車翼車の受風面積（m^2），　R：風車翼車の半径（m）
V_0：風車上流での風速（m/s），　ρ：空気密度（kg/m^3）
ω：風車翼車回転角速度（rad/s）

9.4.2 理論出力係数の最大値（Betzの限界）

風車動力（仕事率）P が作動円盤理論に基づき算出された風車の理論動力（理論仕事率）P_{th}（式（9.8）参照）に等しいとして，出力係数の理論値 C_{Pth} を求めると次式となる。

$$\begin{aligned}C_{Pth} &= \frac{P_{th}}{\rho A V_0^3 / 2} = \frac{2\rho A (V_0 - V) V^2}{\rho A V_0^3 / 2} = \frac{4(V_0 - V) V^2}{V_0^3} \\ &= 4 \frac{(V_0 - V)}{V_0} \frac{[V_0 - (V_0 - V)]^2}{V_0^2} = 4a(1-a)^2 \end{aligned} \tag{9.14}$$

ここで，$a = (V_0 - V)/V_0$ は誘導速度比（induction factor）と呼ばれ，風車上流風速 V_0 に対する翼車通過時の減速量（$V_0 - V$）の無次元値である。

C_{Pth} は誘導速度比 a の関数であり，$a = 1/3$ の場合，すなわち上流風速 V_0 に対して翼車通過速度が $V = 2V_0/3$ に減速したとき，理論出力係数は最大値 $C_{Pmax} = 16/27 \fallingdotseq 0.593$ を取る。この値を Betz の限界（Betz's limit）と呼ぶ。理論動力 P_{th} と比較して実際の風車動力 P は低下するが，その要因には以下の項目が挙げられる。

- 翼車周り流れの流動損失
- 翼車後流中の周速度成分が持つ運動エネルギー（9.4.3 参照）
- 風車軸系の機械損失

その結果，実際の風車の出力係数は図 9.6 に示される通り Betz の限界よりも極めて小さな値を取る。

9.4 風車の特性［2］

9.4.3 各種風車の特性

各種風車（形状は 9.5 節を参照）に対する周速比 λ と出力係数 C_P の関係を**図 9.6** に，周速比とトルク係数 C_Q の関係を**図 9.7** にそれぞれ示す。

揚力形に分類されるプロペラ形（水平軸形），ダリウス形風車（垂直軸形）は，高い周速比において大きな出力係数を示すが，トルク係数は小さい。すなわち発電などに適した，高回転・低トルクの風車である。

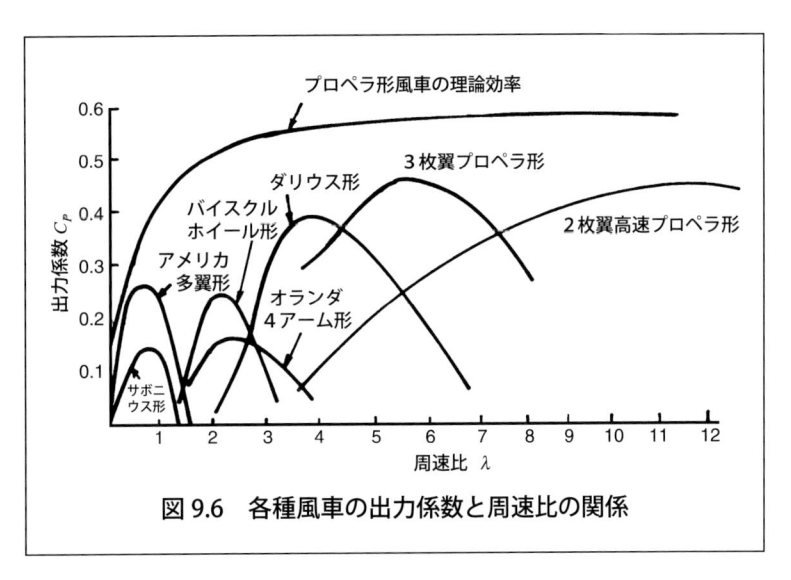

図 9.6 各種風車の出力係数と周速比の関係

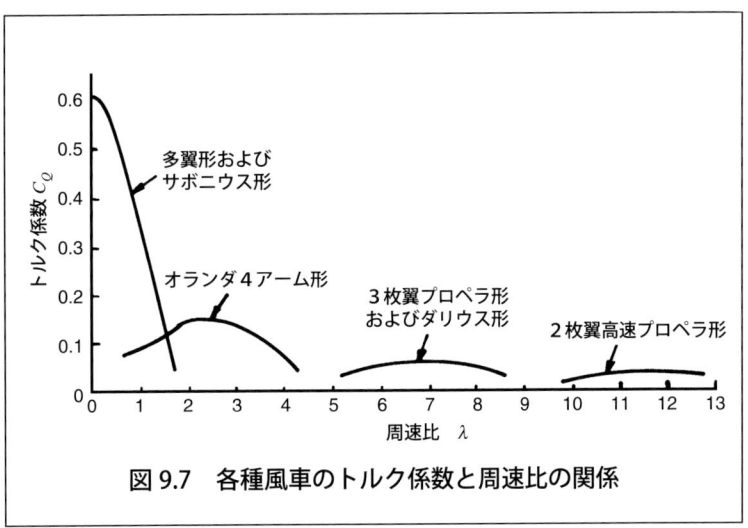

図 9.7 各種風車のトルク係数と周速比の関係

また，抗力形に分類されるサボニウス形（垂直軸形），多翼形（水平軸・揚力形）は出力係数が小さく，トルク係数が大であり，低回転・高トルクの風車として揚水等への利用に適していることが分かる。

図 9.8 は水平軸風車における最適（設計）周速比 λ_{opt} と次式で定義されるソリディティ比 σ（solidity ratio）の関係を示したものである。

9.4 風車の特性 [3]

$$\sigma = \frac{cZ}{\pi R} \tag{9.15}$$

c：翼弦長（m），　R：翼車半径（m），　Z：翼枚数

ソリディティ比 σ とはすなわち，「風車翼車の受風面積」と「全翼面積」の比を表しており，多翼形で大きく，プロペラ形で小さな値を取る。図より，設計周速比 λ_{opt} が大きくなるにつれて最適設計された水平軸風車翼車のソリディティ比は小さくなることが分かる。

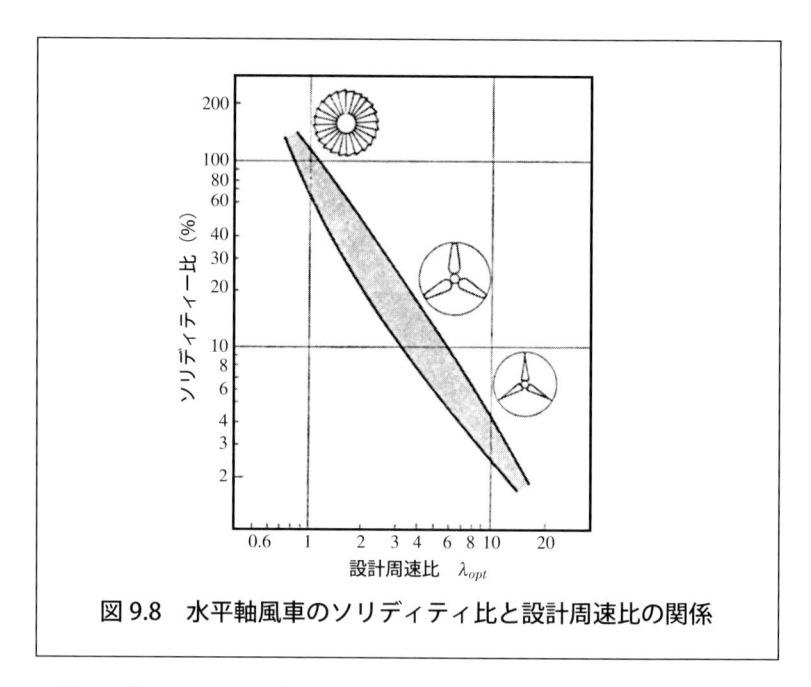

図 9.8　水平軸風車のソリディティ比と設計周速比の関係

図 9.6 中に示されたプロペラ形風車の理論出力係数は，低周速比で小さく周速比とともに増大し，高周速比では Betz の限界 $C_{Pmax} = 16/27 \fallingdotseq 0.593$ に漸近する。これは次のように理解することができる。すなわち，設計周速比が低い風車（例えば多翼形風車）においては図 9.7 に見られる通り大きなトルクが発生するため，その反作用として後流中の流れは大きな角運動量を持つことなる。この角運動量に対応する後流中の旋回速度成分は運動エネルギーを保持するため，このエネルギー流束分だけ風車が利用できるエネルギーは減少し，理論出力係数が減少する。

なお，図 9.7 における周速比 $\lambda = 0$（風車静止時）での発生トルクは，起動トルク（starting torque）と呼ばれ静止している翼車が回転を開始する起動特性を表す。例えば，サボニウス風車はプロペラ形風車に比べ起動特性に優れるため，比較的低風速の環境でも運転が可能となる。風車設計・機種選定に当たっては，風車設置予定地における平均風速等の風環境（風況），用途（要求される出力・トルク・回転数）に応じて設計周速比を決定し，これに従い風車種類・ソリディティ比の選定を行う必要がある。

9.5　風車の種類と特徴［1］

　　　　　　　　　　　　風車は，軸駆動の方向から水平軸風車と垂直軸風車に大きく分けられる。以下に，風車の種類の詳細と特徴を示す。

9.5.1　水平軸風車　　　　駆動軸がほぼ水平に配置され，何枚かのブレード（blade）で構成される回転翼（rotor）の回転面は，一般に風向に対してほぼ垂直となるよ
　（horizontal-axis　うに方向制御（ヨー制御）が必要となる。したがって風向変化が起こっ
　wind turbine）　た際に垂直軸風車に比べて追従性能が劣る。

(1)　プロペラ形風車（propeller type wind turbine）
　図 9.9 にプロペラ形風車を示す。自動回転翼であるこの形の風車は風力発電用として多く用いられており，翼形状は航空機のプロペラ等の駆動回転翼と類似しているが，ロータ回転面において大きな誘導速度を生じるため，異なる設計手法が必要となる。通常，翼枚数は 2～3 枚であるが 1 枚翼風車も存在する。翼断面形状は従来，航空機用の翼形が使用されてきたが，近年風車専用翼形の開発も進んでいる。

図 9.9　プロペラ形風車　　　図 9.10　オランダ形風車

9.5 風車の種類と特徴 [2]

(2) オランダ形風車 (Dutch type wind mill)

図 9.10 はヨーロッパで多数使用された風車の代表例であるオランダ形風車を示す。この風車には postmill（ポストミル）と towermill（タワーミル）とがあり，前者は風向によって風車小屋全体を動かせて追従させるタイプであり，後者は小屋の上部のみを動かすタイプである。

(3) 多翼形風車 (multi-blade wind mill)

19 世紀中期にアメリカの農場で用水用に開発されたもので，図 9.11 に示すように多数の翼からなる低速回転，高トルクの風車で現在もアメリカ，オーストラリア等で用いられている。風向追従のために，尾翼（テールベーン），サイドベーンを取り付けているものが多い。

(4) セイルウィング形風車 (sail-wing wind mill)

ギリシアなど地中海地方で古くから使用されてきた形式で図 9.12 に示すように帆船の帆と同様に風車の羽根に帆布を用いている。タワーミルと同様に，小屋の上部のみを風向追従させる。

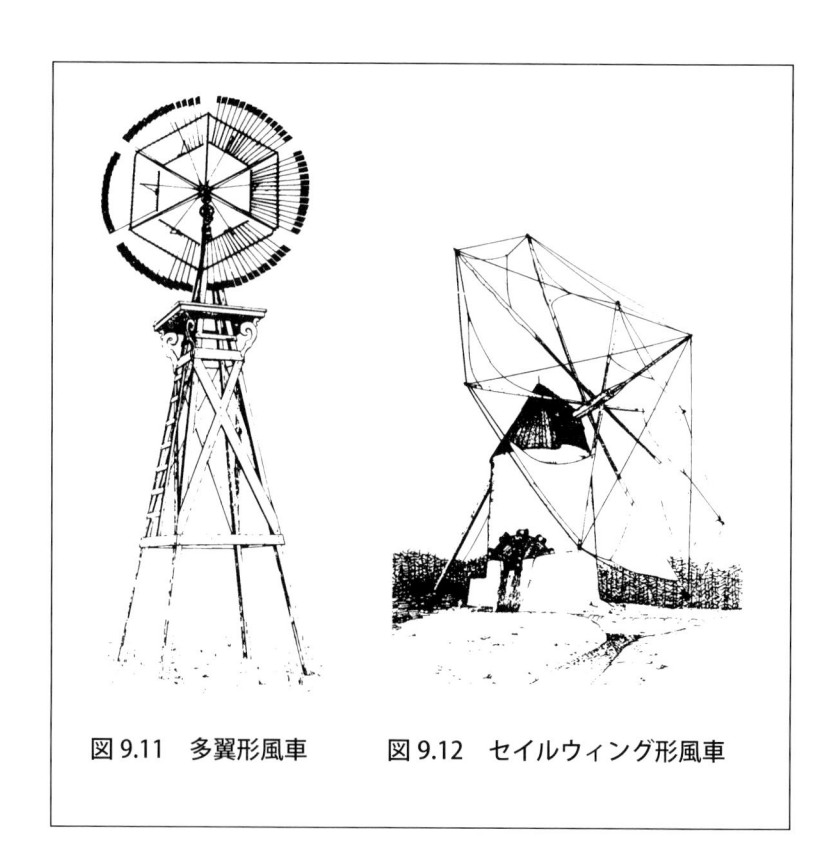

図 9.11　多翼形風車　　図 9.12　セイルウィング形風車

9.5　風車の種類と特徴［3］

9.5.2　垂直軸風車
　（vertical-axis
　　wind turbine）

　駆動軸は垂直に配置されていて，一般に回転翼の起動面は立体的で方向性がない。従って，回転翼の起動が若干困難な点を除けば，いずれの風向でも等しく作動することができ，さらに出力を地表施設に取り込みやすいという利点を持つ。ただし，大規模の風車の場合には，回転軸の固定方法に問題が生じる。以下に代表的な垂直軸風車について列記する。

(1)　パドル形風車（Puddle type wind turbine）
　抗力形の風車で，その形状からパドル形と呼ばれる。図 9.13 にいくつかの形式を示す。この風車の特徴は風上へ向かうパドルの抵抗をいかに小さくするかという点に種々のアイデアが考案されている。図 9.13 (a)はロビンソン風速計などで知られている風杯形であり，スクリーンを利用したもの（図 9.13 (b)）などもあるが効率は極めて低い。

(2)　サボニウス形風車（Sovonius type wind turbine）
　1929 年フィンランド人の S.J. サボニウスにより発明された抗力形の風車である。図 9.14 に示すように半円筒状の受風体を向かい合わせ，偏心させて組み合わせた形式もある。起動トルクを含め大きなトルクが得られるが，効率は最大で 15% に過ぎない。

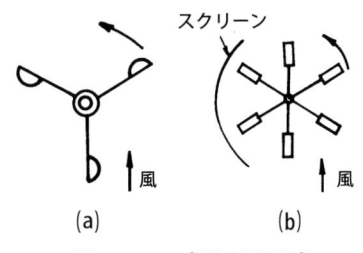

図 9.13　パドル形風車

〔風車ポンプ（畑に揚水中）／松村農機製〕
図 9.14　サボニウス形風車

9.5　風車の種類と特徴 [4]

(3) ダリウス形風車 (Darius-type wind turbine)

ダリウス形風車は一様な断面形状の翼の両端を垂直軸に2～3枚取り付けたもので、フランス人G.J.Mダリウスにより発明された。このブレードは図9.15に示すように回転時に曲げモーメントがかからないトロポスキエン（縄跳びの綱の動き）の形状をしている。この風車は揚力形の風車であるため、風速以上の周速（高い周速比）が得られ、システムが簡単なことから風車重量当たりの出力が、プロペラ形風車と同程度に高いという利点を持つが、起動特性に難点がある。

(4) ジャイロミル形風車 (gyro-type wind turbine, gyro-mill)

図9.16に示すように、この風車は対称翼形のブレードが垂直に取り付けられ、自動的に風に対し最適な迎え角をもたせるための可変ピッチ機構を有する揚力形風車である。ダリウス形風車の高速・高効率の利点を保持しつつ、ピッチ角制御により良好な起動性を達成することが可能であるが、構造が複雑とるため、大形化において難点がある。

〔神戸市／三菱電機製〕

図9.15　ダリウス形風車　　図9.16　ジャイロミル形風車

9.6 風車における研究開発

　風車に関わる技術は既に完成されたものと誤解されることが多いが，実際には解決すべき多くの技術課題を抱えている。例えば，風車ロータ翼の空力学的特性を最適化するための設計手法は，いまだ十分には確立しておらず，ロータ周りの3次元流れ場解析と併せて，今後さらなる研究が必要である。また，大型の発電用風車ロータ翼の寿命は一般に20年程度となるように設計されるが，山岳・丘陵地に設置された風車は，乱れの強い大気境界層流れの影響を受けて，10年を待たずに疲労破壊する等の問題が生じている。一方で，風車は地球温暖化ガスを排出せずクリーンなエネルギー利用システムと考えられるが，風車から発生する騒音ならびに，視覚的な刺激（違和感）などの環境への負荷が存在し，これを低減するための努力が必要である。以下に，風車本体に関わる研究課題の例を挙げる。

- 風車ロータ空力性能向上（風車専用翼型開発・ロータ翼周り3次元流れの解明）
- 流入風条件が風車ロータに及ぼす空力学的影響の解明（寿命予測）
- 耐久性・安全性・稼働率向上（強度・品質・制御）
- 風車ロータの大型化に向けた設計手法確立（柔構造設計）
- 革新的ロータシステム（タンデムロータ・集風装置等）の開発
- 騒音低減（空力騒音・機械騒音），景観への配慮
- 風車運転（翼ピッチ角，回転数）最適制御法の開発
- 発電機効率向上
- ロータ翼・タワー・ナセル材料の開発

　また，発電システム全体としての信頼性・効率を向上するために次のような研究開発が行われている。

- 風車設置サイトの最適選定法の確立（風況精査・予測）
- 風車発電量の短・中期予報
- ウィンドファームにおける風車配置の最適化
- 風車設置・運転・保守方法の確立（土木工学）
- ディーゼル，マイクロガスタービンシステム等とのハイブリッド化
- 系統連系における諸問題解決，送電効率の向上

　これら多くの技術課題を解決することにより，洋上ならびに山岳・丘陵地域において高効率・高信頼の大規模ウィンドファーム（Wind farm）を接地することが可能となるが，そのためには流体工学・電気工学・材料工学・土木工学をはじめとする広い工学分野の共同研究・共同開発が不可欠である。

9．例題【1】

〔9.1〕平均風速 10.0m/s の地点に 3 枚翼プロペラ風車を一機設置し，2.00MW の出力を得たい。図 9.6 を用いて必要な風車半径と運転時の回転角速度を求めよ。ただし，空気の密度は $\rho = 1.20\text{kg/m}^3$ とする。

（解答例）

図 9.6 より，最大出力係数は周速比 $\lambda = 5.5$ において $C_P = 0.45$ が得られる。したがって，式（9.10）より風車に必要な風車半径 R は，以下のように求められる。ここで，A は風車受風面積である。

$$R = \sqrt{\frac{A}{\pi}} = \sqrt{\frac{P}{\pi C_P \rho V_0^3 / 2}} = \sqrt{\frac{2.00 \times 10^6}{\pi \times 0.45 \times 1.20 \times 10.0^3 / 2}} = 48.6\text{m}$$

式（9.11）より風車の回転角速度は，次の通りとなる。

$$\omega = \frac{\lambda V_0}{R} = \frac{5.5 \times 10.0}{48.6} = 1.13\text{rad/s}$$

（答）風車直径 48.6m，風車回転角速度 1.13rad/s

〔9.2〕作動円盤理論を用いた場合，風車の理論出力係数 C_{Pth} は式（9.14）に示すとおり誘導速度比 a の関数で与えられる。同様の考え方に基づき，風車の理論軸推力係数 C_{Dth} を a の関数として求めよ。

（解答例）

式（9.5），式（9.13）より，理論軸推力係数は次式で与えられる。

$$C_{Dth} = \frac{D}{\rho A V_0^2 / 2} = \frac{\rho A (V_0^2 - V_3^2)/2}{\rho A V_0^2 / 2} = \frac{(V_0^2 - V_3^2)}{V_0^2}$$
$$= \frac{(V_0 - V_3)}{V_0} \frac{(V_0 + V_3)}{V_0}$$

誘導速度比は $a = (V_0 - V)/V_0$ で定義され，式（9.6）の関係が存在するので，上式は以下の通り変形される。

$$C_{Dth} = \frac{2(V_0 - V)}{V_0} \frac{[2V_0 - (V_0 - V_3)]}{V_0} = \frac{2(V_0 - V)}{V_0} \frac{[2V_0 - 2(V_0 - V)]}{V_0}$$
$$= 4a(1 - a)$$

（答）理論軸推力係数は $C_{Dth} = 4a(1 - a)$

10. ターボ真空ポンプ
10.1 真空工学の基礎 [1]

10.1.1 気体分子速度

真空工学においては2種類の速度を取扱う。一つは気体分子一個一個が持っている速度であり、気体分子速度あるいは気体分子の熱速度と呼ばれる。もう一つは気体分子の集団が有する速度であり、いわゆる流れの速度である。流れの速度は巨視的速度とも呼ばれる。ここではターボ分子ポンプなどの特性を把握するために必要な事柄を気体分子運動論から説明する。

気体分子速度がvとそれに微小気体分子速度が加わった$v + dv$との間にある確率は、熱的に平衡状態である場合には、ボルツマン方程式の厳密解として次のマックスウエル速度分布則（**図 10.1**）で与えられる。

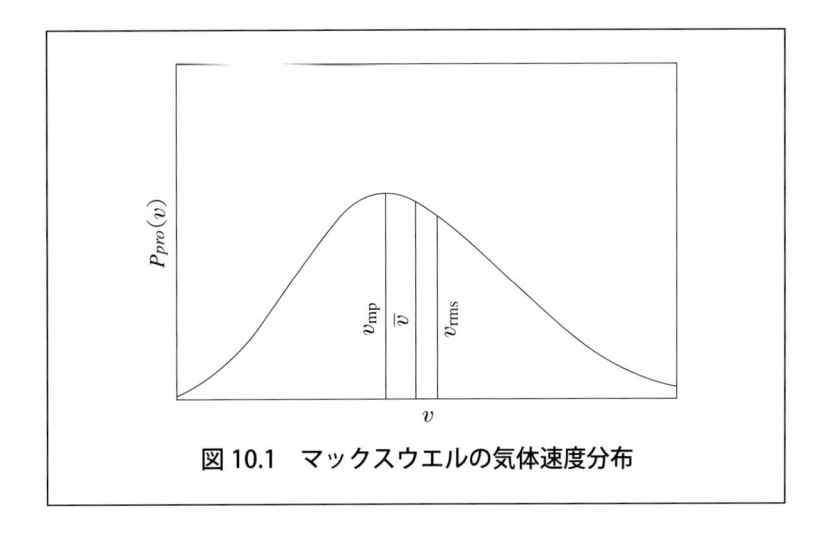

図 10.1 マックスウエルの気体速度分布

$$P_{pro}(v) = 4\pi \, [m/(2\pi kT)]^{2/3} v^2 \exp[-mv^2/(2kT)] \tag{10.1}$$

ただし、mは気体分子1個の質量（kg）、kはボルツマン定数 = 1.380662×10^{-23}(J/K)、T（K）は温度である。

単純な平均速度$\bar{v}$は

$$\begin{aligned}
\bar{v} &= \int_0^\infty v P_{pro}(v) dv \\
&= \left[8kT/(\pi m)\right]^{1/2} \\
&= \left[8RT/(\pi M)\right]^{1/2}
\end{aligned} \tag{10.2}$$

Rは一般ガス定数、Mは気体分子量である。Rを気体分子個数で除した分子1個当たりのガス定数がボルツマン定数 $k = R/(M/m)$である。二乗平均速度 $v_{rms} = \sqrt{\overline{v^2}}$ は、分子速度の二乗を時間平均し、その平方根をとったもので、

１０．１　真空工学の基礎［２］

$$v_{rms} = \sqrt{\int_0^\infty v^2 P_{pro}(v)dv}$$
$$= (3kT/m)^{1/2} \tag{10.3}$$
$$= (3RT/M)^{1/2}$$

で表される。**図 10.1** の分布曲線の頂点を与える速度は，気体分子がその速度を有する確率が最大であることを意味しており，$dP_{pro}/dv = 0$ から

$$v_{mp} = (2kT/m)^{1/2} \tag{10.4}$$

v_{mp} を最大確率速度と言う。したがって，

$$v_{mp} : \bar{v} : v_{rms} = (2)^{1/2} : (8/\pi)^{1/2} : (3)^{1/2} = 1 : 1.128 : 1.225 \tag{10.5}$$

10.1.2　クヌッセン数

ある気体分子が他の気体分子と衝突した後，さらに他の気体分子と衝突するまで自由に飛行できる距離を自由行程と言う。自由行程を数多くの気体分子について平均したものを平均自由行程と言う。時間平均当たりの自由行程をマックスウエルの平均自由行程 l と呼び，下記の式で示される。

$$l = 1/[(2)^{1/2}\pi n\sigma^2] = 0.7071/(\pi n\sigma^2) \tag{10.6}$$

ここに n は単位体積当たりの気体分子の個数，σ は気体分子の直径である。

ここでチャップマンらの粘度（μ）を用いて粘度と平均自由行程を結びつけると，密度を ρ として，以下の式が得られる。

$$\mu = 0.499\rho l\bar{v} \tag{10.7}$$

式（10.6）において，$n = \rho/m = p/kT$ より

$$l = 0.7071(kT/\pi\sigma^2)(1/p) \tag{10.8}$$

すなわち平均自由行程は温度に比例し圧力に逆比例する。20℃の窒素分子の場合の平均自由行程は

$$l_{N2} \fallingdotseq 0.07/p, \text{〔圧力 } p \text{ の単位は mmHg, 長さの単位は mm〕} \tag{10.9}$$

で簡単に予想できる。平均自由行程と流れの代表寸法の比を Knudsen 数（Kn, クヌッセン数）と言う。通常は流れの圧力が低くなると以下に示すように連続体流れである粘性流から，すべり流，気体分子同士の衝突割合と気体分子と固体表面との衝突割合が同じオーダで生じる中間流，そして気体分子同士の衝突がほとんど生じない自由分子流の流れに分類できる；

	Kn	$\leqq$	0.01	粘性流
$0.01 \leqq$	Kn	$\leqq$	0.1	すべり流
$0.1 \leqq$	Kn	$\leqq$	10	中間流
$10 \leqq$	Kn			自由分子流

10.1 真空工学の基礎 [3]

10.1.3 真空関連の用語

真空工学や真空ポンプにおいては，従来の流体工学や流体機械において使用されてきた用語と若干異なる表現が使用される。本節ではその一部を紹介する。単位時間当たりの質量流量 $\dot{m}$ は

$$\dot{m} = \rho \cdot S \tag{10.10}$$

ρ は密度，S は流体工学では体積流量を意味している。しかし真空ポンプでは大気圧より低い圧力状態で気体が流動しているため，気体の温度変化が起こることはあまり多くないので，p を圧力とすると

$$\dot{m} = p/(RT) \cdot S \propto p \cdot S \tag{10.11}$$

$$\therefore Q \equiv p \cdot S \tag{10.12}$$

とし，Q を流量（単位：Toll・litter・s^{-1}），S を排気速度（単位：litter・s^{-1}）と名づけ使用する場合もある。Toll は mmHg と同じ圧力の単位系であり JIS には含まれていない。

同様に円管を流れる気体については，上述の Q は

$$Q \equiv C \cdot \Delta p \tag{10.13}$$

で表され，Δp は円管の入口と出口の圧力差で，C をコンダクタンスと呼ぶ。真空工学においては気体密度が小さいので乱流は出現しにくいので，円管の粘性流（層流）におけるコンダクタンスは

$$C = \pi r_0^4/(8\mu l) \tag{10.14}$$

r_0 は円管の半径，l は長さ，μ は気体の粘度である。自由分子流のコンダクタンスは一般的に

$$C = 0.25 \cdot v S_A P_{AB} \tag{10.15}$$

ただし，S_A は管入口断面積，P_{AB} は入口から入った気体分子が出口から出る確率である。

１０．１　真空工学の基礎　[4]

10.1.4　真空の圧力範囲

真空とは「大気圧より低い圧力の気体で満たされた空間の状態」であり，今日技術的につくることができる圧力範囲は $10^5 \sim 10^{-10}$ のおよそ15桁に及ぶ。真空の程度を分類すると，低真空から極高真空まで，圧力範囲により**表10.1**のようになる。

この内，低真空，中真空領域では従来から容積形の真空ポンプが用いられてきた。ターボ形は高速化が可能であることから，高真空および超高真空領域に適用され，中真空領域にも適用可能である。そこで次節以降には，ターボ形の分子ポンプおよびドライ真空ポンプについて解説する。

表10.1　真空の区分と圧力範囲および稀薄度

区分	圧力範囲（Pa）	クヌッセン数	流れ様式
低真空	100以上	10^{-4}以下	層流, 乱流
中真空	$100 \sim 0.1$	$10^{-4} \sim 0.1$	層流, すべり流
高真空	$0.1 \sim 10^{-5}$	$0.1 \sim 10^3$	すべり流, 分子流
超高真空	$10^{-5} \sim 10^{-8}$	$10^3 \sim 10^6$	分子流
極高真空	10^{-8}以下	10^6以上	分子流

10.2 ターボ分子ポンプ [1]

10.2.1 作動原理と構造

通常,気体分子は空間を自由に飛び回っており,他の気体分子や固体壁と衝突する場合にその速度や方向が変化する。運動している固体壁に衝突し壁表面から反射してくる気体分子は,壁の温度に対応した分子速度にさらに壁の運動方向の速度成分が加わって飛び出す。この原理を応用した機械式真空ポンプがターボ分子ポンプである。

気体分子同士の衝突がほとんどない自由分子流領域におけるターボ分子ポンプの作動原理を以下に述べる。ターボ分子ポンプはターボ機械としては軸流形式をとり,図10.2 に示すようにロータ先端付近に多数の平板翼(動翼)が円周上に並べられている。また動翼と翼の向きが逆の平板翼(静翼)が動翼後方に置かれている。図10.2(a)は動翼+静翼からなる単段の翼形状,図10.2(b)は立型ターボ分子ポンプ全体の断面図である。動翼の周方向速度が排気すべき気体分子の熱速度と同程度ならば,気体分子は動翼に対して上向きの速度を持つことになり,主として動翼入口部の上壁に衝突する。図10.3 において圧力が低い吸気側①から圧力が高い排気側②への気体分子の通過できる確率を E_{12},その逆の確

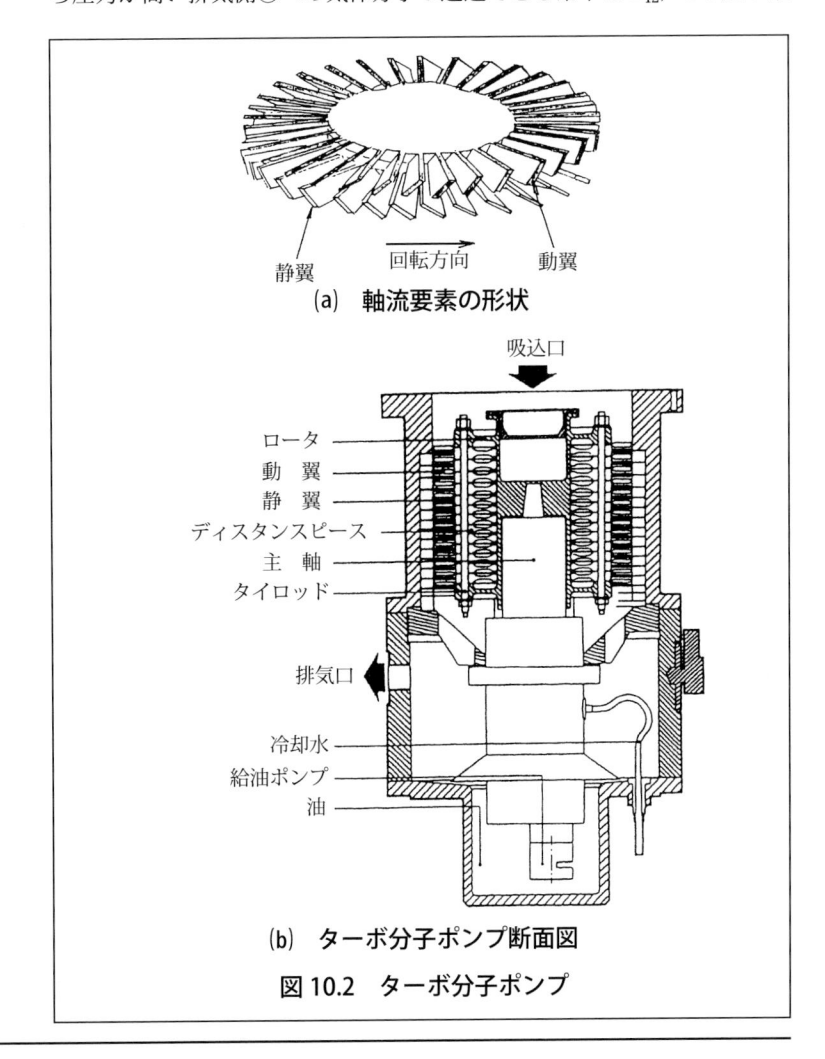

(a) 軸流要素の形状

静翼 / 回転方向 / 動翼

(b) ターボ分子ポンプ断面図

吸込口 / ロータ / 動翼 / 静翼 / ディスタンスピース / 主軸 / タイロッド / 排気口 / 冷却水 / 給油ポンプ / 油

図 10.2　ターボ分子ポンプ

１０．２　ターボ分子ポンプ［２］

率を E_{21} と表す。翼表面に衝突する気体分子の分子速度分布がマックスウエル分布に従うならば，気体分子は翼表面からコサイン法則に従い反射する。その場合には，$E_{12} > E_{21}$ であることが**図 10.3** より推測できよう。吸気側①から圧力の高い排気側②へ正味通過できる割合（排気速度効率）を H とすると

$$HN_1 = N_1 E_{12} - N_2 E_{21} \tag{10.16}$$

ただし，N_1 は吸気側①から単位時間当り動翼列空間に進入する気体分子の数，一方，N_2 は排気側②から単位時間当り動翼列空間に進入する気体分子の数である。

$$H = E_{12} - (N_2/N_1) \cdot E_{21} \tag{10.17}$$

気体圧力 p は，ボルツマン定数 k，温度 T で表すと

$$p = kNT \tag{10.18}$$

であるから，吸気側①と排気側②では温度変化が無いとすれば

$$H = E_{12} - (p_2/p_1) \cdot E_{21} \tag{10.19}$$

あるいは

$$p_2/p_1 = (E_{12}/E_{21}) - H/E_{21} \tag{10.20}$$

したがって式（10.19）より，圧縮比 p_2/p_1 が 1 ならば排気速度効率 H は最大になり，H を大きくするためには，E_{12} と E_{21} との差の絶対値を

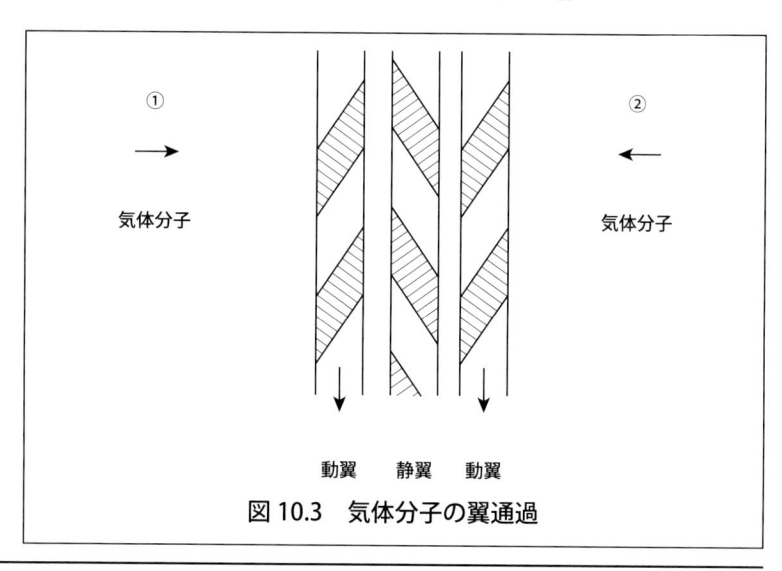

図 10.3　気体分子の翼通過

10.2　ターボ分子ポンプ［3］

大きくする必要がある。一方，式（10.20）より，排気速度効率 $H=0$ ならば，圧縮比 p_2/p_1 が最大（K_{max}）になり，圧縮比を大きくするためには E_{12} と E_{21} の比を大きくしなければならない。動翼と静翼からなる段の数が多いターボ分子ポンプでは，吸気口側の入口付近の段では圧縮比よりも排気速度を向上させ，排気口側の出口付近の段では逆に排気速度よりも圧縮比を大きく設計される。また，ポンプ材料表面からの分子の放出を押さえることにより，10^{-10}Pa クラスの極高真空も達成されている。

ポンプ性能としては，排気口（圧力が高い）と吸気口（圧力が低い）における圧力比（圧縮比）は，原理上から分子速度の遅いすなわち分子量が大きい気体ほど大きい。同一温度ならば分子速度が遅いことは気体分子量が大きいことを意味している。分子量が大きい油分子などを排気し清浄な真空を創製するのに適した真空ポンプである。逆に分子量が小さい水素などに対しては圧縮比が小さく，排気口への逆流が生じる欠点がある。

動翼の周速 u と気体分子の最大確率速度 v_{mp} の比を翼速度比；

$$e = u/v_{mp} \tag{10.21}$$

と定義すると，排気速度効率と圧縮比は近似的に e に比例する。また，排気速度は自由分子流コンダクタンスと排気速度効率の積であるから，分子量が異なる気体に対して排気速度は等しい。また，最大圧縮比の対数はおおよそ気体分子量の 1/2 乗に比例する。

10.2 ターボ分子ポンプ [4]

10.2.2 複合分子ポンプ

ターボ分子ポンプは，多量の気体を連続的に排気しオイルフリーも期待できることから電子産業界においても大いに注目された。しかし半導体製造行程などにおいて必要な1Pa以上において性能低下が生じる。そこでターボ分子ポンプの出口側（高圧側）に近いロータ外周部分にねじ溝を掘った，ねじ溝式真空ポンプがターボ分子ポンプ高圧部分に装着された。（ターボ分子ポンプ）＋（ねじ溝式真空ポンプ）の組み合わせポンプは，複合分子ポンプと呼ばれ，**図10.4**に示す。複合分子ポンプは広領域ターボ分子ポンプとも呼ばれ，また現在ではターボ分子ポンプと呼ばれるポンプは複合分子ポンプを意味することもある。

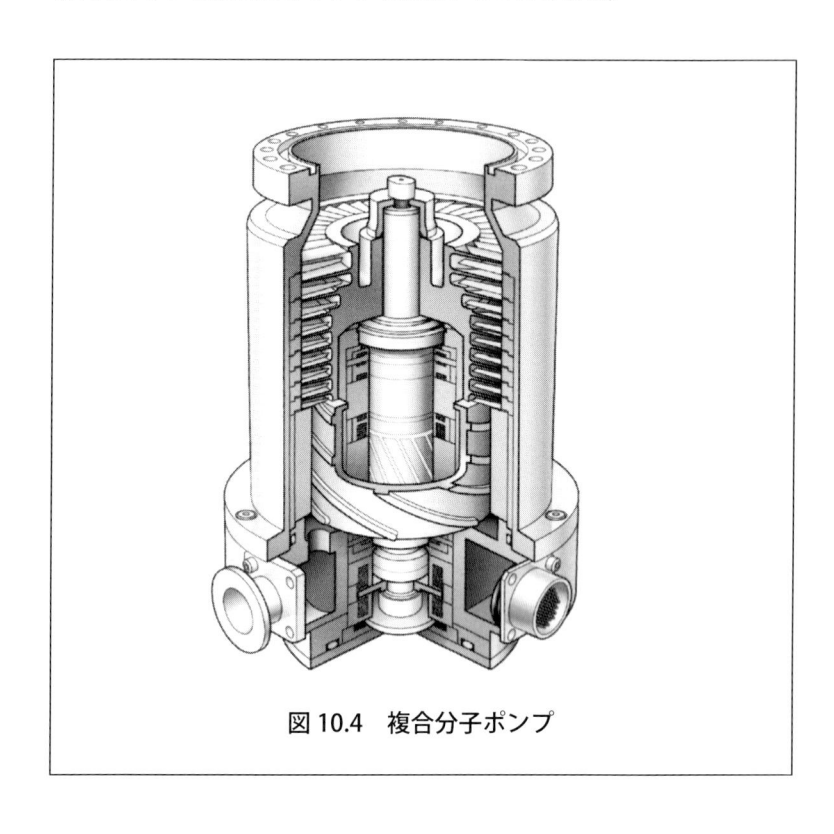

図 10.4　複合分子ポンプ

10.3 ターボ形ドライ真空ポンプ [1]

10.3.1 分類

ターボ分子ポンプは，気体分子同士の衝突がほとんど考えられない自由分子流領域で最も効率良く真空を生成できるように設計されたポンプであるが，半導体製造行程などにおいて必要な1Pa以上においては性能低下が生じる。そこでこれまではポンプ出口圧力を大気圧以上に昇圧させるために，作動ガスが接触する流路に液体の油が存在する油回転ポンプなどに頼らざるを得なかった。しかし1980年代以降，急速に発展しつつあった半導体製造工程などにおいて，腐食性ガスや反応性ガスに起因する油交換や油蒸気による汚染防止や半導体膜質悪化防止などが要求された。

理化学的実験装置を始め種々の半導体製造装置などを作動させる場合，大気圧の空気が満たされており，大気圧から主ポンプが作動可能となる圧力まで下げるために粗引き真空ポンプが用いられる。従来，粗引きポンプとしては，容積型の油回転ポンプなどが用いられていたが，最近は排気すべきガスの流路に液体の油がないとの意味から，ドライ真空ポンプが用いられている。

ターボ形ドライ真空ポンプは作動原理から分類すると，容積移送式と運動量輸送式の2方式に大きく分類できる。容積移送式には，スクリュー型，ルーツ型，クロー型がある。一方，ターボ形は運動量輸送式に属する。ターボ形は回転数を高くするために専用の高速モータを用いており，種々の要素を多段に組み合わせて単体で高圧縮比を得ることができる。ターボ型としては，送風機や圧縮機と同じように軸流要素，遠心要素，ねじ溝要素，円周流要素からなる真空ポンプが製作されている。このうち軸流要素はすでにターボ分子ポンプの項で述べたので省略する。以下に遠心要素，ねじ要素，円周流要素について説明する。

10.3.2 遠心要素 [10-1]

遠心式要素は幅広い真空圧力領域にて使用されている。圧力が大気圧側に近い領域での作動原理は，大気圧以上にて使用される場合と同様に動翼により与えられた運動エネルギーを静翼で静圧に変換することにより圧力上昇を得ている。一方，圧力が低い自由分子流に近い領域では，高速回転する動翼に衝突した気体分子に与えられる流出方向速度により，気体分子は排気口側へ移送される。図10.7に示す遠心式要素では図10.8に示すように，吸気側圧力の幅広い領域で優れた性能を示し，中間流から自由分子流領域に相当する吸気側圧力は10^{-1}Pa以下では最大圧縮比$3*10^3$が得られている。翼高さが低く翼角度が小さいほど大きな圧力比が得られるが，排気速度は小さくなる。

[10-1] 長岡隆司, ターボ機械, 20-11, 1992年, pp.715.

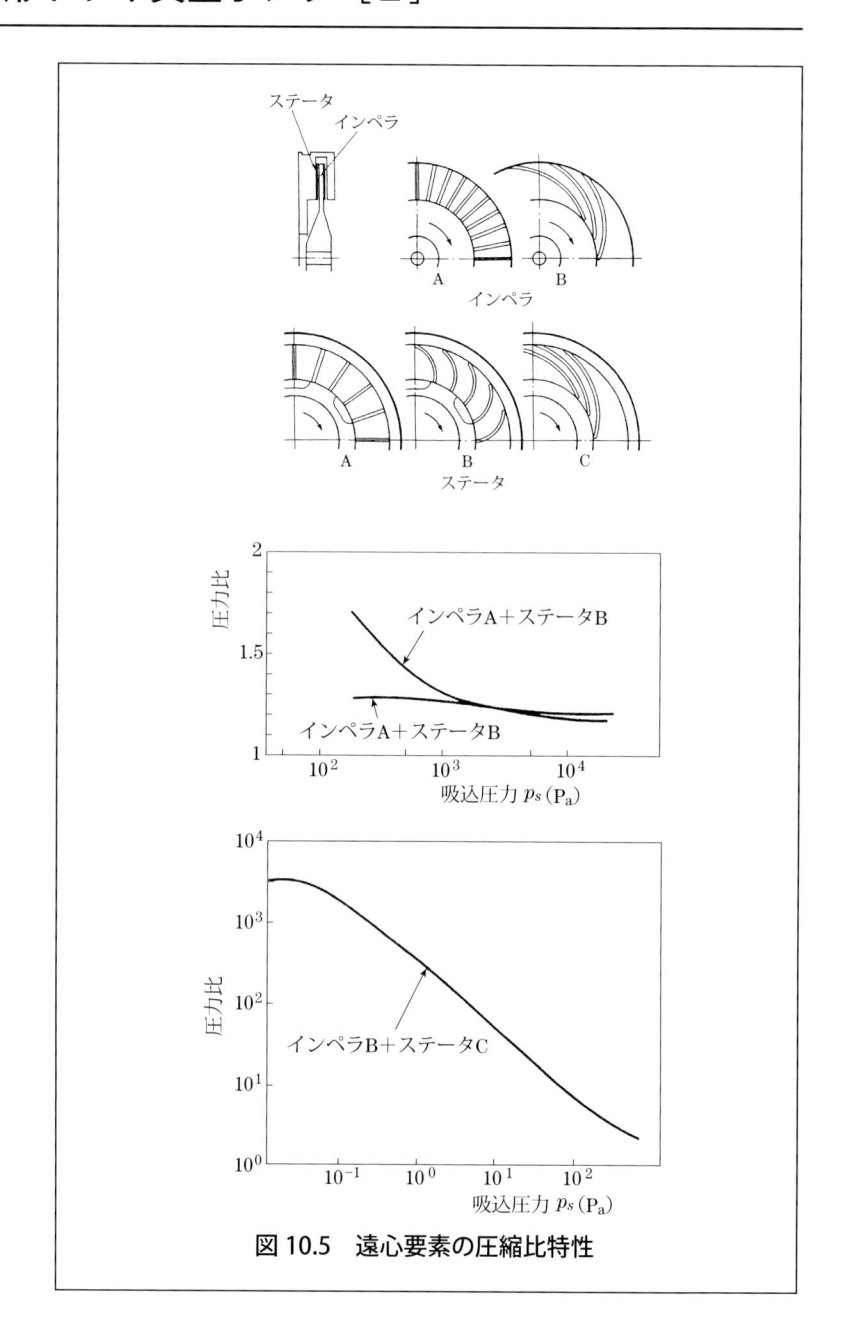

１０．３　ターボ形ドライ真空ポンプ［２］

図 10.5　遠心要素の圧縮比特性

10.3　ターボ形ドライ真空ポンプ [3]

10.3.3　ねじ溝要素 [10-2], [10-3]

　　回転する円筒表面に矩形ねじ溝を切り，回転体に比べて半径がわずかに大きい滑らかなスリーブ（静止部）中で高速回転させ，気体の粘性を利用してねじ溝に沿う流れを誘起させることにより排気機構を生じさせる真空ポンプである。**図10.6**にねじ溝ポンプの幾何学的諸元およびポンプ性能を示す。このねじ仕様では，出口圧力130Paでねじ角8°において最大圧縮比が得られている。

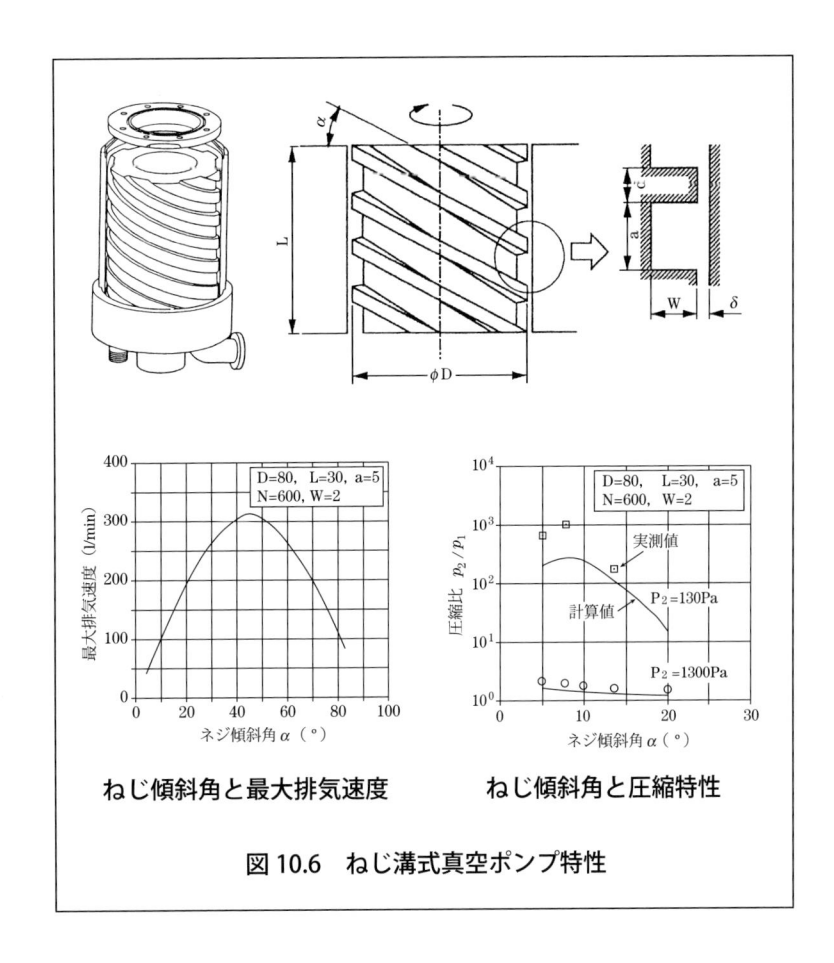

図10.6　ねじ溝式真空ポンプ特性

[10-2] 松本隆夫, ターボ機械, 23-11, 1995年, p.664.
[10-3] 澤田　雅, ターボ機械, 20-11, 1992年, p.705.

１０．３　ターボ形ドライ真空ポンプ［４］

10.3.4　円周流ポンプ要素（渦流ポンプ要素）[10-4], [10-5]

図 10.7 に示す円周流ポンプ要素は半径翼部を持った動翼と，一段の中で円周流路，仕切部，入口穴と出口穴を有し，段をつなぐ流路を持った静翼部で構成されている。気体が入口から入って出口まで段を通過する間に，数回，動翼からエネルギーを受けるため，同周速の遠心要素に比べて圧力係数は大きい。また，図 10.7 に示すように，円周流ポンプ要素は圧力係数が流量 0 の近くで最大になる特徴を有する。この特徴は，

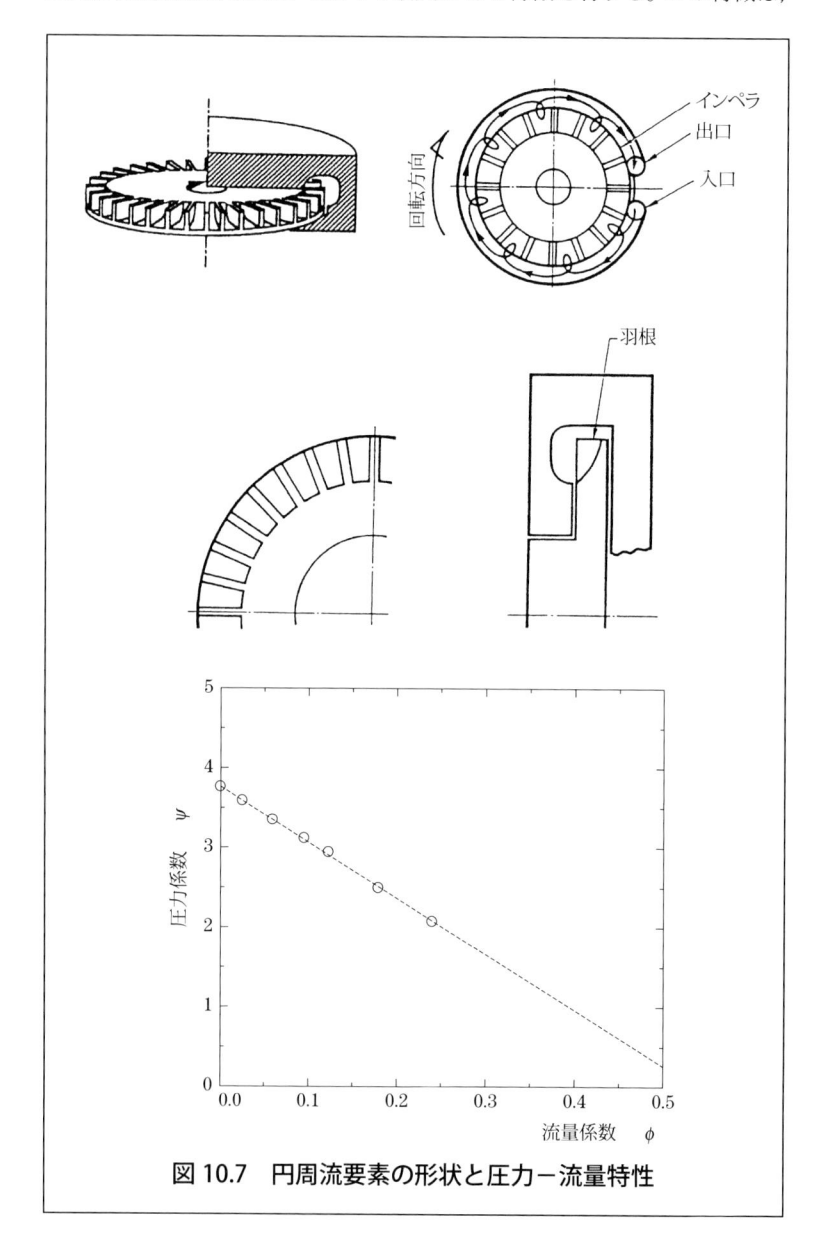

図 10.7　円周流要素の形状と圧力－流量特性

［10-4］長岡隆司，ターボ機械，20-11，1992 年，pp.715.
［10-5］松本隆夫，ターボ機械，23-11，1995 年，pp.664.

10.3　ターボ形ドライ真空ポンプ [5]

真空ポンプを到達圧力付近で作動させる場合，通常，流量は小さく高圧側の段ではほとんど流量ゼロに近くなるため，円周流要素は真空ポンプとして適している。また，大気圧に近い高圧力領域で作動させた場合，回転円板摩擦損失は無視できなくなるが，同一圧縮比の遠心要素と比較すると直径を小さくできるので円板摩擦損失を小さくできる点も有利である。図10.8は，吸気側圧力に対する締切圧力を同一周速の遠心要素と比較している。大気圧から10^2Pa付近まで遠心要素に比べて高い圧縮比が得られる。しかし，10^2Paより低い領域では遠心要素の分子ドラックポンプ作用により逆転する。円周流要素は圧力が大気圧近い粘性流領域での使用に適していると言える。図10.9に円周流要素の圧縮比特性を示す。

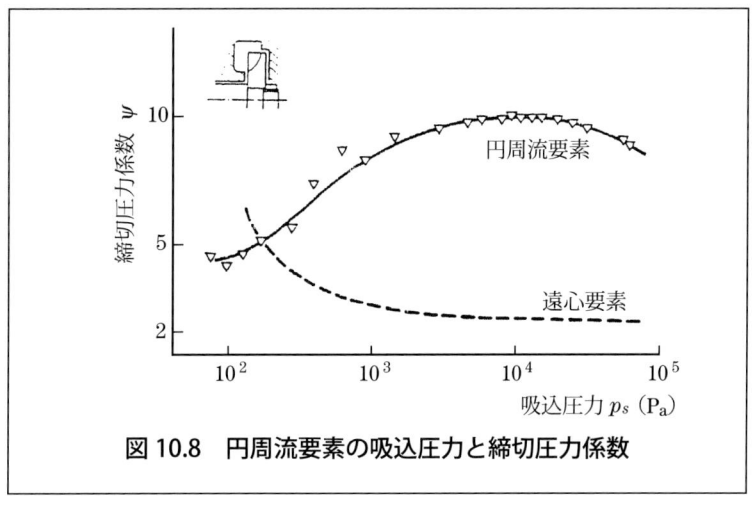

図10.8　円周流要素の吸込圧力と締切圧力係数

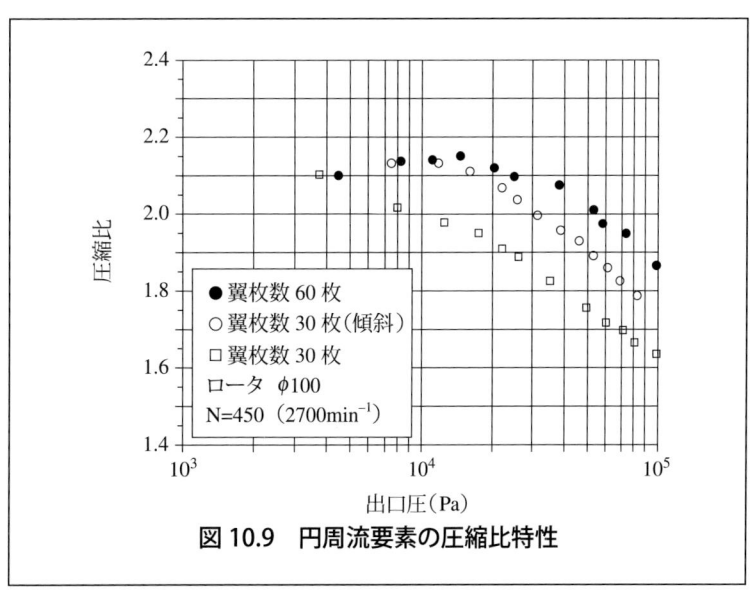

図10.9　円周流要素の圧縮比特性

10.3 ターボ形ドライ真空ポンプ [6]

10.3.5 多段ターボ形ドライポンプ

大気圧から超高真空の全領域で効率の良いポンプは見当たらないので，複数のポンプ要素を組み合わせて所望の真空性能を有する真空ポンプを多段ターボ形ドライ真空ポンプという。ねじ溝要素と円周流要素を組み合わせたものを，図 10.10 に示す。図 10.11 は遠心要素と円周流要素を組み合わせた多段ターボ形ドライポンプの例である。ねじ溝要素と軸流要素を組み合わせて多段化し，軸流要素の翼角度と枚数を変えたものを図 10.12 に示す。図 10.11 の多段ターボ形ドライポンプ性能を図

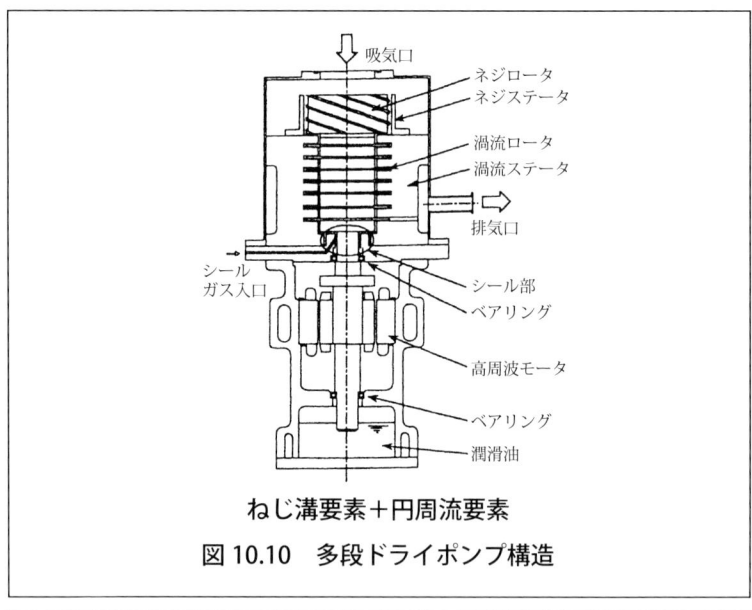

ねじ溝要素＋円周流要素

図 10.10　多段ドライポンプ構造

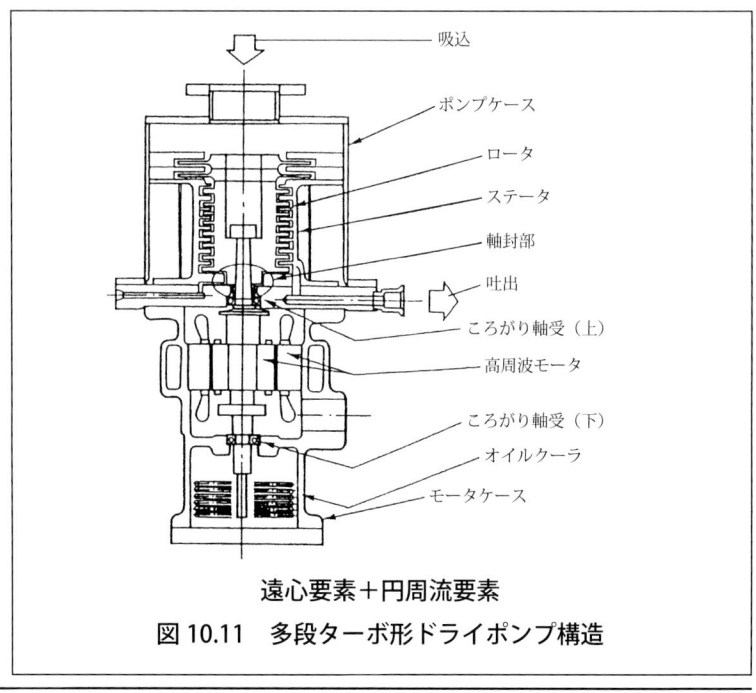

遠心要素＋円周流要素

図 10.11　多段ターボ形ドライポンプ構造

10.3　ターボ形ドライ真空ポンプ [7]

10.13 に示す。排気速度性能の違いに拘らずポンプ入口での到達真空圧力は 1.0^{-2}Pa である。この到達真空圧力は，従来の油回転ポンプとルーツ型ポンプの容積型真空ポンプ組み合わせと同一である。真空排気系のための省スペースや省エネルギーへの貢献度は大きい。また，最大排気速度はいずれも 1Pa 以下で生じているが，要素の変更により到達真空圧力を変更することも可能と言われている。

軸流要素＋ねじ溝要素

図 10.12　多段ターボ形ドライポンプ

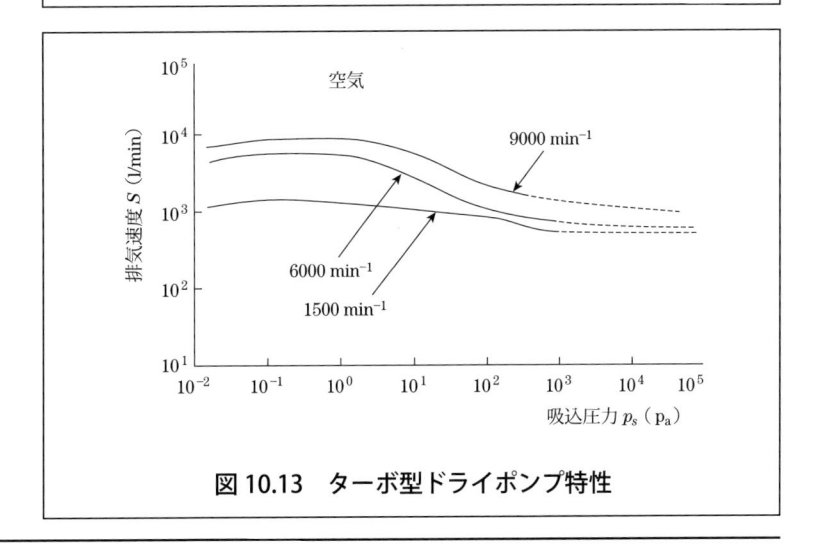

図 10.13　ターボ型ドライポンプ特性

索　引

	Page		Page
(あ)		**(き)**	
圧縮機	135	機械駆動過給機	185
圧力回複率	61	機械効率	25
圧力係数	77	機械損失	25
案内羽根	147・149	気体分子速度	211
(い)		基本単位	76
入口案内翼	33	キャビテーション	90
インデューサ	34・97・146	キャビテーション係数	90
		キャビテーションによる壊食	97
(う)		境界層	56
ウイスナーの式	38	**(く)**	
後向き羽根	38	食違い角	44
後向きファン	143	空気機械	12
渦巻斜流ポンプ	116	空気動力	15
渦巻ポンプ	115	クヌッセン数	212
裏羽根	131	クローズド羽根車	146
運動量厚さ	56	クロスフロー水車	169
(え)		グランドパッキン	66
エネルギー損失	25	**(け)**	
液体酸素ポンプ	34	形状係数	57
NACA	44	径向き羽根	142・143
円形翼列	62	弦節比	44
円周流ポンプ要素	222	減速翼列	43
遠心圧縮機	146	**(こ)**	
遠心式	135	後縁	44
遠心羽根車	22・35	後置静翼形	149
遠心ファン	141	後面シュラウド	35
遠心ブロア	145	抗揚比	47
遠心ポンプ	114	効率	25
遠心力作用	36	効率曲線	120
遠心要素	219	抗力	46
円錐ディフューザ	60	抗力係数	49
円板摩擦損失	25	固定流路	33
		コリオリ力	36
(お)		混合損失	39
オープン羽根車	146	コンダクタンス	213
オイラーヘッド	19・37	コンプレックス	185
オイルフィルムシール法	151	コンプレッサ	187
オランダ形風車	206		
音速	80	**(さ)**	
(か)		サージ線	83・103
カーペット線図	51	サージング	98・103
回転翼	205	作動点	85
過給	185	サボニウス形風車	207
可逆式ポンプ水車	172	**(し)**	
拡散係数	50	次元解析	75
ガス定数	80	自己釣合い形	132
形式数	79	失速	49
片吸込形	35・141	失速点	181
可動羽根制御	87	実高さ	117
カプラン水車	167	締切揚程	120
可変静翼	151		

	Page		Page
斜流形ポンプ水車	172	前縁	44
斜流式	135	全圧力比	83
斜流水車	167	旋回失速	98
斜流ブロワ	153	全効率	26
斜流羽根車	52	前置静翼形	149
斜流ポンプ	114	前置動翼形	48
自由渦形	48	全等温効率	151
修正回転速度	80	全ヘッド，全揚程	39・118
修正重量流量	80	前面シュラウド	35
軸スラスト	129	全揚程	39
軸動力	119・120		
軸動力曲線	120	**(そ)**	
軸封装置	66	相	181
軸流圧縮機	150・151	相似則	77
軸流形ポンプ水車	172	増速翼列	43
軸流式	13	相対流れ	42・48
軸流羽根車	42	送風機	135
軸流ファン	149	速度三角形	20
軸流ブロワ	150	速度比	176
軸流ポンプ	114	側板	35
軸流要素	219	そり線	44
実揚程	119	ソリディティ	44・203
出力係数	202	損失動力	46
主板	35		
衝突損失	39	**(た)**	
衝動形水車	164	タービン	186
ジャイロミル形風車	208	タービン羽根車	175
真空	214	ターボ送風機	135
		ターボチャージャ	186
(す)		ターボ分子ポンプ	215
水撃現象	105	ターボポンプ	114
吸込圧力	118	体積効率	25
吸込みケーシング	35	多段形	116
吸込高さ	92・117	多段ターボ形ドライポンプ	225
吸込比速度	94	多段ポンプ	126
水車軸風車	205	立軸形	124
水車の出力	161	立軸斜流ポンプ	126
水車の性能曲線	162	多翼形風車	206
水柱分離	107	多翼ファン	142
垂直軸風車	205・207	ダリウス形風車	208
水平分割形	124	タワーミル	206
水力機械	12	段	181
水力効率	25	単段形	116
水力損失	25・39	断熱圧縮動力	138
水力発電所	159	断熱効率	139
水力半径	39	断熱温度効率	139
スクロール	141		
すべり	37	**(ち)**	
すべり係数	37	中間冷却器	147
		直列運転	86
(せ)			
性能曲線	162	**(つ)**	
静翼	149	釣合い穴法	131
セイルウィング形風車	206	釣合管	131
絶対流れ	48		

（て）

項目	Page
抵抗曲線	85
ディフューザ	145
ディフューザ作用	43
ディフューザポンプ	115
出口案内翼	33
デリア水車	167
転向角	44

（と）

項目	Page
動翼	149
動力係数	77
動力損失	25
ドライ真空ポンプ	219
トルクコンバータ	175
トルク比	176

（な）

項目	Page
内部動力	139

（に）

項目	Page
二次元ディフューザ	59
二次流れ	55
二重ボリュート	129

（ね）

項目	Page
ねじれ境界層	57
ねじ溝要素	221

（の）

項目	Page
ノズル作用	43

（は）

項目	Page
排気速度	213
排気タービン駆動過給機	185
排除厚さ	56
吐出し圧力	114
吐出し高さ	117
はく離	57
バッキンガムのπ定理	76
パドル形風車	207
羽根車	33
羽根付ディフューザ	33
バランスデスク形	132
バレル形	124
半径平衡	48
半径方向スラスト	129
反動形水車	164

（ひ）

項目	Page
比エネルギー	14・16・78
比速度	78・136
必要有効吸込ヘッド	92
比熱比	80
標準空気	140

項目	Page
標準状態	80
広がり流路（ディフューザ）	33

（ふ）

項目	Page
ファン	135
不定安性能	38
ファンの特性曲線	144
風車	195
複合分子ポンプ	218
フランシス形ポンプ水車	171
フランシス水車	165
ブレード	189・206
フローパターン	48
ブロワ	135
プロペラ形風車	205
プロペラ水車	169

（へ）

項目	Page
平均自由行程	212
並列運転	86
ベクトル平均速度	46
ヘッド	85
ペルトン水車	164

（ほ）

項目	Page
ポストミル	207
ポリトロープ効率	139
ポリトロープ圧縮動力	138
ボリュート	33
ボリュートポンプ	125
ポンプ効率	119
ポンプ性能	117
ポンプ羽根車	175

（ま）

項目	Page
前向き羽根	142
摩擦損失	39
マックスウエル速度分布則	211
マッハ数	80

（み）

項目	Page
右上り特性	88
水動力	15・119
水封じ	66

（む）

項目	Page
迎え角	44・91
無拘束速度	162

（め）

項目	Page
メカニカルシール	66・151

（も）

項目	Page
模型試験	81
戻り案内羽根	146
戻り流路	33・64・145

	Page
漏れ損失	25

(ゆ)

	Page
有効吸込ヘッド	92
有効落差	15・161
油膜パターン	178

(よ)

	Page
揚水発電所	159
容積形流体機械	10
要素	181
揚程曲線	39
揚程係数	78
揚力	45
揚力係数	45
翼形	44
翼形ファン	143
翼弦	42
翼作用	36
翼弦長	44
翼車	187
翼理論	43
翼列	42
翼列データ	49
横軸形	124

	Page
横流式	135
横流ファン	154
予旋回	38

(ら)

	Page
ラジアルファン	143
ラビリンス	66
ランナ	160

(り)

	Page
理想気体の状態方程式	80
流体機械	9
流体継手	175
流体伝動装置	175
流量係数	77
流路理論	43
両吸込形	35・141
両吸込ポンプ	127
理論揚程	37

(れ)

	Page
レイノルズ数	80

(わ)

	Page
輪切形	124

	Page		Page
(A)		drag	46
adiabatic compression power	138	drag coefficient	49
adiabatic efficiency	139	drag-lift ratio	47
adiabatic temperature efficiency	139		
aerofoil bladed fan	143	**(E)**	
attack angle	44	effective head	161
available NPSH (NPSHA)	92	efficiency	25
axial blower	150	element	181
axial compressor	150	energy loss	25
axial fan	149	Euler,s Head	19
axial flow impeller	42		
axial flow pump	114	**(F)**	
axial thrust	129	fan	135
		flow pattern	48
(B)		flow separation	55
backward curved fan	143	fluid coupling	175
balance hole	131	fluid machinery	9
balance pipe	131	Franncis turbine	165
balancing disc	132	Franncis type	172
barrel type	124	friction loss	39
blade	206		
blower	135	**(G)**	
boundary layer	56	gland packing	66
Buckingham π theorem	76	guide vane	33
(C)		**(H)**	
circular cascade	62	head coefficient	78
cavitation	90	head curve	39
cavitation erosion	97	horizontal shaft type	124
cavitation number	91	horizontal-axis wind turbine	205
camber line	44	horizontally split type	124
centrifugal blower	145	hydraulic loss	39
centrifugal fan	141	hydraulic power station	159
centrifugal impeller	35	hydraulic power transmission	175
centrifugal pump	114	hydraulic radius	39
chord	44	hydraulic torque converter	175
chord length	44		
circular cascade	62	**(I)**	
closed impeller	146	impeller	33
compressor	135	impulse turbine	164
Comprex	185	inducer	34・97・146
cross flow	135	inlet guide vane	149
cross flow fan	154	intercooler	147
cross flow turbine	168	internal power	139
(D)		**(K)**	
deflection angle	44	Kaplan turbine	167
delivery head	117		
Deriaz turbine	167	**(L)**	
diagonal flow type	172	labyrinth	66
diffusion factor	50	leading edge	44
diffuser	33	lift	45
diffuser pump	115	lift coefficient	45
dimensional analysis	75		
discharge pressure	118	**(M)**	
displacement thickness	56	main shroud	35
double suction type	35・141	mechanical seal	66
double volute	129	mixed flow blower	153

	Page
mixed flow pump	114
model test	81
momentum thickness	56
movable stator	151
multi stage	116
multiblade fan	142

(N)

NACA65 シリーズ翼形	44

(O)

oil film seal	151
open impeller	146
outlet guide vane	149
output	161
overall isothermal efficiency	152

(P)

parallel operation	86
Pelton turbine	164
performance curve	162
phase	181
polytropic compression power	138
polytropic efficiency	139
postmill	206
power coefficient	202
pre-whirl	38
pressure recovery coefficient	61
propeller turbine	167
propeller type	172
propeller type wind turbine	205
Puddle type wind torbine	207
pump efficiency	119
pump outvane	131
pump performance	117
pumped storage power station	159

(R)

radial fan	143
radial thrust	129
reaction turbine	164
Required NPSH	92
return channe	33・64
reversible pump-turbine	172
Reynolds number	80
rotating stall	98
rotor	206
rotor blade	149
runaway speed	162
runner bucket	165

(S)

scroll	141
seal	66
secondary flow	55
sectional type	124
self-balancing	132

	Page
series operation	86
shaft power	119
shape factor	57
shock loss	39
similitude	75
single stage	116
single suction type	35・141
skewed boundary layer	57
slip	37
slip factor	37
solidity	44
specific speed	78
specific energy	14
speed ratio	176
stability	89
stage	181
stagger angle	44
stall	49
stationary channel	33
stator blade	149
suction head	117
suction pressure	118
suction specific speed	94
super charging	185
surge line	103
surging	98
system head curve	85

(T)

theoretical head	37
torque ratio	176
total head	39
towermill	206
trailing edge	44
turbo charger	185
turbo machine	9
turbo pump	114
type number	79

(V)

velocity triangle	20
vertical shaft type	124
vertical-axis wind turbine	207
volute	33
volute punp	115
volute type mixed flow pump	116

(W)

water column separation	107
water hammer	105
water power	15
water seal	66
Wiesner formula	38
wind turbine	195

ターボ機械 —入門編—〔新改訂版〕

定価： 本体 3,400 円 ＋税

© ターボ機械協会 1989

平成 元年 12 月 28 日	初　版	第 1 刷発行
平成 14 年 11 月 11 日	第 8 版	第 4 刷発行
平成 17 年 9 月 27 日	新改訂版	第 1 刷発行
平成 18 年 10 月 6 日	新改訂版	第 2 刷発行
平成 21 年 9 月 15 日	新改訂版	第 3 刷発行
平成 23 年 2 月 15 日	新改訂版	第 4 刷発行
平成 25 年 1 月 15 日	新改訂版	第 5 刷発行
平成 26 年 8 月 15 日	新改訂版	第 6 刷発行
平成 28 年 8 月 15 日	新改訂版	第 7 刷発行
平成 30 年 2 月 9 日	新改訂版	第 8 刷発行
令和 2 年 2 月 10 日	新改訂版	第 9 刷発行
令和 4 年 2 月 10 日	新改訂版	第 10 刷発行
令和 7 年 8 月 20 日	新改訂版	第 11 刷発行

著者承認
検印省略

編　者　　一般社団法人 ターボ機械協会
　　　　　東京都文京区本駒込 6-3-26

発行者　　小林 康史・知識 光弘

発行所　　日本工業出版株式会社

〒 113-8610　東京都文京区本駒込 6-3-26

電話 (03)3944-1181㈹　FAX (03)3944-6826
振替 00110-6-14874

ISBN978-4-8190-1711-4　C3053　¥3400E